Geschmacksforschung

Marketing und Sensorik für Nahrungs- und Genußmittel

Von

Universitätsprofessor Dr. Hans Knoblich
(Herausgeber)

Dr. Andreas Scharf
(Herausgeber)

Dr. Bernd Schubert
(Herausgeber)

Dipl.-Kfm. Olaf Biedekarken
Dipl.-Kffr. Antje Fries
Dipl.-Kffr. Carla Godersky
Christian Struck

R. Oldenbourg Verlag München Wien

Die Deutsche Bibliothek - CIP-Einheitsaufnahme

Geschmacksforschung : Marketing und Sensorik für Nahrungs- und Genußmittel / von Hans Knoblich ... (Hrsg.). Olaf Biedekarken ... - München ; Wien : Oldenbourg, 1996
ISBN 3-486-23362-9
NE: Knoblich, Hans [Hrsg.]; Biedekarken, Olaf

Gesamtherstellung: Huber KG, Dießen

ISBN 3-486-23362-9

Vorwort

Um ein optimales Produktangebot für den Konsumenten auf den Markt zu bringen, sind in der Nahrungs- und Genußmittelindustrie Sensoriker und Marketingmanager in gleicher Weise gefordert. Ihr störungsfreies Zusammenspiel, das gegenseitige Verständnis für die jeweils spezifische Problemsicht ist zwar noch keine Garantie für den Erfolg einer Produktinnovation, stellt aber doch einen maßgeblichen Erfolgsfaktor dar.

Die Praxis zeigt, daß zwei "kritische" Problembereiche existieren:
(1) Traditionelle Marktforschung und sensorische Produktforschung stellen vielfältige Methoden zur Beschaffung konsumentengerichteter Informationen im Rahmen des Produktinnovationsprozesses bei Nahrungs- und Genußmitteln bereit. Die nach wie vor große Anzahl erfolgloser neuer Produkte belegt jedoch, daß diese Methoden z.T. nicht zur Kenntnis genommen bzw. unreflektiert eingesetzt werden und mit den jeweiligen Untersuchungszielen vielfach nicht in Einklang stehen. (2) Es bestehen Mängel im Hinblick auf die Organisation des Produktinnovationsprozesses, dessen branchenbezogene Besonderheiten vor allem bei der notwendigen Koordination der Funktionsbereiche F&E und Marketing berücksichtigt werden müssen. Die Darstellung solcher Probleme und das Aufzeigen von Lösungsmöglichkeiten sind Gegenstand dieses Buches.

Die Bedeutung der "chemischen Sinne" Geruch und Geschmack für die Entstehung von Präferenzen (oder auch Aversionen) beim Kunden und damit für ein erfolgreiches Marketing gerade bei Nahrungs- und Genußmitteln ist seit einigen Jahren ein Forschungsschwerpunkt an unserem Lehrstuhl (auf die Herkunft der Verfasser aus der Marketingwissenschaft sei ausdrücklich hingewiesen!). In Veröffentlichungen und Vorträgen der Autoren, aber auch in Diplomarbeiten und einer Reihe von Marktforschungspraktika (in Zusammenarbeit mit Unternehmen der Nahrungs- und Genußmittelindustrie) sind zahlreiche Aspekte dieser Thematik behandelt worden.

Das vorliegende Buch erhebt keinen Anspruch auf Vollständigkeit etwa im Sinne eines Lehrbuchs; es soll ausgewählte Forschungsergebnisse in systematischer Abfolge präsentieren. Insofern werden im theoretischen Teil nach einem allgemeinen Überblick über die Schnittstellenproblematik bei Produktinnovationsprozessen im Nahrungs- und Genußmittelbereich die Besonderheiten der Entwicklung neuer Produkte in dieser Branche und die Rolle von Geschmacksstoffen als Elemente der Produktgestaltung untersucht, Einflußfaktoren für die Entstehung von Geschmackspräferenzen analysiert und die Verfahren der sensorischen Produktforschung dargestellt. Es handelt sich hier im Grunde stets um interdisziplinäre Forschungen, in denen Erkenntnisse der Physiologie, der Verhaltenswissenschaft, der Sozialpsychologie mit solchen des Marketing, aber auch der Organisationslehre verknüpft werden.

Im zweiten Teil werden ausgewählte empirische Befunde vorgestellt, die in enger Kooperation mit der Praxis erarbeitet worden sind. Neben einer Pilotstudie zur Frage der Schnittstellen zwischen F&E und Marketing in der Nahrungs- und Genußmittelindustrie, zu ihrer Bedeutung als Erfolgsfaktor bei Produktinnovationen, erfolgt an ausgewählten Aufgabenstellungen eine Anwendung von Methoden der Marktforschung und der sensorischen Produktforschung. Herausgegriffen worden sind die Produktoptimierung durch Verknüpfung deskriptiver und affektiver Sensorikdaten sowie die Ermittlung und der Vergleich von Produkterwartungen und Produkterlebnissen bei Nahrungs- und Genußmitteln.

Die Zielgruppe für dieses Buch sehen wir in erster Linie in Personen, die sich aus unterschiedlichen Perspektiven (Marketing, F&E, Sensorik) mit Fragen der Marktforschung und der sensorischen Produktforschung bei Nahrungs- und Genußmitteln sowie der Organisation von Produktinnovationsprozessen befassen. Mit den Beiträgen dieses Buches soll das Verständnis für die unterschiedlichen Seiten der gemeinsamen Aufgabe "Erfolgreiche Entwicklung und Vermarktung neuer Produkte" mit ihren spezifischen Sach- und Methodenproblemen geweckt werden.

Die Verfasser möchten in verschiedene Richtungen Dank abstatten: den Studierenden am Institut für Marketing und Handel der Universität Göttingen, die sich mit großem Engagement an unseren Sensorik-Veranstaltungen beteiligt haben, den Managern zahlreicher Unternehmen der Nahrungs- und Genußmittelbranche, mit denen ein intensiver Dialog möglich war und die uns mit interessanten Praxisproblemen konfrontierten, den Mitarbeitern am Lehrstuhl, die bei der Erstellung der Druckvorlage mitgewirkt haben, und - nicht zuletzt - dem Verlag für die wohlwollende Unterstützung bei der Realisierung dieses Buchprojekts.

Hans Knoblich
Andreas Scharf
Bernd Schubert

Inhaltsverzeichnis

Verzeichnis der Autoren

Dipl.-Kfm. *Olaf Biedekarken*, Mitarbeiter der Gesellschaft für sensorische Analyse und Produktentwicklung mbH, München.

Dipl.-Kffr. *Antje Fries*, Redakteurin beim Verlag Norbert Müller, München.

Dipl.-Kffr. *Carla Godersky*, wissenschaftliche Mitarbeiterin am Institut für Unternehmensführung der Georg-August-Universität Göttingen.

Prof. Dr. *Hans Knoblich*, Direktor des Instituts für Marketing und Handel der Georg-August-Universität Göttingen.

Dr. *Andreas Scharf*, wissenschaftlicher Assistent am Institut für Marketing und Handel der Georg-August-Universität Göttingen.

Dr. *Bernd Schubert*, Akademischer Rat am Institut für Marketing und Handel der Georg-August-Universität Göttingen.

Cand. rer. pol. *Christian Struck*, wissenschaftliche Hilfskraft am Institut für Marketing und Handel der Georg-August-Universität Göttingen.

Hans Knoblich

Schnittstellenprobleme bei Produktinnovationsprozessen im Nahrungs- und Genußmittelbereich

1. Problemstellung
2. Besonderheiten von Innovationen im Nahrungs- und Genußmittelbereich
3. Allgemeine Charakterisierung der Schnittstellenprobleme zwischen F&E und Marketing
4. Methodenbedingtes Kommunikationsproblem ("Übersetzungsproblem") zwischen Produktentwicklung (F&E) und Marketing
5. Aufbauorganisatorische Schnittstellengestaltung zwischen den Bereichen F&E und Marketing
6. Ausblick

1. Problemstellung

Angesichts der besonderen Bedingungen, die gegenwärtig auf vielen Konsumgütermärkten herrschen (wie etwa hohe Marktsättigung, starker Wettbewerb, Wachstum, das nur auf Kosten der Konkurrenten möglich ist, Wertewandel in der Bevölkerung), ist es für ein Unternehmen mehr denn je (über-) lebenswichtig, permanent mit neuen Produkten im Markt zu sein und durch möglichst gute Anpassung an die Kundenwünsche Präferenzen gerade für das eigene Produkt zu erzeugen. Die zunehmende Individualisierung des Bedarfs führt zu immer kleineren Marktsegmenten und zwingt zu Produktinnovationen in immer kürzeren Zeitabständen.

Gerade für Unternehmen aus dem **Nahrungs- und Genußmittelbereich** kann vermutet werden, daß die geschilderten Entwicklungstendenzen besondere Tragweite haben, da die Produkte dieser Branche naturgemäß eine kurze Verwendungsdauer haben und Änderungen in den Konsumpräferenzen rasch den Markt beeinflussen können. Ein Unternehmen, das als erstes das passende Produkt für eine neue Problemlösung anbietet, ist in der Lage, einen oft beträchtlichen Vorsprung vor der Konkurrenz zu realisieren.

Dabei ist das Risiko, daß neu entwickelte Produkte zu einem Flop werden, im Lauf der Zeit immer höher geworden. In den 50-er Jahren galt in den USA als Faustregel, daß sechs von sieben neuen Produkten scheitern.[1] Diese Relation hat sich in der Folgezeit noch verschlechtert. Für die Dekade 1970 - 1979 ergab eine empirische Studie in den USA, in die 6.695 neu eingeführte Lebensmittel einbezogen waren, daß nur etwa eines von 100 Produkten einen Jahresumsatz erreichte, der für einen nachhaltigen Markterfolg notwendig war.[2] Für Deutschland gelten ähnliche Befunde.[3]

Da mit der Entwicklung und Einführung neuer Produkte hohe Kosten verbunden sind (die genannte US-Studie ermittelte einen Durchschnittswert von 7,4 Mill. $ pro Marke, wobei die Kosten für die weltweite Einführung einer anspruchsvollen Parfümmarke auf 70 Mill. $ geschätzt wurden)[4] und der Weg eines neuen Produkts von der Idee bis zur Markteinführung zunehmend teurer wird, ist es selbstverständlich, daß eine solche Maßnahme so sorgfältig wie möglich geplant werden muß.

In der Praxis (aber auch in der einschlägigen Literatur)[5] werden unterschiedliche Meinungen darüber vertreten, aus welchem Bereich des Unternehmens der **Anstoß für Produkt-Neuentwicklungen** kommen sollte, ob dies eher Aufgabe des Marketing oder aber Sache der Produktentwicklungsabteilung sei. Gegner und Befürworter eines **technologie- bzw. marktorientierten Ansatzes** stehen sich -wie Abb. 1 veranschaulicht- gegenüber.[6]

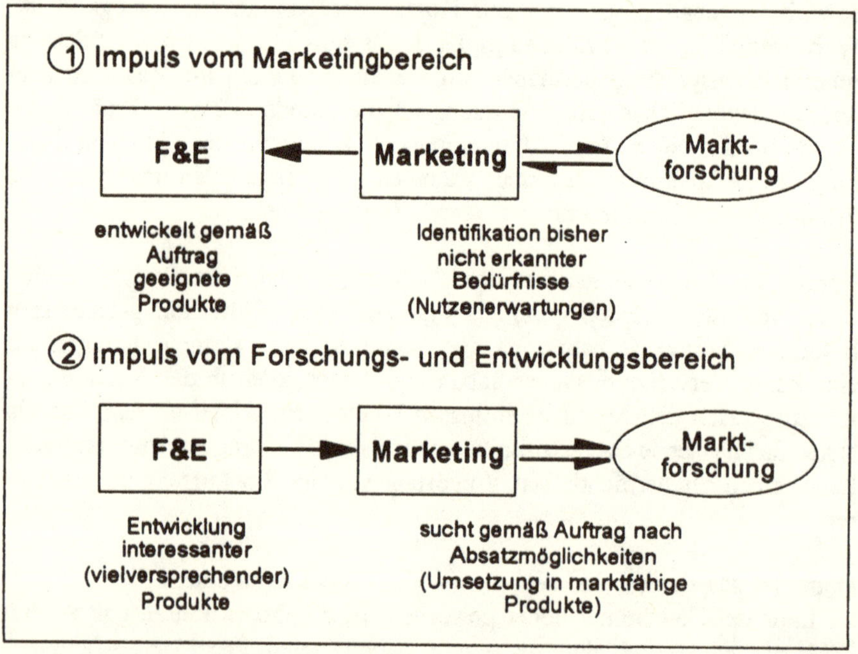

Abb. 1: Initiatoren des Produktinnovationsprozesses

Der **-marktorientierte-** Standpunkt, wonach Innovationen primär Aufgabe des Marketing seien, weil dieses die Wünsche der Kundenzielgruppen am besten kenne, wird etwa mit folgenden Argumenten kritisiert:

- es würden kurzfristig realisierbare Innovationen mit niedriger Innovationshöhe bevorzugt;
- es würden auf Kosten der Produktpolitik andere absatzpolitische Instrumente verstärkt eingesetzt;
- es würden F&E-Budgets verringert oder zugunsten kurzfristiger, anwendungstechnischer Projekte umgeschichtet; und schließlich
- wüßten Kunden oft nicht, was für sie die "richtige" (technische) Problemlösung sei.

Auf der anderen Seite machen die Gegner des **technologieorientierten** Ansatzes als seine gravierende Schwäche aus, daß die Umsetzung neuer

Produktentwicklungen oder Technologien in marktfähige Produkte nicht gelinge, weil die "Entwicklungsabteilung" die Bedürfnisse der potentiellen Kunden nicht richtig kenne bzw. einschätze bzw. in ihren Entwürfen zu wenig berücksichtige.

Unabhängig von der Bewertung dieser Auffassungen ist jedoch -wie eingangs schon erwähnt- davon auszugehen, daß in jedem Unternehmen immer wieder mit **Innovationsfehlschlägen** ("Flops") gerechnet werden muß, d.h. mit Neuprodukten, die nicht den erwarteten Markterfolg haben. Die Gründe für den Mißerfolg eines Produkts können vielfältiger Art sein.

Auffallenderweise finden sich in der Literatur[7] meist Auflistungen, die **typische Marketingfehler** enthalten, d.h. solche, die in den späten Phasen des Innovationsprozesses gemacht werden und damit mehr oder weniger eindeutig dem Marketing zugerechnet werden können: falscher Markenname, wenig ansprechende oder veraltete Verpackung, ungeeigneter Absatzweg oder falsche Plazierung des neuen Produkts im Einzelhandel, verfehlte werbliche Ansprache, verkehrter Einführungszeitpunkt.

Ursachen für Flops können aber auch bereits viel früher bei der Gestaltung der Eigenschaften des Produktkerns entstanden sein. Zu denken ist hier an die mißlungene Umsetzung einer Produktidee im Rahmen der Produktentwicklung, an ein falsches Produktkonzept, das mit seinen Nutzenversprechen die Bedürfnisse der potentiellen Kunden nicht trifft. Gerade bei Lebensmitteln kann der Mißerfolg einer Neuentwicklung in einer falschen Rezeptur, in der fehlenden geschmacklichen Akzeptanz beim Konsumenten liegen.

Aktuelle Erkenntnisse über die Besonderheiten der Produktwahrnehmung bei Lebensmitteln und über die Bedeutung der verbraucherseitigen Beurteilung der Produktqualität lassen vermuten, daß nur solche Unternehmen langfristig Erfolg haben werden, die ihre Innovationsaktivitäten konsequent an den Erfordernissen des relevanten Marktes ausrichten.

Die Verantwortung für mißlungene Innovationen wird nicht selten zwischen den Bereichen "Produktentwicklung und/oder F&E" und "Marketing" hin und her geschoben; auch werden die Fehlerquellen aus Sicht des Marketing und der Produktentwicklung recht unterschiedlich bewertet.[8] Häufig wird die **mangelhafte Koordination** zwischen beiden als Ursache für den Flop identifiziert. In der Regel findet sich dann auch die Feststellung, daß sich ein Innovationserfolg erst durch richtige **Schnittstellenabstimmung** zwischen Produktentwicklung und Marketing einstellen kann. Damit wird die

Forderung nach einem geeigneten **Innovations-Management** als einer typischen Querschnittsfunktion erhoben.[9]

Eine integrative Betrachtung aller am Innovationsprozeß beteiligten Personen und Instanzen erweist sich als notwendig.

2. Besonderheiten von Innovationen im Nahrungs- und Genußmittelbereich

In der Literatur zur Innovationsplanung und zum Innovationsmanagement und im besonderen auch zur Koordination zwischen F&E und Marketing wird in der Regel von "Hightech-Innovationen" mit hohem Innovationsgrad ausgegangen.[10] Es wird festgestellt, daß der Koordinationsbedarf zwischen diesen beiden Bereichen von einer Reihe von Einflußfaktoren (Kontextvariablen) abhängt, es werden generelle und situative Rahmenbedingungen für den Produktinnovationsprozeß untersucht und es ist von ablauf- bzw. aufbauorganisatorischer Gestaltung der Schnittstelle zwischen F&E und Marketing die Rede.

Interessanterweise wird hierbei nirgends explizit auf die **Eigenarten des Produkts bzw. des Produktentwicklungsprozesses** als Rahmenbedingung eingegangen, obwohl es ohne weiteres als einsichtig erscheinen dürfte, daß eine technologisch geprägte Innovation etwa im Bereich der mobilen Kommunikation (s. dazu die Dissertation von *Manns*) sich von der Einführung neuer geschmacklicher Varianten bei einem Nahrungsmittel (etwa Schokoriegel) oder einer neuen Duftnote bei einem Parfüm in ihrer Problematik erheblich unterscheiden wird.

Nahrungs- und Genußmittel sind dem Gesetz nach Stoffe, "die dazu bestimmt sind, in unverändertem, zubereitetem oder verarbeitetem Zustand vom Menschen verzehrt zu werden".[11] Sie weisen eine Reihe von Merkmalen und Merkmalsausprägungen auf, die nur auf Produkte dieser Warengruppe zutreffen und somit auch bei Produktinnovationen betreffenden Entscheidungen beachtet werden müssen. Der in Abb. 2 aufgeführte Merkmalskatalog zur typologischen Charakterisierung von Lebensmitteln[12] zeigt, wie solche Produkte von anderen Produkten der Warenwelt abgegrenzt werden können.

Merkmal	Ausprägung bei Lebensmitteln
Verwendungszweck	Konsumgut
Nutzungsdauer	Verbrauchsgut
Haltbarkeit	verderbliches Produkt
Periodizität des Bedarfs	laufender Bedarf
Markierung	Markenartikel
Erklärungsbedürftigkeit	wenig erklärungsbedürftig
überwiegende Nutzenkomponente	Zusatznutzen
wichtige Komponenten des Produktkerns	Geschmacks- u. Geruchsstoffe

Abb. 2: Produkttypologische Merkmalsausprägungen bei Lebensmitteln

Es kommt ferner maßgeblich darauf an, die **Besonderheiten der Neuproduktentwicklung** bei Erzeugnissen mit olfaktorischen und gustatorischen Komponenten herauszuarbeiten. Hierzu kann ein von *Benkenstein* erarbeiteter **Kriterienkatalog** dienen, der Tendenzaussagen zur Höhe des Koordinationsbedarfs zwischen F&E und Marketing zuläßt (vgl. Abb. 3).[13]

Benkenstein gliedert seinen Katalog der Kontextfaktoren in Faktoren der Aufgabenumwelt (Merkmale aus den Bereichen der Technologie und des Absatzmarktes), Faktoren der Unternehmung (Demographie der Unternehmung, Unternehmensstrategie und Managementstil) und Faktoren der Innovation (Entstehungszyklus, Innovationshöhe, Innovationsimpuls). Je häufiger bei der Bewertung einer konkreten Innovation die Merkmalsausprägungen auf der rechten Seite der Übersicht in Abb. 3 angesiedelt sind, desto höher ist der Koordinationsbedarf von F&E und Marketing; desto höher/stärker sind auch das Niveau der Zielkonflikte und die Interdependenzen zwischen F&E und Marketing.

Für Unternehmen der **Nahrungs- und Genußmittelindustrie** lassen sich (bei allen Unterschieden innerhalb der Branche)[14] zur Charakterisierung der Problematik von Produktinnovationen etwa folgende **Tendenzaussagen** machen:

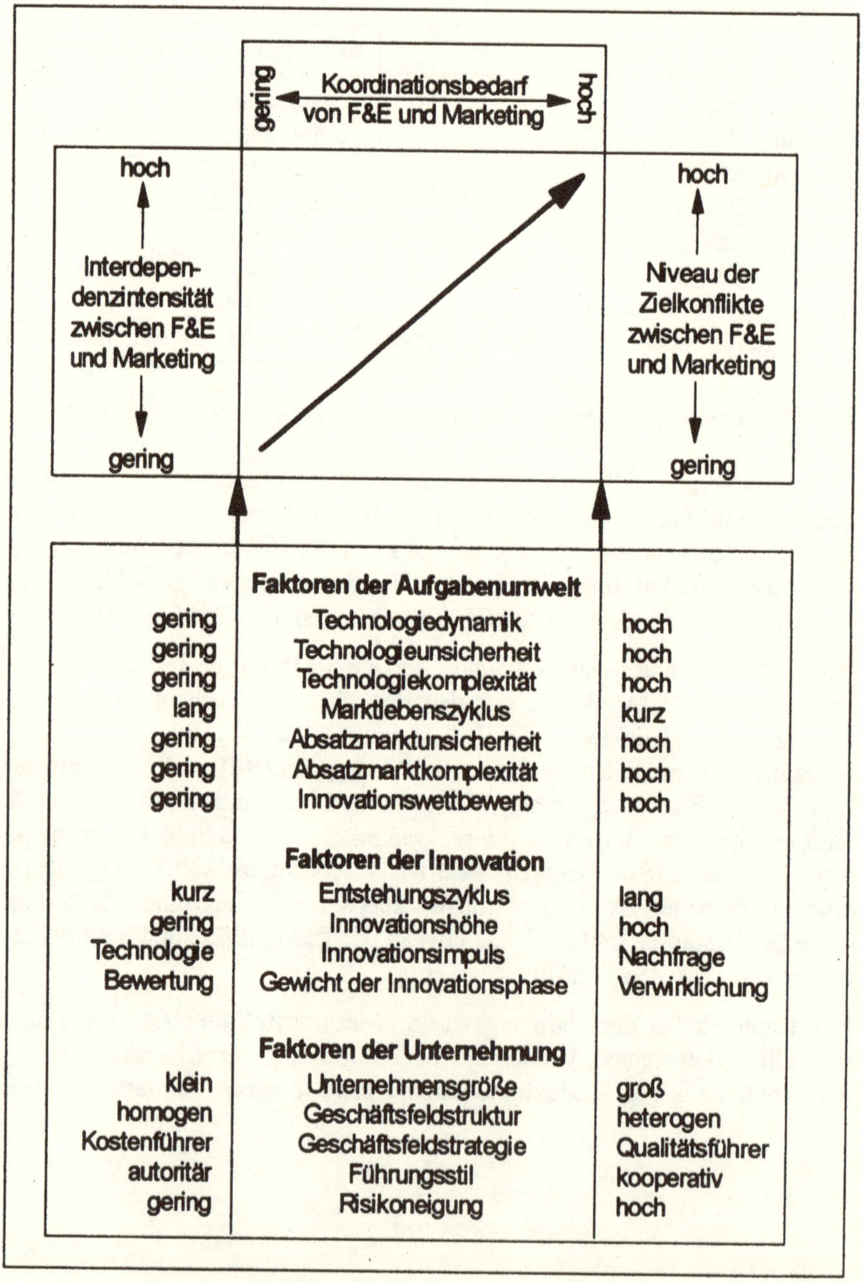

Abb. 3: Bestimmungsfaktoren für die Höhe des Koordinationsbedarfs zwischen Marketing und F & E

- Die Bedeutung der **technologiebezogenen Umweltfaktoren** (Dynamik bzw. Unsicherheit der technologischen Entwicklung, Komplexität der Technologie) ist eher gering.

- Dagegen erscheint die Bedeutung der **marktbezogenen Umweltfaktoren** eher groß: die Märkte der Branche sind durch eine hohe Wettbewerbsintensität gekennzeichnet, das Vorhandensein zahlreicher Verbrauchersegmente für spezifische Problemlösungen und Nutzenerwartungen spricht für eine hohe Komplexität des Absatzmarktes, die Produktlebenszyklen sind im Laufe der Zeit immer kürzer geworden.

- Gesamtmarktbezogen läßt sich die **Umweltdynamik** und damit die Unsicherheit bei Lebensmitteln (gesättigte Märkte!) als eher gering bezeichnen.

- Zu den **Faktoren der Unternehmung** sind **keine generellen Aussagen** möglich; dafür sind die Unternehmen der Lebensmittelbranche in wichtigen Strukturmerkmalen zu heterogen. Dennoch sind Aussagen etwa zu Alter, Größe, Standort, Produktionsprogramm eines Unternehmens, zu seiner Organisationsstruktur und seinem Managementstil wichtig für die Organisation des Innovationsprozesses, für die Identifizierung und Lösung von Koordinationsproblemen.

- Bezüglich der **Faktoren der Innovation** können bei Lebensmitteln etwa folgende Tendenzaussagen gemacht werden: die **Innovationshöhe** erscheint eher gering; es überwiegen Produktvariationen, gelegentlich kommen quasi-neue Produkte, seltener echte Marktneuheiten vor. Die **Innovationsimpulse** dürften sowohl technologie- als auch nachfrageinduziert sein; letztere erscheinen bei Lebensmitteln bedeutsamer.

- Die **Länge** des Innovationsprozesses ist bei Lebensmitteln in der Regel kurz. Den einzelnen **Phasen** des Innovationsprozesses kommt **unterschiedliches Gewicht** zu. Während die Phase der Ideenverwirklichung i.S.v. Erstellung von Mustern, der Fertigung des neuen Produkts eher problemlos ist, spielt die Phase der Ideenprüfung i.S. der Erarbeitung eines schlüssigen Produktkonzepts eine große Rolle. Ähnliches gilt auch für die Phase der Markteinführung. Hier treten übrigens auch Probleme bei der Wahl der richtigen Testverfahren (Konzept-, Produkt-, Markttest) zur Bestimmung der Produktakzeptanz beim Konsumenten auf.

Auch einige produkttypologische Merkmale lassen in ihren Ausprägungen für Nahrungs- und Genußmittel einen Zusammenhang mit den Koordinationsnotwendigkeiten zwischen F&E und Marketing erkennen. Chemisch-physikalische Eigenschaften (Verderblichkeit, Qualitätsschwankungen) wie auch die Bedeutung von Geschmacksstoffen im Kernprodukt und die über sie mögliche Präferenzbildung und Differenzierung der Nutzenversprechen bedingen die Existenz von Schnittstellenproblemen zwischen Produktentwicklung und Marketing.

3. Allgemeine Charakterisierung der Schnittstellenprobleme zwischen F&E und Marketing

Im betriebswirtschaftlichen Sinn versteht man unter Schnittstellen Beziehungspunkte oder Überschneidungen von innerbetrieblichen Instanzen, die sich durch die gemeinsame Bearbeitung von unternehmerischen Projekten ergeben (**interne Schnittstellen**); im weiteren Sinn werden Beziehungspunkte zur Unternehmensumwelt (z.B. Kunden, Dienstleistungsunternehmen) in den Begriff einbezogen (**externe Schnittstellen**).

Schnittstellenprobleme können zwischen Instanzen unterschiedlicher Entscheidungsebenen, also in vertikaler Richtung, auftreten (**hierarchische Schnittstellenprobleme**) oder aber Abstimmungsprobleme zwischen handelnden Personen/Instanzen einer Entscheidungsebene oder einzelner Projekte bedeuten (**horizontale oder interfunktionale Schnittstellenprobleme**).

Etwas konkreter betrachtet ergeben sich somit betriebliche Schnittstellenprobleme auf folgenden Ebenen[15]:

- zwischen Geschäftsführung und den beiden Funktionsbereichen F&E und Marketing;
- auf der Funktionsbereichsebene;
- auf der Projektebene und
- infolge "soziokultureller" Unterschiede zwischen F&E und Marketing.

Eine ganzheitliche Sicht ergibt eine Art "**Kreislauf**" der Schnittstellenproblematik (vgl. Abb. 4).

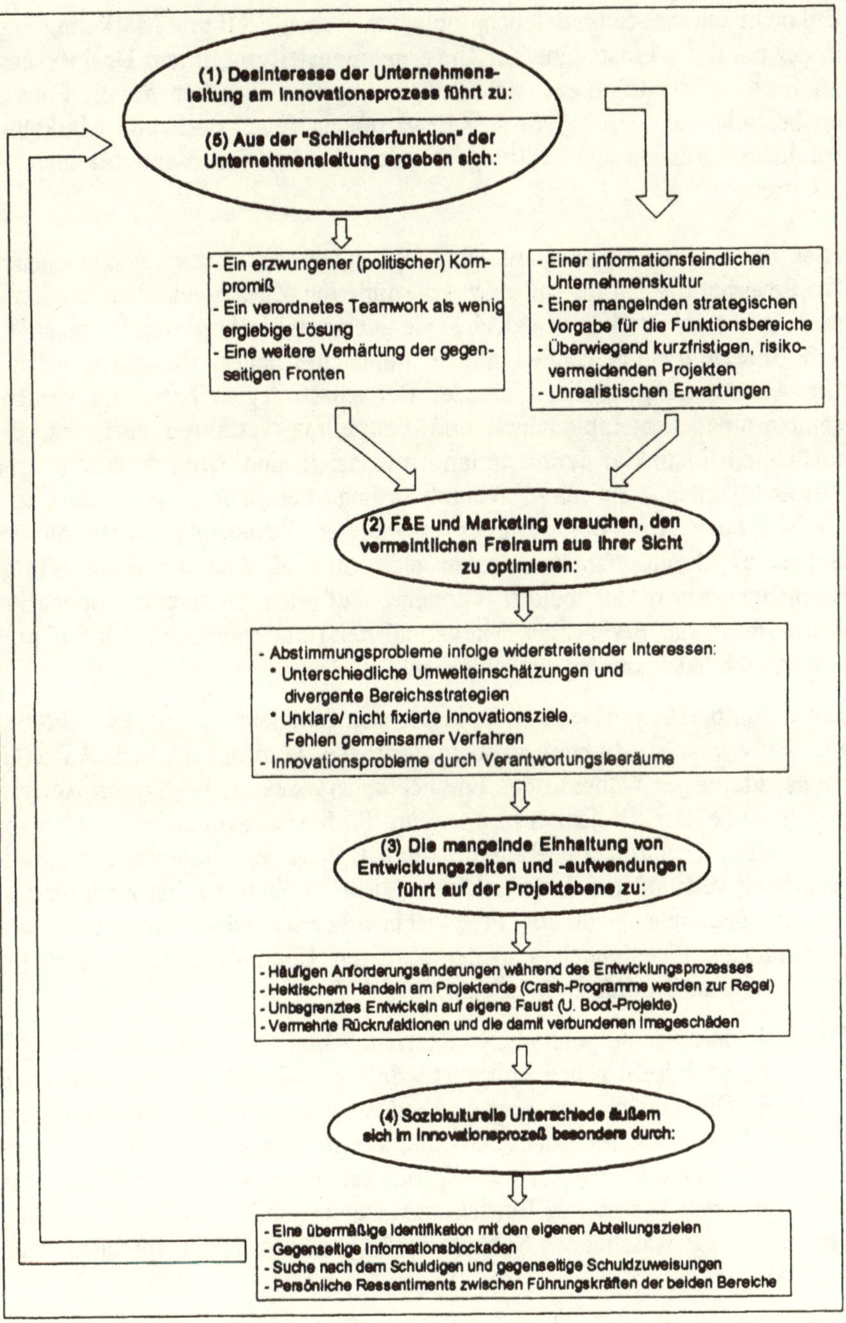

Abb. 4: Ursachen und Auswirkungen von Schnittstellenproblemen zwischen F&E und Marketing[16]

Ein nicht seltenes Schnittstellenproblem zwischen F&E und Marketing liegt in der passiven Einstellung der **Unternehmensleitung**, ihrem **Desinteresse an Innovationsaufgaben**, das zu ungenügenden Vorgaben für die Funktionsbereiche bzw. unrealistischen Erwartungen führt. F&E und Marketing versuchen, aus diesem Führungsverhalten heraus Freiräume für sich zu schaffen.

Hier besteht zwar prinzipiell die Möglichkeit, aus einem ausgewogenen Kräfteverhältnis heraus zu einer koordinierten Zusammenarbeit zu kommen. Wahrscheinlicher ist jedoch - wie auch empirische Befunde zeigen[17] - daß **Interessengegensätze** infolge unterschiedlicher Einschätzung der Umweltbedingungen, divergierender Bereichsstrategien bzw. des Fehlens gemeinsamer Projektplanungs- und Beurteilungsverfahren auftreten, die ursächlich für unklar definierte Innovationsziele sind. Unbestimmte interne Zuständigkeiten können zu Verantwortungs-Leerräumen oder aber zur **Gefahr einer Überbetonung des jeweiligen Funktionsaspekts** führen. Solche Dysfunktionalitäten lassen sich oft auf eine **zu enge Tätigkeitsabgrenzung** der beiden Bereiche, auf eine **zu starke operative Einbindung** der F&E- bzw. Marketingleiter (und natürlich auch auf personelle Fehlbesetzungen) zurückführen.

Die Schnittstellenproblematik verlagert sich nunmehr auf die **Projektebene**, wo typische Reibungsverluste auftreten können: häufige Anforderungsänderungen während des Entwicklungsprozesses, hektisches Agieren gegen Ende der Projektlaufzeit, wenn Probleme akut werden ("crash-Programme"), vermehrte Rückrufaktionen, etwa von Testprodukten, mit den damit verbundenen Imageschäden. Nicht zu übersehen ist auch die auf Funktionsbereichs- wie auf Projektebene herrschende **Konkurrenz um Ressourcen**, die sich etwa in der strittigen Übernahme der Kosten für Konzept- oder Produkttests äußert.

Dabei können auch persönliche Ressentiments entstehen, die sich z.T. durch die **soziokulturellen Unterschiede**[18] zwischen Marketing und F&E erklären. Die beiden dort vorherrschenden Managertypen weisen in der Regel unterschiedliche Hochschul- und Berufsbildung auf, was zu unterschiedlichen Bewertungen der Sachprobleme führen kann. Von Bedeutung scheinen ferner bestehende Einstellungsunterschiede, so daß man geradezu von zwei gegensätzlichen "Subkulturen" im Unternehmen sprechen kann (vgl. Abb. 5).

Die übermäßige Identifikation mit den Zielen der eigenen Abteilung (zurückzuführen u.a. oft auf das im Unternehmen geltende System der Personalentwicklung, das den durchsetzungsfähigen und weniger den kooperativen Manager bevorzugt) bewirkt, daß die **Unternehmensleitung**

als Schlichter bemüht wird. Aus dieser Schlichterfunktion ergeben sich oft erzwungene Kompromisse, ein von oben verordnetes Teamwork und u.U. eine weitere Verhärtung der Fronten. Damit schließt sich der Kreislauf der Schnittstellen-Problematik!

Dimension	F&E-Manager	Marketing-Manager
1. zeitliche Orientierung	langfristig	kurzfristig
2. Orientierung am unternehmensexternen, wissenschaftlichen System	stärker	geringer
3. Gewünschte Identifikation mit eigenem Unternehmen	geringer	stärker
4. Bereitschaft zur Hinnahme von Projektunsicherheiten	niedrig	hoch
5. Bevorzugte Projekte/ Produkte	mit hohem Fortschritt	mit marginalem Fortschritt

Abb. 5: Vermutete Einstellungsunterschiede bei F&E- und Marketing-Managern hinsichtlich fünf soziokultureller Dimensionen[19]

Auf die einzelnen **Phasen des Produktinnovationsprozesses** bezogen stellen sich die erforderlichen Aktivitäten an der Marketing/F&E-Schnittstelle wie folgt dar (Abb. 6):

Diese hier allgemein skizzierten Schnittstellenprobleme finden wir in spezifischen Ausprägungen auch in der Nahrungs- und Genußmittelbranche. Sie können bis in die Ebene der Unternehmensleitung zurückreichen (Chemiker/Techniker einerseits und Kaufleute andererseits mit unterschiedlichen Interessenschwerpunkten, unterschiedlichen "Wertordnungen"), werden aber in der Regel auf der Bereichsebene offenkundig. Sie haben ihre Ursachen in den **unterschiedlichen Aufgaben** von Produktentwicklung und Marketing und den unterschiedlichen **Methoden**, die zur Unterstützung der Aufgabenerfüllung angewandt werden. (vgl. Abb. 7).

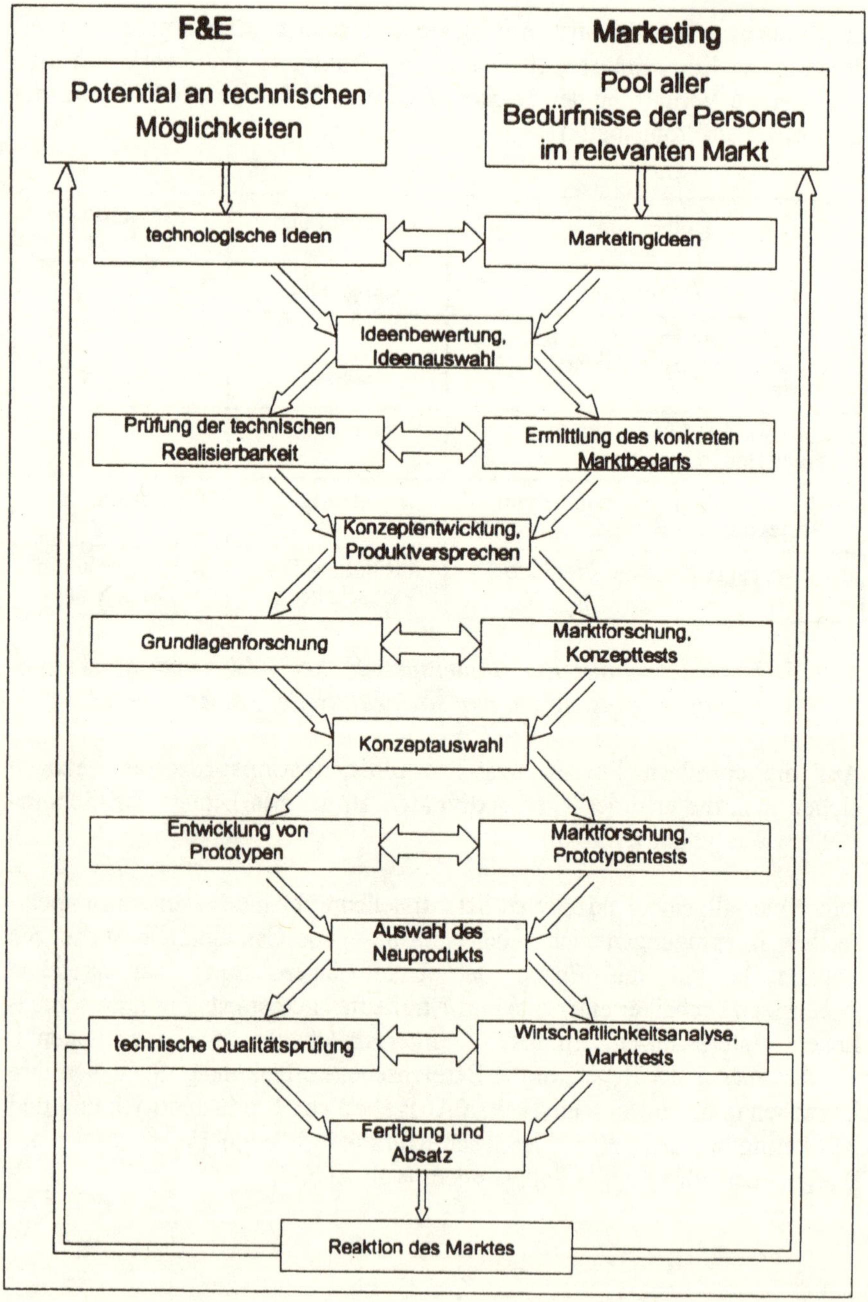

Abb. 6: Die Schnittstelle zwischen F&E und Marketing im Produktinnovationsprozeß[20]

	Produktentwicklung	**Marketing**
Aufgaben	Entwicklung eines neuen Produkts unter Beachtung der sensorischen, fertigungstechnischen und kostenwirtschaftlichen Gegebenheiten	Vermarktung eines neuen Produkts mit höchstmöglicher Entsprechung der Kundenwünsche, mit großer Attraktivität für das gewählte Segment
Methoden	naturwissenschaftliche Methoden; Sensorik; Verfahren der (statistischen) Qualitätskontrolle; Wertanalysen	vor allem Methoden der Kaufverhaltensforschung, Konzept- und Produkttests, Präferenztests

Abb. 7: Aufgaben- und Methodenschwerpunkte von Produktentwicklung und Marketing

Etwas vereinfacht betrachtet kristallisieren sich zwei Schnittstellenprobleme heraus, die sich gegenseitig durchdringen und sich deshalb zwar theoretisch, aber kaum praktisch isolieren lassen:

- **Kommunikationsprobleme** zwischen den beiden Funktionsbereichen; Informationslücken, die sich darauf zurückführen lassen, daß man "eine unterschiedliche Sprache spricht";
- **Organisationsprobleme** (sowohl aufbau- als auch ablauforganisatorischer Art), die die erforderliche Koordination zwischen den beiden Bereichen verhindern bzw. erschweren.

4. Methodenbedingtes Kommunikationsproblem ("Übersetzungsproblem") zwischen Produktentwicklung (F&E) und Marketing

Dieses erste Schnittstellenproblem stellt sich als **Informationsproblem** dar, das auf unterschiedliche Informationsbedarfe von Produktentwicklung einerseits und Markt-/Marketingforschung andererseits sowie auf die unterschiedlichen Methoden der Gewinnung entscheidungsrelevanter Informationen zurückzuführen ist.

Die **Aufgabe** der in der Regel naturwissenschaftlich-technisch ausgebildeten **Produktentwickler** besteht darin, ein Bündel objektiver Eigenschaften zu einem **Produktkern** zu formen, der den Nutzenerwartungen der Käufer möglichst genau entspricht. Der Produktentwicklung geht es um die Optimierung von chemisch-physikalisch-technischen Produkteigenschaften, um die Umsetzung der von den Konsumenten wahrgenommenen Nutzendimensionen in konkrete Produkteigenschaften, um eine präferenzwirksame Veränderung bzw. Neugestaltung des Produktkerns.

Die **Marktforschung** hat für die Ermittlung der präferenzwirksamen Nutzendimensionen und für die Messung ihrer Wahrnehmung durch die Konsumenten zu sorgen. Meistens werden hier neben den Angebotsprofilen der eigenen Produkte auch die von Konkurrenzerzeugnissen untersucht. Ihr steht hierfür ein breites methodisches Instrumentarium zur Verfügung, beginnend bei der systematischen Suche nach neuen Produktideen bis hin zu umfangreichen Produkt- und Markttests. Aufgabe des **Marketing** ist die Festlegung des gesamten Marketing-Mix zur Einführung eines neuen Produkts.

Diese Aufgabenteilung zwischen Marktforschung und Produktentwicklung gilt für alle Produktbereiche, wie etwa am **Beispiel PKW** gezeigt werden soll: Die Marktforschung hat als zentralen Nutzenaspekt eines Fahrzeugs sein sportliches Styling ermittelt, das vor allem durch die Breite der Reifen und Kotflügel, die Art der Felgen, die Form des Heckspoilers usw. determiniert wird. Der Konstrukteur kann dann auf Basis dieser Informationen (unter Berücksichtigung technischer und kostenwirtschaftlicher Rahmenbedingungen) die geeigneten gestalterischen Maßnahmen ergreifen.

Im Bereich der **Lebensmittel** kommt infolge der spezifischen Produkteigenschaften ein besonderes Problem dazu: **Geruch und Geschmack** üben hier einen entscheidenden Einfluß auf die Gesamtpräferenz der Abnehmer aus. Im Vergleich etwa zur visuellen Wahrnehmung eines Produkts, die stark kognitiv geprägt ist, sind die "niederen" chemischen Sinne des Schmeckens und Riechens nur in geringem Maße kognitiv, d.h. sehr stark affektiv gesteuert.

Die Beurteilung präferenzwirksamer sensorischer Produkteigenschaften bei Nahrungs- und Genußmitteln erfolgt üblicherweise durch **traditionelle Produkttests** (Vergleichstests mehrerer Varianten/Marken; hedonische Tests). Das Informationsinteresse im Rahmen von Produkttests ist primär auf die **Messung von Wahrnehmungen und Präferenzen** gerichtet.

Testpersonen sind in der Regel **untrainierte Verbraucher**, die sich wegen der geringen kognitiven Steuerung von Geruchs- und Geschmackswahrnehmungen nicht oder nur ansatzweise darüber bewußt sind, welche der objektiv vorhandenen sensorischen Eigenschaften sie wahrnehmen und welche Intensitäten die verschiedenen Eigenschaften aufweisen.[21]

Hinzu kommt, daß es für untrainierte Konsumenten nahezu unmöglich ist, ihre Eindrücke von den sensorischen Produkteigenschaften exakt zu verbalisieren. Unsere Alltagssprache hält auch nur wenige geeignete Ausdrücke bereit, mit denen sich sensorische Qualitäten von Lebensmitteln allgemeingültig und umfassend beschreiben lassen.

Außerdem werden **sensorische Merkmale** von den Verbrauchern i.a. **individuell** sehr unterschiedlich **interpretiert**. (Man denke etwa an die sehr unterschiedlich ausfallenden Beschreibungen des Geschmacks eines Bieres). Die Streuung der Testergebnisse ist daher recht groß, und auch eine größere Stichprobe von Probanden würde nicht zu besseren Ergebnissen führen.

Aber auch Fragen nach den Gründen für die Bevorzugung oder Ablehnung eines Testprodukts (also Präferenzurteile) erscheinen problematisch und wenig sinnvoll. Selbst wenn die Auskunftspersonen dazu bereit sind, ihre Präferenzurteile zu begründen, so geben sie doch oft nur Informationen über sensorische Qualitäten, die sie über die Verpackung oder die Werbung aufgenommen haben ("...hat ein ausgezeichnetes Aroma" "...wäscht weißer als..."). In vielen Fällen dürfte es sich auch nur um reine Vermutungen handeln; z.B. schließen die Befragten vom Aussehen auf den Geschmack eines Lebensmittels.

Die betriebliche Marktforschung faßt immer wieder Wahrnehmungs- und Präferenzurteile in einem Test zusammen, obwohl die eben skizzierten Probleme bekannt sind. Dadurch entsteht die Gefahr, daß die Testpersonen die beiden unterschiedlichen Beurteilungsaufgaben nicht sauber trennen können.

Die ohnehin schwierige Beurteilungsaufgabe über die chemischen Sinne bei Produkttests für Nahrungs- und Genußmittel wird noch durch **andere Verzerrungseffekte** verschärft: es kann die Aufmerksamkeit der Testpersonen auf bestimmte, vorgegebene Produktmerkmale gelenkt werden, die sonst vielleicht kaum beachtet worden wären, oder es wird das präferierte Produkt hinsichtlich **aller** vorgegebenen Merkmale tendenziell positiv beurteilt; also auch bezüglich jener, bei denen gar keine Unterschiede zwischen den Testprodukten wahrgenommen werden.

Validität und Reliabilität solcher **"organoleptischer" Untersuchungen** durch "naive", untrainierte Verbraucher sind daher gering; sie sind für die Optimierung von Rezepturen nicht geeignet. Ein Teil der vielen Flops im

Bereich der Nahrungs- und Genußmittel läßt sich sicher mit diesem **Methodenproblem** erklären.

Fazit: Es herrscht eine Informationslücke, die auf "**Übersetzungsprobleme**n" zwischen Marktforschung und Produktentwicklung beruht. Der Marktforschung gelingt es nicht, den Produktentwicklern diejenigen Informationen bereitzustellen, die diese für eine präferenzwirksame Neugestaltung bzw. Veränderung des Produktkerns benötigen. Sie bietet keine hinreichend abgesicherten Verfahren an, um Lebensmittel zielgerecht zu gestalten.

Deshalb konzentriert man sich in der Praxis bei der Einführung neuer oder modifizierter Nahrungs- und Genußmittel häufig auf die Optimierung solcher Produkteigenschaften, für die sich verläßliche Daten über den Zusammenhang zwischen Produktpräferenzen der Abnehmer einerseits und objektiven Produkteigenschaften andererseits mit Hilfe geeigneter und bewährter Marktforschungsmethoden beschaffen lassen: also etwa Verpackungsgestaltung, Einführungswerbung, Preisfindung, für deren Optimierung ein großer Aufwand getrieben wird.

Beim **Produktkern**, der so maßgebliche Bedeutung für den Markterfolg hat, verläßt man sich hingegen auf die **Intuition der Produktentwickler**. Nach mehr oder weniger systematischem Entwickeln und Testen verschiedener Varianten entsteht dann schließlich ein Produktkern, der den Geschmack der Abnehmer zwar einigermaßen trifft, durch den sich aber keine echten Wettbewerbsvorteile realisieren lassen.

Durch Akzeptanz- bzw. Produkttests gewonnene Erkenntnisse, daß ein Produkt A im Geschmackstest einem Produkt B vorgezogen wurde, beantworten ferner noch nicht die Frage, **welche** sensorischen Qualitäten dafür verantwortlich sind. Die Experten der Produktentwicklung mit ihrer spezifischen Sprache zur differenzierten Beschreibung von Rezepturen wissen bisweilen nicht genau, welche chemisch-physikalischen Produkteigenschaften sie verändern sollen, wenn die Marktforschung etwa herausgefunden hat, daß die Konsumenten den Geschmack des eigenen Produkts schlechter als den von Konkurrenzprodukten beurteilen.

Eine Lösungsmöglichkeit für diese Kommunikations- und Übersetzungsprobleme bieten die **deskriptiven Verfahren der sensorischen Produktforschung**. Zu ihnen soll hier nur kurz das Grundsätzliche gesagt werden (s. dazu im einzelnen den Beitrag von *A. Scharf*: Verfahren der sensorischen Produktorschung).

Im Rahmen deskriptiver Verfahren werden die Testpersonen durch intensive Schulung mit der Beschreibung und Beurteilung sensorischer Eigenschaften der Testprodukte vertraut gemacht. Bei der Auswahl der Probanden stehen ihre **sensorischen Fähigkeiten** im Vordergrund und nicht etwa Aspekte der Repräsentanz einer Grundgesamtheit.

Infolge der Sensibilisierung ihrer sensorischen Wahrnehmung arbeiten diese Personen als eine Art "**menschliches Meßinstrument**", welches in der Lage ist, die objektiv vorhandenen Intensitäten der relevanten sensorischen Reize auf der Grundlage einer speziell auf die Testprodukte abgestimmten Terminologie zu erfassen. Informationen über sensorische Produktprofile liefern wichtige Hinweise auf die Beziehungen zwischen chemisch-physikalischen Produkteigenschaften einerseits und den Präferenzen der Abnehmer andererseits.

Die Produktentwicklung wird damit besser in die Lage versetzt, die Intensitäten maßgeblicher sensorischer Merkmale durch Rezepturveränderungen so zu gestalten, daß sich die Präferenzwirkung des Produktkerns erhöht.

5. Aufbauorganisatorische Schnittstellengestaltung zwischen den Bereichen F&E und Marketing

In der Literatur zur betriebswirtschaftlichen Organisationslehre wird üblicherweise eine -zumindest gedankliche- Unterscheidung in **Aufbau- und Ablauforganisation** vorgenommen.[22] Während sich die Aufbauorganisation mit den Organisationseinheiten (Stellen, Abteilungen) und ihrer Verknüpfung zu einer Organisationsstruktur befaßt, untersucht die Ablauforganisation die Arbeitsabläufe und Prozesse innerhalb einer gegebenen Struktur. Diese Unterteilung läßt sich auch zur Analyse der Schnittstellenprobleme zwischen F&E und Marketing heranziehen.

Das Ziel der **ablauforganisatorischen** Schnittstellenabstimmung (auf die hier allerdings nicht näher eingegangen werden soll) besteht - allgemein gesprochen - darin, die Koordination sowohl "technokratisch" (im Sinne entscheidungsvorbereitender und -unterstützender Methoden) als auch personenorientiert[23] möglichst **frühzeitig im Innovationsprozeß** einsetzen zu lassen: also schon bei einer **gemeinsamen** Innovationsplanung, der Vorselektion erfolgversprechender Projekte und der Formulierung einer abgestimmten Innovationsstrategie.

Im Kontext dieser Prozeßbetrachtung sind auch die Methoden zur quantitativen und qualitativen Bewertung von Produktinnovationen zu sehen; also etwa auch die oben angesprochenen Testverfahren zur Wahrnehmungs- und Präferenzmessung bei neuen Lebensmitteln, bei denen die Schnittstellenproblematik besonders evident ist.

Die **Aufbauorganisation** hat sicherzustellen, daß möglichst günstige Voraussetzungen für die Generierung und Durchsetzung von Innovationsideen herrschen, daß sich die Koordination zwischen F&E und Marketing ohne größere Reibungsverluste vollzieht, daß die Zuständigkeiten der beiden Funktionsbereiche klar definiert sind. Angesichts der Komplexität von Innovationsprozessen kommt es ganz besonders darauf an, daß die organisatorischen **Rahmenbedingungen** diesen Besonderheiten Rechnung tragen.[24]

Dabei ist zu berücksichtigen, daß die traditionellen Strukturen der **Primärorganisation** (etwa Funktions-, Sparten- oder Matrixorganisation) erfahrungsgemäß ihre Stärken in der Bewältigung von Routineaufgaben haben, aber für die Erarbeitung von innovativen Lösungen, von Neuproduktentwicklungen oft weniger geeignet bzw. **überfordert** sind.[25]

Es müssen Organisationsstrukturen gefunden werden, "die mit Komplexität und Unklarheit vereinbar sind und die Innovationswiderstände abbauen helfen";[26] Strukturen, die einerseits Kreativität fördern und dennoch andererseits klare Entscheidungskompetenzen ermöglichen. Zur Lösung dieses "organisatorischen Dilemmas" des Innovationsmanagements werden daher **interdisziplinäre Gruppen/Teams** außerhalb der Hierarchie, verbunden mit einem leistungsfähigen internen Kommunikationssystem und einem innovativen Führungsstil, vorgeschlagen.

Die **konkreten Organisationsformen** zur Sicherstellung der Koordination zwischen F&E und Marketing lassen sich - einem Vorschlag von *Tebbe* folgend[27] - vier **Grundtypen** zuordnen, die nach den Merkmalen der zeitlichen Befristung (dauerhaft oder befristet) und der zeitlichen Inanspruchnahme (Vollzeit oder Teilzeit) gebildet sind (vgl. Abb.8). Zusätzlich können zur Differenzierung der Organisationsformen noch die Kriterien der **fachlichen Einordnung** und der **formalen Kompetenz** herangezogen werden.

Betreffen Innovationen verwandte Produkte, wie dies im Lebensmittelsektor häufig der Fall ist, so lassen sie sich zweckmäßigerweise dem jeweiligen Produktbereich/der Sparte zuordnen. Völlig neue Produkte (Marktneuheiten) lassen sich dagegen am besten von einer spartenübergreifenden Instanz (z.B. der Geschäftsleitung) voranbringen. Bei fachlicher Zuordnung zu einem Funktionsbereich (Produktentwicklung/F&E bzw. Marketing/

Vertrieb) besteht die Gefahr der Überbetonung des jeweiligen Funktionsaspekts.

		zeitliche Inanspruchnahme	
		vollzeitlich	teilzeitlich
zeitliche Befristung	dauerhaft	Neuproduktstelle bzw. -abteilung	Produktmanager, Geschäftsleitung, regelmäßiges Gremium
	befristet	Projektmanagement	fallweise gebildetes Gremium

Abb. 8: Organisationstypen für Produktinnovationsprozesse

"Die formale Kompetenz kann zwischen den Extremen einer vollen Linienkompetenz mit eigenen verfügbaren Ressourcen zur Produktentwicklung und Markteinführung und einer reinen Stabstätigkeit mit ausschließlichem Vorschlagsrecht variieren".[28]

Die vier Grundtypen einer Innovationsorganisation sollen an dieser Stelle kurz vorgestellt werden, ohne im einzelnen auf ihre Vorteile und Nachteile einzugehen. Es ist einer empirischen Studie (vgl. hierzu den Beitrag von *Knoblich/Struck*) vorbehalten festzustellen, welche Rolle die Schnittstellenthematik in der hier interessierenden Branche spielt, auf welche Ursachen solche Reibungsverluste zurückzuführen sind und welche organisatorischen Lösungen mit welchem Erfolg von den Unternehmen praktiziert werden.

Die **Neuproduktabteilung**/ der **Neuproduktmanager** ist charakterisiert als vollzeitliche und unbefristete Organisationseinheit, die sich **ausschließlich** mit Produktinnovationen befaßt und daneben keine Routinearbeiten im laufenden Geschäft erledigt.

Das **Projektmanagement** ist eine vollzeitliche aber befristete Organisationseinheit. Ihre Mitarbeiter kommen aus verschiedenen Abteilungen und beschäftigen sich **ausschließlich** mit einem Innovationsvorhaben. Nach der Markteinführung des neuen Produkts wird das Projektmanagement wieder aufgelöst; die Mitarbeiter kehren in ihre ursprünglichen Abteilungen zurück oder übernehmen in der Primärorganisation Zuständigkeiten für das neue Produkt.

Fallweise gebildete Gremien bestehen stets aus mehreren Personen unterschiedlicher Hierarchieebenen, die - wie beim Projektmanagement für die Dauer einer Neuproduktkonzipierung und -einführung aus verschiedenen Unternehmensbereichen zusammengezogen worden sind. Gremienmitglieder sind jedoch nicht voll von ihrer üblichen Routinetätigkeit freigestellt; ihre Tätigkeit hier ist **befristet und teilzeitlich**.

Unbefristete und teilzeitliche Organisationsformen können **unipersonal** sein (einzelne **Führungskräfte**, wie etwa der Leiter F&E, der Marketingleiter oder ein Mitglied der Geschäftsleitung) oder aber **multipersonal als Gremium**, das sich **regelmäßig** zur Lösung von Innovationsproblemen trifft, konzipiert sein. Alle diese Personen sind **auf Dauer** für Neuproduktvorhaben zuständig und müssen daneben umfassende laufende Aufgaben wahrnehmen.

Am Beispiel des (in der Praxis weit verbreiteten) **Projektmanagements** (vollzeitlich/ befristet) lassen sich übrigens nach den Kriterien der organisatorischen Einbindung des Projektleiters und der eingeräumten Entscheidungsbefugnisse mehrere **Formen der Projektorganisation** unterscheiden, die Hinweise auf weitere Differenzierungsmöglichkeiten eines Schnittstellen-Managements auch in der Lebensmittelbranche geben:[29]

- Projekte in der Linienorganisation
- Projektkoordination (Stabs-Projektorganisation)
- Projekt-Matrix-Organisation und
- reine (autonome) Projektorganisation.

Bei **Projekten in der Linienorganisation** werden sämtliche Projektaufgaben innerhalb der bestehenden **Primärorganisation** ausgeführt. Ein Mitarbeiter der Linie wird mit der Projektleitung beauftragt. Wir finden diese Lösung bei kleinen Produktentwicklungsvorhaben oder Teilprojekten, die innerhalb eines Bereichs abgewickelt werden können.

Bei der **Projektkoordination** hat die Projektleitung eine Stabsfunktion inne. Der Projektleiter hat weder fachliche noch disziplinarische Weisungsbefugnisse. Die Verantwortung liegt bei einem (oder mehreren) Funktionsbereichsleiter(n).- Diese Form ist zwar problemlos und ohne große Verantwortungsdelegation einzuführen und daher in der Praxis beliebt; infolge der schwachen Stellung des Projektleiters ist sie aber - vor allem für komplexe Innovationsvorhaben - nicht zu empfehlen.

Die **Projekt-Matrix-Organisation** beruht auf der engen Zusammenarbeit verschiedener Stellen. Der Projektleiter ist mit einem **projektgebundenen, fachlichen Weisungsrecht** ausgestattet, während die disziplinarischen Kompetenzen bei den Linienmanagern verbleiben. Hier kann infolge unterschiedlicher Interessenlage der Linien- und Projektverantwortlichen ein Konfliktpotential entstehen, was an das übergeordnete Management hohe Anforderungen stellt und große Verantwortung bringt. U.U. wird die Entscheidungsfindung dadurch verzögert.

Es wird darauf hingewiesen, daß sich die ursprüngliche Schnittstellenproblematik von Produktentwicklung und Marketing auf **Abstimmungsprobleme** zwischen einzelnen Projekten und der Linie verlagert.

Im Rahmen der **reinen Projektorganisation** werden für abgegrenzte Innovationsvorhaben jeweils eigene Projektteams zusammengestellt. Für die Dauer des Projekts unterstehen die Teammitglieder dem Projektleiter sowohl fachlich als auch disziplinarisch. Damit verbunden ist die völlige Herauslösung aus ihren funktionalen Positionen. Diese Organisationsform wird als die **wirkungsvollste** angesehen.

6. Ausblick

Das Plädoyer für die eine oder andere Form **interdisziplinärer Gruppen und Teams** zur Lösung von Schnittstellenproblemen zwischen Produktentwicklung/ F&E und Marketing soll abschließend wieder etwas relativiert werden; nicht zuletzt unter dem Gesichtspunkt, daß jegliche **Gruppenarbeit teuer und zeitaufwendig** ist. Dieser Aspekt wird auch in der Literatur als Hauptkritikpunkt genannt.

Es muß über **andere Lösungsmöglichkeiten** nachgedacht werden. Drei Stichworte sollen dazu gegeben werden, die sich nicht auf fertige Problemlösungen beziehen, sondern eher zum Nachdenken und zur Diskussion anregen sollen. Auch in der Literatur finden sich dazu erst ganz vereinzelt Anhaltspunkte.

Losgelöst vom konkreten Innovationsprojekt (und ohne den damit verbundenen Zeitdruck) kann planmäßig das gegenseitige Kennenlernen der Manager der beiden Bereiche gefördert werden ("**Mutual Understanding**"). Diese Aktivität kann ohne allzu großen organisatorischen Aufwand **institu-**

tionalisiert und von Moderatoren/Trainern betreut werden; sie kann ausgeweitet/unterstützt werden durch gemeinsame Schulungsmaßnahmen oder systematische **Job-Rotation** zwischen den Abteilungen.[30]

Hinweise aus der Praxis zeigen, daß auch eine Verankerung des Innovationsmanagements **im Rahmen der Linienorganisation** möglich ist, daß F&E und Marketing etwa in einer funktional gegliederten Primärorganisation zusammengeführt werden.[31]

Diskutiert wird auch die **(teilweise) Ausgliederung des Innovationsprozesses** aus dem Unternehmen und seine Übertragung auf Dritte (Dienstleister). Die Linie agiert in solchen Fällen nur noch als "**Task-Force-Management**": ein kleiner Kreis von Spezialisten im Unternehmen übernimmt die Koordination aller Aktivitäten, die von Spezialagenturen oder Laboratorien ausgeführt werden (also sowohl die Entwicklung des physischen Produkts als auch Produkt- und Markttests).

Unter dem Schlagwort "**Outsourcing-Strategien**" werden ferner Modelle wie die reine "**Brain-Company**" erörtert, die die Produkte entwickelt, sie dann irgendwo in der Welt produzieren läßt und ggf. über eine externe Dienstleistungsorganisation vertreiben läßt.[32]

Bei all diesen bedenkenswerten Vorschlägen zum Outsourcing stellt sich jedoch die Frage, ob damit tatsächlich die Schnittstellenprobleme zwischen Marketing und F&E gelöst werden können, ob externe, selbständige Organisationen leichter zu koordinieren sind als die internen Funktionsbereiche. U. U. verschiebt sich lediglich das (interne) Schnittstellenproblem hin zu einem externen.

Kreativität, die vor "unkonventionellen" Lösungen in der Unternehmensorganisation nicht zurückschreckt, dürfte jedoch künftig mehr denn je eine Rolle spielen, um auch in der Nahrungs- und Genußmittelindustrie die wirkungsvolle Zusammenarbeit zwischen Produktentwicklung und Marketing und damit den Erfolg von neuen Produkten sicherzustellen.

1 Vgl. Gershman (1993): S. 10.

2 Vgl. Gershman (1993): S. 11.

3 Vgl. Hunsinger (1991): S. 10ff.; Bielefeld (1992): S. 34ff.; Becker konstatiert für den Warenkorb des Lebensmittelhandels in der ersten Hälfte der 80er Jahre eine Floprate von 85 %. Vgl. Becker (1992): S. 510.

4 Vgl. Gershman (1993): S. 11.

5 Vgl. Benkenstein (1987): S. 4.

6 Vgl.. Benkenstein (1987): S. 4; Manns (1992): S. 3 ff.

7 Vgl. etwa Gershman (1993): S. 12 f.

8 Vgl. Manns (1992): S. 30.

9 Die von einem solchen Innovations-Management zu bewältigenden komplexen Kommunikations- und Koordinationsprobleme haben eine strategische und eine mehr operative Seite. Die strategische Ebene (etwa die systematische Planung von Innovationsfeldern) soll aus unseren folgenden Betrachtungen ausgeklammert werden; wir wollen uns auf Aspekte der Maßnahmenplanung und -durchsetzung konzentrieren.

10 Vgl. Benkenstein, M., (1987); Manns, J.R., (1992); Tebbe, K.; (1990); Warren, E.J., (1989): S. 80ff.

11 Vgl. § 1. Abs.1 Lebensmittel- und Bedarfsgegenständegesetz (LmBG).

12 Vgl. dazu Knoblich (1969); Knoblich (1992): S. 964ff.

13 Vgl. Benkenstein (1987): S. 34 (Abb. 4) und S. 121 (Abb. 22).

14 Die Aufzählung solcher Unternehmen der Nahrungs- und Genußmittelindustrie reicht von Teigwarenherstellern über Molkerein, Fleischerein, Kaffeeröstern, Konserven- und Fertigwarenherstellern und Süßwarenproduzenten bis hin zu Unternehemen der Tabakwarenindustrie, Brauerein, Winzern und Brennerein. Vgl. BVE-Jahresbericht (1993) Tabelle 4, S. 40.

15 Vgl. zu diesem Thema Brockhoff (1989); Specht (1989): S. 18 ff.

16 Manns (1992): S. 18.

17 Vgl. Manns (1992): S. 18 f.

18 Vgl. Manns (1992): S. 43.

19 Manns (1992): S. 43.

20 modifiziert nach Wind (1982),: S. 483.

21 Vgl. dazu etwa Köster (1990): S. 1ff.

22 Vgl. hierzu etwa Wöhe (1993), S. 182.

23 Diese begriffliche Unterscheidung findet sich bei Benkenstein (1987).

24 Vgl. hierzu etwa das Stichwort "Innovationsorganisation" bei Diller (1992), S. 464; Trommsdorff (1990).

25 Vgl. etwa Manns (1992): S. 166 ff.

26 Stichwort "Innovationsorganisation" bei Diller (1992), S. 464.

27 Vgl. Tebbe (1990): S. 286, insbes. Tab. 20.

28 Vgl. Tebbe (1990): S. 284.

29 Vgl. dazu Manns (1992): S. 180 ff.

30 Vgl. etwa Brockhoff (1989): S. 80.

[31] In asw (1/1994): S. 31 f. findet sich z.B. der Hinweis. daß die Mitarbeiter des Marketing und der Produktentwicklung als Elemente einer Abteilung "Kundenzufriedenheitsmanagement" zusammengefaßt werden können. - Das französische Unternehmen Bongrain hat in ähnlicher Weise einen Funktionsbereich "Qualité et Consommateur" gebildet.

[32] Vgl. etwa asw, Heft 7/ 1994, S. 28 ff.

Literaturverzeichnis

Becker, J.: Marketing-Konzeption, 4. Auflage, München 1992.

Benkenstein, M.: F & E und Marketing, Wiesbaden 1987.

Bielefeld, K.W.: Marken II -Kampf um die Wertschöpfung; in: Harvard Manager Nr. 3/1992, S. 34-46.

Brockhoff, K.: Schnittstellen-Management, Stuttgart 1989.

Diller, H. (Hrsg.): Vahlens Großes Marketing Lexikon, München 1992.

Gershman, M.: Vom Flop zum Renner, Frankfurt-New York 1993.

Hunsinger, H.: Hits oder Flops - Über das Leben und Sterben neuer Produkte im Lebensmittel-Einzelhandel, in: *Mall, H. P. (Hrsg.)*, Wirus-Werkstatt-Gespräch 1991, S. 10.

Knoblich, H.: Betriebswirtschaftliche Warentypologie, Köln und Opladen 1969.

Knoblich, H.: Produkttypologie, in: Vahlens Großes Marketing Lexikon, München 1992, S. 964-967.

Köster, E.P.: Recent Developments in the Study of Perception: Taste and Smell; in: Perfumer and Flavorist, 2/1990, S. 1ff.

Manns, J.R.: Produktinnovationen als Ergebnis der Koordination von F&E und Marketing, Ludwigsburg - Berlin 1992.

Specht, G./Silberer, G./Engelhardt, W.H. (Hrsg.): Marketing-Schnittstellen, Stuttgart 1989.

Tebbe, K.: Organisation von Produktinnovationsprozessen, Stuttgart 1990.

Trommsdorf, V.: Innovationsmanagement in kleinen und mittleren Unternehmen, München 1990.

Warren, E.J.: Interface between R+D, Marketing, and Marketing Research in New Product Development, in: Journal of Consumer Marketing 1989, S. 80 - 90.

Wind, Y.: Product Policy: Concepts, Methods and Strategy, Reading 1982.

Wöhe, G.: Einführung in die Allgemeine Betriebswirtschaftslehre, 18. Auflage, München 1993.

Andreas Scharf / Bernd Schubert / Christian Struck

Besonderheiten der Entwicklung neuer Nahrungs- und Genußmittel

a

1. Einleitung

Aufgrund der Vielzahl weitgehend austauschbarer und in der Produktqualität vergleichbarer Produkte einerseits und der ständig steigenden Kundenerwartungen an die sensorische Produktqualität zu günstigem Preis andererseits wird die Entwicklung erfolgreicher neuer Produkte zu einer Aufgabe, welche die Unternehmen der Nahrungs- und Genußmittelindustrie nur durch eine systematische und effiziente Innovationsplanung zu lösen vermögen. Hinzu kommt, daß die Absatzmärkte durch eine zunehmende Anzahl unterschiedlichster Ernährungstrends (z.B. "ethnic food") gekennzeichnet sind, denen die Unternehmen mit geeigneten Produkten häufig nur noch durch hohe Investitionskosten und extrem kurze Entwicklungszeiten folgen können. Schließlich sind die Wahrnehmungs- und Präferenzbildungsprozesse der Konsumenten bei Nahrungs- und Genußmitteln äußerst komplex, so daß spezielle Methoden der Informationsbeschaffung in den verschiedenen Phasen des Produktinnovationsprozesses benötigt werden. Da die Verbraucher Nahrungs- und Genußmittel körperlich aufnehmen, reagieren sie äußerst sensibel auf geringste wahrnehmbare Qualitätsschwankungen. Tatsächliche oder vermutete Produktfehler, die im Extremfall die Gesundheit der Verbraucher gefährden können, führen nicht nur dazu, daß das betreffende Produkt zum Flop wird, sondern gefährden ganze Produktlinien, unter Umständen sogar das gesame Unternehmen (z.B. Birkel: Flüssigei-Skandal).

Ergebnisse aktueller empirischer Untersuchungen belegen die gravierenden Probleme der Nahrungs- und Genußmittelhersteller bei der erfolgreichen Vermarktung ihrer neuen Produkte. Von den 47.000 Erzeugnissen, die 1994 im deutschen Lebensmitteleinzelhandel eingeführt wurden, waren 44,3 Prozent ein Jahr später nicht mehr in den Regalen zu finden.[1] Am schlechtesten schnitten dabei Backwaren mit einer Flopquote von nahezu 60 Prozent ab (vgl. Abb. 1). In den USA prognostiziert man für das Jahr 1995 sogar eine Floprate von über 90 Prozent.[2]

Ein Ziel dieses Beitrags ist die Analyse der Rahmenbedingungen, unter denen die Entwicklung neuer Nahrungs- und Genußmittel stattfindet. Anschließend gilt es, Faktoren zu identifizieren, welche den Erfolg einer Produktinnovation in dieser Branche nachhaltig beeinflussen. Außerdem sollen die verschiedenen Phasen des idealtypischen Produktinnovationsprozesses im Hinblick auf Besonderheiten bei Nahrungs- und Genußmitteln beleuchtet werden.

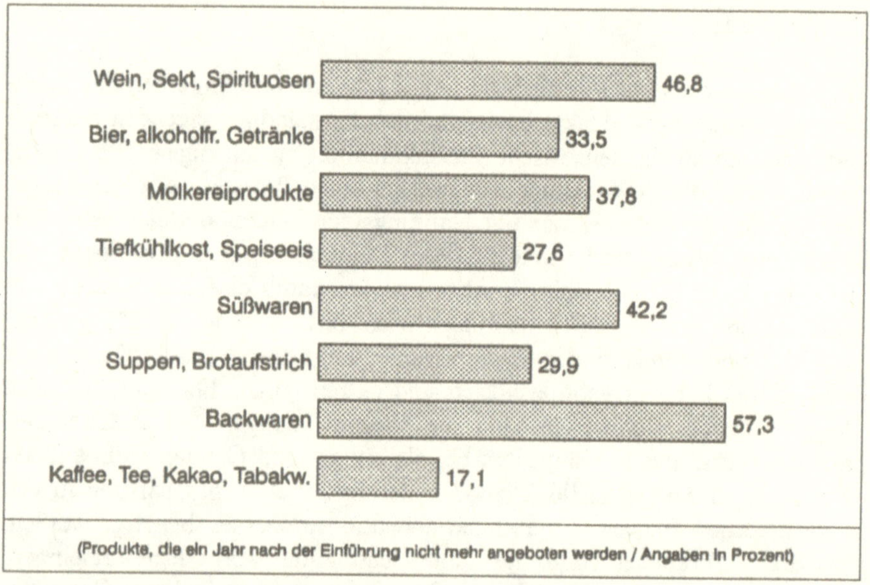

Abb. 1: Flopquoten ausgewählter Warengruppen (1994)[3]

2. Ausgewählte Rahmenbedingungen der Entwicklung neuer Nahrungs- und Genußmittel

Die unternehmerischen Aktivitäten werden durch eine Reihe interner und externer Rahmenbedingungen geprägt, die auch die im Zusammenhang mit der Entwicklung neuer Produkte zu treffenden Entscheidungen berühren. Die **externen** Rahmenbedingungen sind eng mit der Mikro- und Makroumwelt des Unternehmens verbunden und können nicht oder nur mittelbar vom innovierenden Unternehmen beeinflußt werden. Demgegenüber sind die **internen** Rahmenbedingungen eng mit dem Planungs- und Entscheidungsprozeß des Betriebs verbunden und lassen sich somit aktiv gestalten, d.h. an die Erfordernisse von Innovationsvorhaben anpassen. In der Abbildung 2 sind ausgewählte interne und externe Rahmenbedingungen dargestellt. Einige – sich aus den Rahmenbedingungen ergebende – Besonderheiten bei der Entwicklung neuer Nahrungs- und Genußmittel werden im folgenden näher erläutert.

Die Nahrungs- und Genußmittelbranche, die 1994 einen Gesamtumsatz von 532 Mrd. DM erzielte, ist in bezug auf ihre Mitgliedsunternehmen ausgesprochen heterogen. Das zeigt sich bereits in der offiziellen Klassifizierung der Betriebsarten in der amtlichen Statistik.[4] Die umsatzstärksten Warengruppen sind die Milchwirtschaft (36 Mrd.), die Fleischwirtschaft (34 Mrd.), Brauereien (20 Mrd.) und Süßwaren (18 Mrd.).[5] Es unterscheiden sich jedoch nicht nur die Teilbranchen erheblich voneinander, sondern auch die innerhalb einer Teilbranche aktiven Unternehmen. Die Heterogenität der Branche im Hinblick auf ihre Innovationstätigkeit veranschaulicht die Abbildung 3. Während die Getränkeindustrie die höchsten Innovationsquoten aufweist, ist der Anteil neuer Produkte im Bereich der Genußmittel vergleichsweise gering.

Ausgewählte interne Rahmenbedingungen	**Ausgewählte externe Rahmenbedingungen**
• Größe und Organisationsstruktur der Unternehmung • Kommunikationsstruktur innerhalb des Innovationsablaufs • Art und Leistungsfähigkeit der Produktionstechnologie • Betriebliches Innovationsklima • Managementstil und Ablauf der Entscheidungsprozesse	• Bedürfnisse der Nachfrager • Situation auf den Beschaffungsmärkten für Einsatzstoffe • Aktivitäten des relevanten Konkurrenzumfelds • Position und Abhängigkeit gegenüber dem Handel • nationale und internationale Rechtsnormen

Abb. 2: Interne und externe Rahmenbedingungen der Entwicklung neuer Produkte im Nahrungs- und Genußmitelbereich

Vielfach wird in der Literatur die **Technologie** als Triebfeder für Produktinnovationen angesehen.[6] Das liegt daran, daß zumeist solche Produkte Gegenstand innovationstheoretischer Betrachtungen sind, die selbst einer hohen technologischen Evolution ausgesetzt sind (z.B. Investitionsgüter, Unterhaltungselektronik, Microcomputer). Innovationsanreize und -potentiale ergeben sich bei derartigen Erzeugnissen vor allem durch neue Möglichkeiten bezüglich der physischen Produktbestandteile (z.B. neue Werkstoffe). Die technischen Rahmenbedingungen bei der Herstellung werden oft erst an zweiter Stelle der Technologiediskussion angeführt. Demgegenüber ist die Produktionstechnologie die einzige Quelle für technologieinduzierte Innovationsanreize bei Nahrungs- und Genußmitteln, da diese Produkte in ihren physikalisch-chemischen Eigenschaften von Natur aus nicht technisch sind. Neue Verfahren oder Anlagen sind häufig der Anlaß, neue Produkte zu entwickeln, zu testen und zu vermarkten.

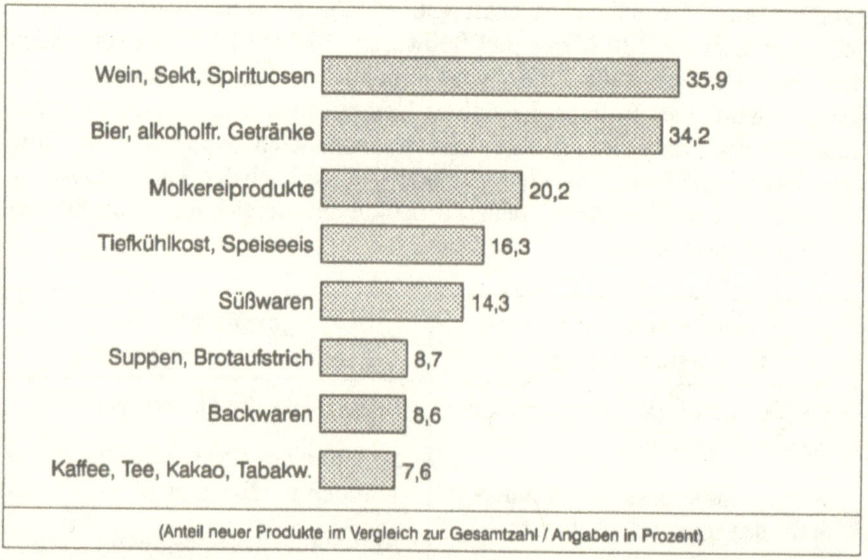

Abb. 3: Innovationsquoten der Nahrungs- und Genußmittelbranche unterteilt nach Warengruppen (1994)[7]

Die Bedeutung der Technologie für innovative Aktivitäten der Nahrungs- und Genußmittelindustrie hängt von verschiedenen Faktoren ab: So kann man z.B. davon ausgehen, daß die erforderlichen Veränderungen in der Technologie um so größer sind, je stärker sich das neue Produkt vom bisherigen Leistungsprogramm des Unternehmens abhebt. Die Anforderungen an die Technologie nehmen tendenziell auch mit dem Grad der Veredelung des neuen Produktes zu. Damit in unmittelbarem Zusammenhang steht die zunehmende Nachfrage der Verbraucher nach Produkten, die schnell und bequem von jederman zubereitet werden können, deren Herstellung jedoch technisch äußerst aufwendig sein kann.

Nahrungs- und Genußmittel unterscheiden sich in ihrer physikalisch-chemischen Zusammensetzung von den meisten Produkten, da sie in der Regel (neben Wasser) aus organischen Substanzen bestehen. Deshalb reagieren sie oft empfindlich auf äußere Einflüsse (Temperatur, Druck, Feuchtigkeit usw.), verderben sehr schnell und sind nach Ablauf des Verfalldatums völlig wertlos, Hieraus resultieren hohe Anforderungen an die betriebliche Beschaffung, Produktion und Logistik für neue Produkte.

Eine weitere Besonderheit der Nahrungs- und Genußmittel besteht darin, daß viele Verbraucher über detaillierte Produkt- bzw. Produktionskenntnisse verfügen. Sie stellen verschiedene Speisen und Getränke aus gekauften oder selbst erzeugten Zutaten her, probieren bestehende Rezepte aus oder erfinden neue. Der Konsument übernimmt in diesen Fällen die Rolle des Produzenten. Aus dieser besonderen Beziehung zwischen Produkt und Verwender resultiert zum einen die Forderung, das Involvement der Konsumenten systematisch im Rahmen des gesamten Innovationsprozesses zu nutzen. Zum anderen läßt sich die kritische Einstellung vieler Verbraucher gegenüber neuen (unbekannten) Erzeugnissen hierdurch erklären.

Schließlich beeinflußt die restriktive Haltung der Absatzmittler den Erfolg neuer Nahrungs- und Genußmittel. Die zunehmende Austauschbarkeit der Produkte und die dramatischen Konzentrationsprozesse haben den Handelsbetrieben eine starke Machtposition verschafft, die sie bis an die gesetzlichen Grenzen ausnutzen.[8] 1995 entfallen auf die zehn größten Handelsbetriebe bereits 80 Prozent des Gesamtumsatzes an Nahrungs- und Genußmitteln. Demgegenüber beträgt der Marktanteil der zehn größten Lebensmittelhersteller insgesamt nur 11 Prozent.[9] Angesichts dieser Übermacht des Handels sind die Verkäufer der Lebensmittelindustrie vielfach dazu gezwungen, die weitreichenden Forderungen der Handelskonzerne zu akzeptieren, damit ihre neuen Produkte gelistet werden.[10] Die finanziellen Mittel, die Unternehmen "im Kampf um den Regalplatz" aufwenden müssen, stehen dann für die Entwicklung neuer Produkte nicht mehr zur Verfügung. Eine intensive Innovationstätigkeit ist jedoch erforderlich, weil sich die Hersteller nur durch Produkte mit hoher Präferenzwirkung eine gestärkte Verhandlungsposition gegenüber dem Handel verschaffen können[11] – ein Teufelskreis (vgl. Abb. 4).

3. Erfolgsfaktoren neuer Nahrungs- und Genußmittel

In der Vergangenheit ist eine Vielzahl von Studien zur Ermittlung relevanter Erfolgsfaktoren von Produktinnovationen durchgeführt worden.[12] Die Aussagekraft der meisten Befunde ist jedoch begrenzt, da neue Produkte aus dem Nahrungs- und Genußmittelbereich entweder gar nicht oder nur zusammen mit anderen Branchen untersucht wurden. Aus diesem Grund wird am Institut für Marketing und Handel der Universität Göttingen seit Mai 1995 eine empirische Untersuchung zum Thema "Produktinnovationsprozesse bei Nahrungs- und Genußmitteln" durchgeführt. Erste Ergebnisse sind im zweiten Teil dieses Buches dargestellt (vgl. hierzu den Beitrag von *Knoblich/Struck*).

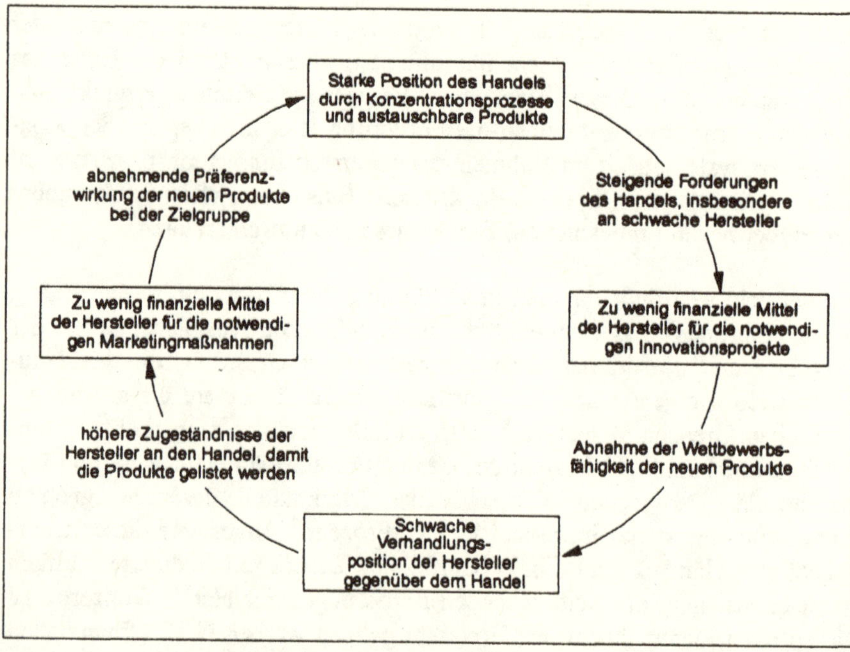

Abb.: 4: Teufelskreis der Handelsmacht

In den 80er Jahren begleiteten und analysierten *Cooper/Kleinschmidt* insgesamt 203 Innovationsprojekte (davon 123 erfolgreiche) in 125 Firmen, wobei der Anteil von Nahrungs- und Genußmitteln mit 4 Prozent sehr gering war.[13] Als Schlüsselfaktoren für den Erfolg identifizierten sie den Produktvorteil, die systematische Innovationsplanung (Festlegung des Zielmarktes, Bestimmung der Bedürfnisse, Wünsche und Präferenzen der Zielgruppe, Formulierung des Produktkonzepts und der Produktanforderungen) sowie die Qualität der innovationsbezogenen Aktivitäten. Ausschlaggebend für den Mißerfolg neuer Produkte waren vor allem die hohe Wettbewerbsintensität und Dynamik (Anzahl neuer Produkte) auf dem Absatzmarkt sowie die mangelnde Unterstützung des jeweiligen Innovationsprojekts durch das Top-Management.

Im Rahmen einer Langzeitstudie (1982 bis 1993) hat *Keite* insgesamt 100 Innovationsprojekte direkt begleitet und zu weiteren 200 Innovationen Befragungen durchgeführt.[14] Interessant ist diese Untersuchung vor allem deshalb, weil zwei Drittel aller analysierten Innovationsprojekte aus dem Bereich der Nahrungs- und Genußmittel stammen. Häufige Fehler bei der Entwicklung neuer Produkte sind danach das Fehlen einer aktiven, systematischen Suche nach Produktideen, übertriebenes Sicherheitsdenken, die mangelhafte Zusammenarbeit der involvierten Unternehmensbereiche, ungenutztes Wissen der Marktforschungsabteilungen, die Durchführung von kurzfristig erfolgversprechenden Vorhaben, die Realisierung von Erwartungen bzw. Präferenzen der Entscheidungsträger, überhastete Umpositionierungen, Argumentationsprobleme des Verkaufspersonals, keine angemessene Betreuung der neuen Produkte über die Einführungsphase hinaus, keine klaren Zielvorgaben und schließlich kein eigenständiges Innovationscontrolling.

In einer aktuellen Studie der Group EFO wurden in den USA 103 Marketing-Manager der Nahrungs- und Genußmittelindustrie nach den Hauptgründen für das Scheitern neuer Produkte gefragt.[15] Am häufigsten ist gemäß dieser Studie die fehlende Differenzierung gegenüber dem Wettbewerb für einen Mißerfolg verantwortlich. Dieser Mangel an echten Innovationen mit starker Präferenzwirkung zeigt sich auch darin, daß von den 1994 in den USA neu eingeführten Nahrungs- und Genußmitteln mehr als 70 Prozent Line-extensions waren (davon wiederum 50 Prozent "close in"-line extensions). Als weitere Faktoren für Produktflops nennen die Marketing-Verantwortlichen das Fehlen einer strategischen Richtung, eine falsche Positionierung, ein unerfülltes Produktversprechen, mangelnde Unterstützung des Managements, ein schlechtes Preis-Leistungs-Verhältnis, ein zu kurzer Amortisations-Zeitraum sowie Marktforschungsschwächen.

Eine sehr umfangreiche Metaanalyse zu dem Thema "Erfolgfaktoren für neue Produkte" haben *Montoya-Weiss/Calantone* durchgeführt.[16] Ihre Arbeit berücksichtigt insgesamt 47 Studien, die hinsichtlich der Untersuchungsziele und der untersuchten Branchen stark variieren. Die Autoren identifizieren vier Gruppen von Erfolgsfaktoren: Unternehmensumwelt (z.B. Marktpotential, Wettbewerbsintensität), Strategien (z.B. Produktvorteil, Ausnutzung von Synergien), Organisationsstruktur (z.B. Aufbau-/ Ablauforganisation, interne/externe Kommunikation) und Innovationsprozeß (z.B. effiziente Planung, Geschwindigkeit, Unterstützung/Kontrolle durch das Top-Managements), wobei die beiden letztgenannten Gruppen von Erfolgsfaktoren erhebliche Überschneidungen aufweisen und deshalb zusammengefaßt werden sollten.

Versucht man – ausgehend von den Ergebnissen der Vielzahl vorliegender Studien – einen Katalog mit Erfolgsfaktoren für neue Nahrungs- und Genußmittel zusammenzustellen, ist folgendes zu beachten: Geeignete Faktoren sollten eine empirisch belegte Relevanz, möglichst wenig Redundanzen und einen direkten Bezug zur Entwicklung neuer Produkte aufweisen. Außerdem ist es sinnvoll, zwischen zwei Gruppen von Erfolgsfaktoren zu unterscheiden: Bei der einen Gruppe handelt es sich um Faktoren, die von der

Unternehmung aktiv beeinflußt werden können und sich in strategische Faktoren und in die Organisation von Produktinnovationsprozessen betreffende Faktoren unterteilen lassen (vgl. Abbildung 5). Die zweite Gruppe bilden die Umweltfaktoren, die für den einzelnen Betrieb nicht direkt steuerbar sind.

Strategische Faktoren	Organisation des Innovationsprozesses
• Hohe Produktqualität • Starkes Neuheitserlebnis • Bestehen eines konkreten Marktbedürfnisses • Marktgerechter Preis • Geeignete Werbemaßnahmen • Leistungsfähiger Vertrieb • Gute Beziehungen zum Handel • Nutzung technologischer und marketingbedingter Synergien	• Effiziente Marktforschung in der Phase der Ideenfindung und Ideenbewerung • Intensive Konzept- und Produkttests durch integrierte Markt- und Sensorikforschung • Monitoring in der Einführungsphase • Differenzierte Innovationsplanung bei gleichzeitig kurzen Entwicklungszeiten • Konsequente Einbindung des Top-Managements • Gutes Schnittstellenmanagement, insbesondere zwischen F&E und Marketing

Abb. 5: Vom Unternehmen direkt beeinflußbare Erfolgsfaktoren für neue Nahrungs- und Genußmittel

4. Produktinnovationsprozeß bei Nahrungs- und Genußmitteln

4.1. Arten und empirische Bedeutung der Produktinnovation

Um zu einer differenzierten Betrachtung der Probleme bei Produktinnovationen von Nahrungs- und Genußmitteln vorzudringen, ist es erforderlich, die Vielzahl empirischer Erscheinungsformen im Hinblick auf typische Problemstellungen im Innovationsprozeß zu systematisieren und deren Besonderheiten jeweils herauszuarbeiten. In Anlehnung an *Booz/Allen/Hamilton* lassen sich – aus der Sicht eines Unternehmens – sechs Typen von Produktinnovationen unterscheiden, je nach Neuheit für das Unternehmen und für den Markt.[17]

Den höchsten Innovationsgrad, sowohl für das Unternehmen als auch für den Markt haben **Weltneuheiten** (echte Innovationen). Dabei handelt es sich um neue Produkte, für die ein neuer Markt geschaffen wird. Beispiele hierfür sind erstmalig eingeführte Tiefkühlprodukte. Die empirische Bedeutung solcher Produktinnovationen ist eher gering.[18] Kennzeichnend für den Innovationsprozeß ist hier der enorme Aufwand im Bereich der F&E.

Neue Produktlinien stellen (in der Regel horizontale) Diversifikationen dar, d.h., durch diese Form der Produktinnovation gelingt dem Unternehmen der Zugang zu bereits existierenden, aber bisher von anderen Unternehmen bearbeiteten Märkten. Aus der Sicht von Konsumenten kann der Innovationsgrad dieser Produkte sehr unterschiedlich sein. In der Nahrungs- und Genußmittelindustrie kommt diese Erscheinungsform relativ häufig vor.[19] Ein Grund dafür ist, daß sich die Unternehmen dadurch den Zugang zu Wachstumsmärkten erhoffen, um somit das eigene, zuweilen sehr enge Betätigungsfeld auszudehnen. So versucht z.B. die Firma Wasa, mit würzigen Snackprodukten neue Märkte zu erschließen, um aus dem stagnierenden Markt für Knäckebrot "auszubrechen". Gerade dieses Beispiel verdeutlicht aber auch die besondere Problematik des Innovationsprozesses. So können z.B. fehlende Markterfahrung und hohe Investitionen für entsprechende Produktionsanlagen Risiken beinhalten. Bisweilen ist auch das mit den bisherigen Produkten verbundene Firmen- bzw. Markenimage mit den neuen Produkten nicht vereinbar.

Werden bereits etablierte Produktlinien durch weitere Sorten bzw. Marken ergänzt, so liegt eine Innovation in Form einer **Produktdifferenzierung** ("line extension") vor. Auch in diesem Fall kann der Neuheitsgrad aus Sicht der Konsumenten recht unterschiedlich sein. Bei Nahrungs- und Genußmitteln handelt es sich häufig um neue Geschmacksrichtungen bereits etablierter Marken ("close in"-line extensions). In diesem Fall ist das Neuheitserlebnis für die Konsumenten eher gering, so daß gerade diese Form der Produktinnovation ein hohes Floprisiko hat. Mit Produktdifferenzierungen – im Sinne neuer Sorten – wird in der Regel das Ziel verfolgt, neue Zielgruppen zu gewinnen bzw. dem "Bedürfnis nach Abwechslung" bei bestehenden Kunden gerecht zu werden. Damit soll die Marktposition eines etablierten Produkts gehalten bzw. ausgebaut werden. Im Produktinnovationsprozeß ist auf eine klare, zielgruppenspezifische Abgrenzung gegenüber den bestehenden Sorten zu achten, da sonst die Gefahr von "Kannibalismuseffekten" besonders groß ist. Problematisch ist auch, daß die fortschreitende Segmentierung von Teilmärkten zu immer kleineren Zielgruppen führt, so daß deren wirtschaftliche Bearbeitung unter Umständen nicht mehr möglich ist.

Erfolgversprechender ist diese Form der Produktinnovation, wenn es sich bei der Produktdifferenzierung um neue Marken handelt, die bezüglich der spezifischen Anforderungen einzelner Zielgruppen entwickelt werden und damit zu einer veränderten bzw. neuen Nutzenstiftung beitragen. Als besonders erfolgreiches Unternehmen ist hier *Ferrero* zu nennen. Mit Marken wie Mon Chérie, Rocher, Ferrero Küßchen, Raffaelo oder Kinderüberraschung ist es diesem Unternehmen gut gelungen, (wirklich) neue Produkte im Markt erlebnisorientiert zu plazieren und damit ein überdurchschnittliches Wachstum zu realisieren. Ein zentraler Erfolgsfaktor dafür ist, daß die Produkte aufgrund des Einsatzes neuer Produktionstechnologien nur schwer imitert werden können (z.B. Überraschungsei, kugelförmige Waffeln wie Rocher und Raffaelo). Die besondere Herausforderung im Innovationsprozeß besteht darin, zielgruppenspezifische "Nischen" zu finden, und zwar sowohl im Hinblick auf das Produktkonzept (hedonische Produkterwartungen), als auch auf die zu realisierenden Geschmacks- bzw. Produkterlebnisse (vgl. hierzu den Beitrag von *Scharf/ Schubert*).

Sehr oft handelt es sich bei den Innovationsanstrengungen der Hersteller allerdings lediglich um **Produktmodifikationen,** d.h. verbesserte bzw. weiterentwickelte Produkte.[20] Sie ersetzen die bisher im Markt befindlichen Produkte eines Herstellers und haben - aus Sicht von Konsumenten - einen eher geringen Innovationsgrad. Werden Produktmodifikationen mit der Zielsetzung realisiert, Kunden der Konkurrenz oder bisherige Nichtverwender zu erreichen, dann ist dabei das spezifische Problem zu beachten, daß die bisherigen Kunden das veränderte Produkt weiterhin akzeptieren sollen. Gerade bei Nahrungs- und Genußmitteln können geringe Rezepturänderungen bereits zu subjektiv stark abweichenden Geschmackseindrücken führen. Diese Abweichungen irritieren den Konsumenten u.U. und sind somit Ursache für einen Markenwechsel. Die sensorische Produktforschung stellt geeignete Methoden zur Verfügung, die eingesetzt werden können, um derartige Irritationen beim (Stamm-)Kunden zu vermeiden.

Besondere Erscheinungsformen der Produktmodifikation sind **repositionierte Produkte** ("relaunches") und sog. "cost reductions" (Produkte, die bei niedrigeren Kosten eine vergleichbare Nutzenstiftung erzielen).[21] Beim Relaunch wird der Produktkern (d.h. die Rezeptur bzw. der Geschmack) häufig kaum verändert. Vielmehr versucht man, mittels einer neuen Kommunikationsstrategie – verbunden mit einer neuen Packungsgestaltung – das subjektive Erscheinungsbild der Marke (Image) beim Konsumenten zu verändern. Der Innovationsprozeß dieser Maßnahme ist i.d.R. zeitlich wesentlich kürzer als die Entwicklung für das Unternehmen ganz neuer

Produkte. Bei Nahrungs- und Genußmitteln muß überprüft werden, ob der "alte" Geschmack noch zum neuen Erscheinungsbild der Marke paßt.

Bei den sog. "**cost reductions**" konzentrieren sich die Produktmodifikationen auf die Veränderung des Produktkerns. Änderungen der Rezeptur bzw. des Herstellungsverfahrens sollen Kosteneinsparungen ermöglichen, ohne daß dadurch das subjektive sensorische Produkterlebnis verändert wird. Bei diesen Änderungen sind spezielle Geschmackstests notwendig, die sich auf die von Konsumenten wahrgenommenen Produktunterschiede konzentrieren (zu Unterschiedstests vgl. den Beitrag von *Scharf*).

4.2. Konsumentenorientierter Produktinnovationsprozeß bei Nahrungs- und Genußmitteln

Wie die Analyse der Erfolgsfaktoren gezeigt hat, kann vor allem die frühzeitige Einbeziehung von Konsumenten in die Bewertungs- und Auswahlprozesse auf den einzelnen Stufen des Innovationsprozesses einen Einfluß auf den Innovationserfolg haben (vgl. hierzu den Grundgedanken des "Consumer Dialog System" im Beitrag von *Scharf/Schubert*).

Der Kerngedanke eines konsumentenorientierten Innovationsprozesses ist, daß die einzelnen Gestaltungsentscheidungen, die vom Management im Verlauf dieses Prozesses zu treffen und umzusetzen sind, direkt mit konsumentenbezogenen Marktinformationen verknüpft werden. Das Ziel dieser Informationsgewinnung besteht darin, in jeder Phase der Konkretisierung einer Produktidee bzw. des Produktkonzeptes über genau die Informationen zu verfügen, die eine Prognose der Marktchancen des Produktes im jeweiligen Entwicklungsstadium erlauben. Im folgenden werden die einzelnen Phasen eines idealtypischen Produktinnovationsprozesses unter Berücksichtigung der Besonderheiten bei Nahrungs- und Genußmitteln kurz skizziert.[22]

- **Bestimmung des Zielmarktes**

Bevor die Suche nach Produktideen beginnt, müssen zunächst potentielle Wachstumsmärkte im Hinblick auf Marktchancen analysiert werden. Hier werden bereits marktfeld-strategische Entscheidungen über die Richtung der Innovationsaktivitäten getroffen. Sie münden schließlich in der Definition eines erfolgversprechenden Zielmarktes.[23] Bereits in dieser Phase können die Wahrnehmungen und Präferenzen der Konsumenten bezüglich der in diesem Markt angebotenen Produkte analysiert werden, um so mögliche Lücken (Nischen) für neue Produkte aufzuspüren. Diese Vorgehensweise ist besonders für solche Innovationsprozesse typisch, bei denen es sich um Produktdifferenzierungen bzw. "line-extensions" handelt.

Noch bedeutsamer sind solche Marktinformationen für die Entwicklung von "me-too-Produkten". Hier besteht vor allem das Problem, das Absatzpotential und seine Entwicklung für die einzelnen Produktpositionen zu bestimmen, um daraus die zusätzlich zu besetzende Position abzuleiten. Bei Nahrungs- und Genußmitteln erfolgt die Bestimmung des Zielmarktes oft auf der Basis segmentspezifischer Marktanalysen. Daraus lassen sich z.B. Hinweise für den Bedarf an neuen Kinder-, Jugend-, Senioren- oder "Single"-Produkten ableiten. Informationsgrundlage solcher Analysen sind u.a. Paneldaten, die entsprechende Wachstumstrends in einzelnen Teilmärkten aufzeigen können, und Marktstrukturanalysen (vgl. Abb. 6).

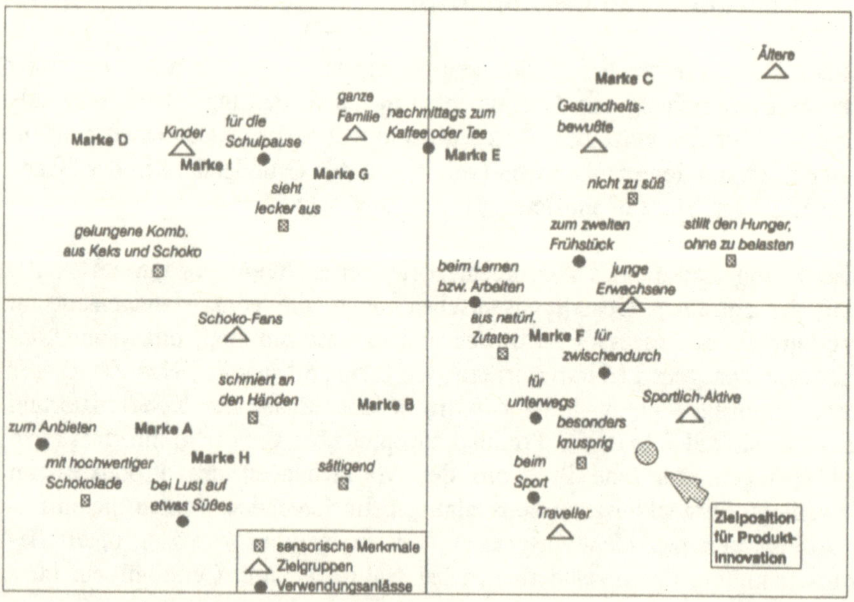

Abb. 6: Marktstrukturanalyse für Schoko-Snacks

- **Ideenfindung**

Nachdem der Zielmarkt für das neue Betätigungsfeld festgelegt ist, beginnt der eigentliche Produktinnovationsprozeß mit der Suche nach Produktideen. Ziel in dieser Phase ist, möglichst viele Ideen für neue Produkte zu sammeln. Dabei stehen zwei Fragen im Mittelpunkt, nämlich aus welchen Quellen und mit welchen Verfahren die Ideen gewonnen werden können. Wichtige Ideenlieferanten bei Nahrungs- und Genußmitteln sind Kunden bzw. Konsumenten. Ihre Probleme mit dem vorhandenen Angebot können mit Hilfe der qualitativen Marktforschung – v.a. durch Tiefeninterviews und Gruppendiskussionen – aufgespürt und als Basis für neue Produktideen genutzt werden. Daneben kann man die Kreativität spezieller Innovationsberater oder Werbeagenturen in Anspruch nehmen. In vielen Unternehmen entstehen die Ideen im eigenen Hause, und zwar z.B. durch Produktmanager, F&E-Verantwortliche, Qualitätszirkel oder das betriebliche Vorschlagswesen.

Als Verfahren der Ideenfindung kommen i.d.R. Kreativitätstechniken oder logisch-analytische Verfahren wie z.B. die Problemanalyse und Modifikationsanalyse zum Einsatz, mit denen auf der Basis unterschiedlicher Ansätze möglichst viele neue Produktideen gewonnen werden. Anschließend werden die Ideen von den Verantwortlichen der Produktentwicklung im Hinblick auf ihre Realisierbarkeit und andere unternehmensbezogene Kriterien überprüft. Das Ziel dieser ersten Grobauswahl ist es, die unrealistisch erscheinenden Ideen auszusortieren. Die verbleibenden Ideen werden in der nächsten Phase einer genaueren Analyse unterzogen.[24]

Eine Besonderheit der Ideenfindung bei Nahrungs- und Genußmitteln besteht z.B. darin, daß sich die Ideensuche stärker als bei anderen Produkten auch auf solche Nutzendimensionen konzentrieren muß, die sich nicht auf den Produktkern (die Rezeptur) selbst beziehen, sondern sich z.B. auch auf funktionale Vorteile wie "Eignung in bestimmten Verzehrsituationen", "Einfachheit der Zubereitung" (convenience-Aspekte) oder erlebnisbezogene Positionierungslücken erstrecken. Dieses erfordert in besonderem Maße die Einbindung von Konsumenten bereits in den Prozeß der Ideenfindung. Ein vielversprechender Ansatz zur Identifikation bisher nicht erfüllter "consumer needs" ist z.B. die "benefit-structure-analysis" von *Myers*.[25]

- **Ideenbewertung**

Hier wird untersucht, welche der verbleibenden Ideen geeignet sein könnten, die unternehmensspezifischen Anforderungen zu erfüllen. Dafür werden spezielle Kriterien definiert, nach denen die Ideen zu überprüfen sind. Um dabei möglichst systematisch vorzugehen, werden verschiedene Hilfsmittel wie Checklisten und Punktbewertungsverfahren eingesetzt.

Für diese Zwecke müssen die Produktidee und ihre Einbindung in den Zielmarkt näher beschrieben werden. Das geschieht durch Angaben zum Zielmarkt (Marktgröße, Konkurrenzsituation, Preise, Entwicklungstendenzen) und durch Aussagen über die zu erwartende Entwicklungszeit und die Entwicklungskosten für die Realisierung der Produktidee. So wird das Unternehmen bereits in einer frühen Phase in die Lage versetzt, die Produktidee im Hinblick auf die eigenen Anforderungen zu überprüfen. Die Aufgabe der Beurteilung und Auswahl der Produktideen liegt dann i.d.R. bei den Produktverantwortlichen, die dann häufig anhand grober Schätzwerte aus den verfügbaren Sekundärdaten (z.B. Panel) entscheiden.

Ebenso wie bei der Ideenfindung müssen auch bei der Bewertung und Auswahl der Produktideen die Besonderheiten bei Nahrungs- und Genußmitteln berücksichtigt werden. Auch hier wird die Einbeziehung von Konsumenten gefordert. So können z.B. die Ergebnisse von Gruppendiskussionen mit potentiellen Konsumenten Informationen über positive oder negative Produkterwartungen liefern und damit die Bewertung und Auswahl von Produktideen entscheidend beeinflussen.

- **Konzeptentwicklung**

Auf dieser Entwicklungsstufe geht es darum, die verbleibenden Produktideen in Produktkonzepte zu "übersetzen". Den Ausgangspunkt bilden Grobkonzepte. Sie werden beschrieben anhand des Hauptnutzens (USP), der Zielgruppe und des Imagekonzepts.[26] Bei Nahrungs- und Genußmitteln kommt als Besonderheit hinzu, daß der Verzehranlaß bzw. die Verwendungssituation Ausgangspunkt für die Entwicklung von Produktkonzepten sein kann. So werden z.B. spezielle Frühstücksprodukte oder Produkte "für zwischendurch" entwickelt, die durch den Verzehranlaß den zu bearbeitenden Teilmarkt bestimmen.

Die Grobkonzepte werden dann unter Einbeziehung der Konsumenten in einem ständigen Rückkopplungsprozeß konkretisiert. Dabei geht es darum, die Konzepte so weit zu entwickeln, daß sie das endgültige Produkt so vollständig wie möglich gedanklich konkretisieren und folglich als Basis für die physische Produktentwicklung gelten können. Gleichzeitig müssen alle Faktoren festgelegt werden, die den Markterfolg des zukünftigen Produktes beeinflussen können. Die wichtigste Aufgabe der Konzeptgestaltung besteht darin, die alternativen Produktkonzepte im Hinblick auf ihre Akzeptanz und ihre Präferenzwirkung beim Konsumenten zu überprüfen. Damit liefert sie die Informationsbasis für weitere Entscheidungen des Managements.

Das besondere Problem in dieser Phase ist bei Nahrungs- und Genußmitteln die große Anzahl alternativer Konzepte, die aus den Produktideen abgeleitet werden können. Sie alle sind auf ihre Präferenzwirkungen zu überprüfen. Bei dieser Gelegenheit ist es sinnvoll, daß bereits konkurrenzbezogene Informationen berücksichtigt werden, um die "Stärke" des neuen Konzeptes im Wettbewerbsumfeld abzuschätzen.

Im Rahmen der Konzeptentwicklung werden auf der Basis alternativer Konzepte entsprechende Marketingstrategien entwickelt, die im weiteren Verlauf eventuellen Konzeptänderungen angepaßt werden. Neben den Überlegungen zur Positionierung der neuen Produktkonzepte muß entschieden werden, mit welchem Nutzen- und Imageprofil die Produktkonzepte auszustatten sind, um den Anforderungen der Konsumenten möglichst weitgehend zu entsprechen. In einer späteren Phase der Konzeptentwicklung wird dann geprüft, mit welchen Gestaltungsmitteln das Nutzenprofil des Konzeptes in ein Angebotsprofil "transformiert" werden kann. Das bedeutet, daß in frühen Phasen der Produktentwicklung bereits Abstimmungsprozesse mit der Werbeagentur und dem Verkauf erfolgen müssen.

Mit fortschreitender Konkretisierung der Marketingstrategie werden Schätzungen zur Marktgröße und zur Marktstruktur (Konkurrenz-, Absatzmittler- und Nachfragesituation) möglich. Sie bilden - zusammen mit weiteren Annahmen – die Basis für die Formulierung realistischer Umsatz-, Marktanteils- und Gewinnziele, die in den ersten Marketingjahren erreicht werden sollten. Auch in dieser Phase können ausgehend von unterschiedlichen Szenarien alternative Marketingstrategien "durchgespielt" bzw. simuliert werden. Die Beurteilung und Auswahl einer geeigneten Konzept/-Strategie-Kombination erfolgt auch hier durch die Produktverantwortlichen, wobei die Ergebnisse der Konzepttests die zentrale Entscheidungsgrundlage darstellen.[27]

- **Wirtschaftlichkeitsanalyse**

Nachdem neben den Marktdaten des Konzepttests nun auch die mit alternativen Marketingstrategien verbundenen Kosten abgeschätzt werden können, wird das Produktkonzept mittels verschiedener Bewertungsverfahren daraufhin beurteilt, inwieweit es geeignet ist, die ökonomischen Zielvorstellungen des Unternehmens zu realisieren. Besondere Bedeutung kommt hier Prognosemodellen zu, die eine valide Schätzung der künftigen Umsätze, Kosten und Gewinne ermöglichen.[28] Häufig richten sich die zu treffenden Entscheidungen über das weitere Schicksal des Produktkonzeptes an Erfahrungswerten früherer Projekte aus.

An den Prognosen arbeiten verschiedene Abteilungen zusammen, um die erforderlichen Informationen bereitzustellen und die Ergebnisse der Analysen gemeinsam zu bewerten. Wirtschaftlichkeitsüberlegungen spielen aber letztlich in allen Phasen des Entwicklungsprozesses eine Rolle – wenn auch nicht immer schwerpunktmäßig. Dies betrifft sowohl die Stufen der Konzeptentwicklung, in denen das Konzept zunehmend konkretisiert wird, als auch die Entscheidung des Managements für das letztlich weiter zu verfolgende Produktkonzept. Aber auch in der sich anschließenden Phase, in der es um die Entwicklung des physischen Produkts geht, müssen aufgrund der Vielzahl von Gestaltungsalternativen Auswahlentscheidungen getroffen werden, bei denen auch Wirtschaftlichkeitsaspekte zu berücksichtigen sind.

- **Gestaltung des physischen Produktes**

Ein als erfolgversprechend eingestuftes Produktkonzept geht nun in die Phase der technischen Entwicklung. Es ist zu diesem Zeitpunkt zur vollständigen Beschreibung des Produktes herangereift und dient als Basis für seine technische Realisierung. Dieser Entwicklungsschritt ist in mehrfacher Hinsicht von Bedeutung. Zum einen handelt es sich um den ersten Versuch, das bisher i.d.R. nur verbal, visuell oder allenfalls als Modell vorhandene Konzept in eine konkrete Gestalt (Rezeptur) zu bringen. Dabei können vor allem technische Realisierungsprobleme zutage treten, die zuvor nicht absehbar waren. Zum anderen werden – im Vergleich zu den vorangegangenen Phasen – erstmals hohe Investitionen für die Anlagen erforderlich, die für die Entwicklung und Herstellung des Produktes benötigt werden. Es muß vermutet werden, daß spätestens in dieser Phase die Entscheidung für oder gegen die Markteinführung fällt. Stellt sich heraus, daß das Produktkonzept technisch nicht – oder nur mit unverhältnismäßig hohem Aufwand – realisierbar ist, so sind die bis zu diesem Zeitpunkt investierten finanziellen Mittel und personellen Ressourcen vergebens gewesen.

Die Produktentwicklung verläuft in Teilschritten. Zunächst wird ein Prototyp entwickelt, der dann verschiedene funktionelle Tests zu durchlaufen hat. In diesem Stadium ist eine enge Zusammenarbeit zwischen der Forschungs- und Entwicklungsabteilung und dem Marketingbereich besonders wichtig. Dies wird vor allem deutlich, wenn es – wie in vielen Fällen – nunmehr darum geht, die subjektiven Nutzen- und Imagevorstellungen (psychologische Produktmerkmale), die im Produktkonzept formuliert wurden, in physische, objektive Produkteigenschaften (characteristics) umzusetzen. Dabei geht es vielfach nicht primär darum, daß das Produkt die für den Verwendungszweck erforderliche Leistung erbringt. Vielmehr sollen die physischen Produkteigenschaften, insbesondere Geschmack und Anmutung, das Nutzenverprechen unterstreichen oder gar einen Nutzen erst suggerieren. Dies betrifft vor allem solche Produkte, bei denen das Produktversprechen am Produkt selbst nicht wahrnehmbar ist.

Dazu einige Beispiele: Im Bereich der Lebensmittel stellt sich für die Kafferöster die Frage, mit welchen Mischungen das Produktkonzept "kühn, kräftig, mit kernigem Geschmack" realisiert werden kann. Die Lebensmittelingenieure eines Herstellers von Tiefkühlpizza stehen vor der Aufgabe, eine Pizza zu entwickeln, die "wie beim Italiener" schmeckt. Welche Rezeptur vermittelt die Produktnutzen "light", "gesund" oder "natürlich"?

Mit diesen Beispielen ist bereits angedeutet, daß eine wesentliche Aufgabe in dieser Phase darin besteht, potentielle Konsumenten mit den Prototypen zu konfrontieren, um zu überprüfen, ob die Umsetzung eines Produktkonzeptes als gelungen gelten kann. Solche konsumentenorientierten Tests können verschiedene Formen annehmen. Sehr häufig werden Labortests (z.B. isolierte Geschmacks- oder Geruchstests) durchgeführt, um einzelne Prokuktkomponenten zu überprüfen. Bevor mit der Produktion einer Nullserie begonnen wird, müssen die Produkte im Hinblick auf die Erwartungen der anvisierten Zielgruppe sensorisch optimiert werden. Als Besonderheit dieser Stufe ist bei Nahrungs- und Genußmitteln auf die Notwendigkeit einer integrierten Markt- und Sensorikforschung hinzuweisen (vgl. hierzu auch den Beitrag von *Scharf/Biedekarken*).

Im weiteren Verlauf der Produktentwicklung muß auch die Verpackungs- und Markierungsgestaltung erfolgen, um damit das Produkt in seiner Gesamtheit fertigzustellen. Auch dabei geht es darum, mit Hilfe von Tests die möglichen Gestaltungsalternativen am Produktkonzept auszurichten. Der Verpackungsgestaltung kommt bei Nahrungs- und Genußmitteln insofern eine besondere Bedeutung zu, als bei vielen Produkten erst durch sie kaufrelevante Produkteigenschaften kommuniziert werden können.

- **Produkttest**

Nach der Fertigstellung des Produktes erfolgen in der Regel Produkttests. Hier sind verschiedene Formen bekannt. Bei Produkten des täglichen Bedarfs werden häufig Home-Use-Tests durchgeführt. Dabei wird ausgewählten Personen oder Haushalten das neue Produkt zum Verbrauch oder Gebrauch und zur anschließenden Beurteilung und Bewertung überlassen.

Ein bedeutsames Kriterium für weitere Änderungsmaßnahmen ist in diesem Stadium die Probier- bzw. Kaufwahrscheinlichkeit für das Testprodukt. Weiterhin werden Hinweise für Veränderungen einzelner Produkteigenschaften gesammelt. Die so gewonnenen Erkenntnisse führen ggf. noch zu entsprechenden physischen Veränderungen. Am Ende dieser Phase müssen die Produktverantwortlichen über eine probeweise Einführung des neuen Produktes in den Markt entscheiden. Vor der Markttestphase muß die Kommunikationsstrategie erarbeitet und überprüft werden. Gerade bei Nahrungs- und Genußmitteln sind Geschmacks- und Geruchserlebnisse nur schwer zu kommunizieren, was den Erfolg in der realen Marktsituation gefährdet.

- **Markttest**

Ist die Entscheidung für die Einführung des Produktes in einem regional begrenzten Testmarkt gefallen, so müssen weitere Vorbereitungen getroffen werden, die sich auf den Einsatz der Kommunikationspolitik, Preispolitik und Distributionspolitik richten. Die Testmarktphase des Produktes wird von der Marktforschung begleitet, und zwar bei Nahrungs- und Genußmitteln üblicherweise mit dem Instrument der Panelforschung. Die wichtigsten Informationen, die für die Entscheidung über eine nationale Einführung gewonnen werden, beziehen sich auf die Erstkauf- und vor allem auf die Wiederkaufrate, die nämlich die Akzeptanz des neuen Produktes bei den Konsumenten zum Ausdruck bringen. Daneben wird noch eine Reihe weiterer diagnostischer Informationen gesammelt. Sie betreffen Käuferwanderungen (Gain-and-loss-Analysen, Kannibalismuseffekte etc.), Konkurrenzverhalten sowie zielgruppenspezifische Aspekte. In dieser Phase werden kleine Mängel behoben, die während der Produktentwicklung nicht entdeckt worden sind. Außerdem werden Probleme analysiert, die mit der Preispolitik, der Kommunikationspolitik und der Distributionspolitik verbunden sind. Falls die Testprodukte die erwarteten Umsätze oder andere Zielgrößen nicht erreichen, wird geprüft, ob das Produkt und/oder das Marketingprogramm geändert werden können.

- **Nationale Einführung**

In dieser letzten Phase des Produktinnovationsprozesses fallen die höchsten Kosten an, da einerseits weitere Investitionen für die Erhöhung der Produktionskapazität erforderlich werden, um die Lieferbereitschaft bei erfolgreicher Markteinführung zu gewährleisten und andererseits auch die Marketingkosten während dieser Zeit besonders hoch sind. Denn zur Überwindung der Marktwiderstände in der Einführungsphase sind insbesondere die Aufwendungen für die Kommunikationspolitik und die Motivierung des Handels zur Aufnahme und Unterstützung des neuen Produktes beachtlich. Ebenso wie die Markttestphase wird auch die Einführungsphase besonders mit dem Instrument des Panels beobachtet, um zu kontrollieren, ob die für die erste Marktperiode gesteckten Ziele erreicht werden. Bei neuen oder veränderten Nahrungs- und Genußmitteln spielen Verköstigungen in der Einführungsphase eine große Rolle. Die verhältnismäßig hohe Skepsis der Verbraucher gegenüber neuen Geschmacksvarianten erfordert aktive Maßnahmen zur Überwindung der Konsumbarrieren.

1 Vgl. Madakom Innovationsreport (1995).

2 Vgl. Group EFO (1995): S. 4

3 Madakom Innovationsreport (1995).

4 Vgl. BVE (1994).

5 Vgl. O.V. (1995): S. 9.

6 Vgl. z.B. Meyer/Sommerlatte (1988): S. 57ff.; Wild (1986): S. 13 ff.; Benkenstein (1987): S. 94ff.

7 Madakom Innovationsreport (1995).

8 O.V. (1990): S. 71.

9 Vgl. O.V. (1995): S. 9.

10 Vgl. O.V. (1990): S. 75.

11 Zu den händlerbezogenen Produktansprüchen vgl. Koppelmann (1993): S. 131.

12 Vgl. z.B. Cooper (1979): S. 93ff.; Cooper/Kleinschmidt (1987): S. 169ff.; zu Metaanalysen vgl. z.B. Kotzbauer (1992): S. 4ff.; Montoya-Weiß/Calantone (1994): S. 397ff.

13 Vgl. Cooper/Kleinschmidt (1987): S. 169 ff.

14 Vgl. Keite (1995): S. 46 ff.

15 Vgl. Group EFO (1995): S. 27.

16 Montoya-Weiß/Calantone (1994): S. 397ff.

17 Vgl. Booz et al. (1982): S. 8 ff.

18 Vgl. Booz et al. (1982): S. 9; Group EFO (1995): S. 26.

19 Vgl. Booz et al. (1982): S. 9.

20 Vgl. Booz et al. (1982): S. 9; Group EFO (1995) S. 26.

21 Vgl. Group EFO (1995): S. 26.

22 Die Darstellung der Besonderheiten des Produktinnovationsprozesses bei Nahrungs- und Genußmitteln erfolgt in Anlehung an Schubert (1991): S. 73 ff.

23 Vgl. Urban/Hauser (1980): S. 88f.

24 Zu den Verfahren der Ideengewinnung vgl. Schlicksupp (1983).

25 Vgl. Myers (1976): S. 23ff.

26 Vgl. Schubert (1991): S. 95ff.

27 Siehe dazu die Vorgehensweise im Rahmen des Programmpaketes POSSE. Vgl. Wind (1982): S. 595ff.

28 Vgl. Wind (1982): S. 435ff.

Literaturverzeichnis

Benkenstein, M.: F&E und Marketing. Eine Untersuchung zur Leistungsfähigkeit neuer Produkte, Wiesbaden 1987.

Bundesverband der Ernährungsindustrie (BVE): Jahrbuch 1994, Teil 3: Ernährungsindustrie nach Zahlen.

Cooper, R. G./Kleinschmidt, E. J.: New Products: What seperates winners from loosers? In: Journal of Produkt Innovation Management 1987, S. 169-184.

Cooper, R.:G.: The dimensions of industrial new product success and failure; in: Journal of Marketing 1979, S. 93-103.

Group EFO: 1995 Innovation survey. Report on new products, Weston 1995.

Keite, L.: Akuter Handlungsbedarf; in: absatzwirtschaft 3/1995, S. 46-51.

Koppelmann, U.: Produktmarketing. Entscheidungsgrundlage für Produktmanager, 4. Auflage, Berlin u.a. 1993.

Kotzbauer, N.: Erfolgsfaktoren neuer Produkte; Synopsis der empirischen Forschung (Teil I); in: Jahrbuch der Absatz- und Verbrauchsforschung, Heft 1, o.O., S. 4-20.

Madakom: Innovationsreport 1995, Köln 1995.

Meyer, N./Sommerlatte, T.: Innovationsdynamik und technologische Erneuerung, in: Little, A. D.: Management des geordneten Wandels, Wiesbaden 1988, S. 57-71.

Montoya-Weiß, M.M./Calantone, R.: Determinants of new product performance: A review and meta analysis; in: Journal of Product Innovation Management 1994, S. 397-417.

Myers, J.H.: Benefit structure analysis: A new tool for product planning; in: Journal of Marketing 1976, S. 23-32.

O.V.: Konzentration im Handel; in: FAZ vom 6.11.1995, S. 9.

O.V.: Preis-Streit bis zum letzten Promille; in: DM, 9/1990, S. 70-75.

Schlicksupp, H.: Innovation, Kreativität und Ideenfindung. 3. Auflage, Würzburg 1983

Schubert, B.: Entwicklung von Konzepten für Produktinnovationen mittels Conjointanalyse, Stuttgart 1991.

Urban, G.L./Hauser, J.R.: Design and Marketing of New Products. 2. Auflage, Englewood Cliffs, 1993.

Wild, H.: Marktgerechte Produkte. Ein Weg zur risikoarmen Entwicklung neuer Produkte, Zürich 1986.

Wind, Y.: Product Policy: Concepts, methods, and strategy, Reading 1982.

Hans Knoblich / Antje Fries

Geschmacksstoffe als Elemente der Produktgestaltung

1. Problemstellung: Die Bedeutung von Geschmacksstoffen als Produkteigenschaft
2. Geschmacksphysiologische Grundlagen und Berücksichtigung von Geschmack in der Marketing-Literatur
    2.1. Das menschliche Geschmackssystem
    2.2. Klassifizierung und Beschreibung von Geschmacks- und Aromastoffen
    2.3. Berücksichtigung von Geschmacks- und Aromastoffen in der Marketing-Literatur
3. Absatzpolitische Aspekte beim Einsatz von Geschmacksstoffen
    3.1. Rahmenbedingungen für den Einsatz von Geschmacksstoffen
    3.2. Absatzpolitische Zielsetzungen beim Einsatz von Geschmacksstoffen
    3.3. Der Einsatz von Geschmacksstoffen in verschiedenen Produktbereichen
4. Ausblick

1. Problemstellung: Die Bedeutung von Geschmacksstoffen als Produkteigenschaft

Mit der Produktgestaltung steht dem Unternehmen ein wirkungsvolles Instrument zur gezielten Beeinflussung seiner Absatzmärkte zur Verfügung. Der Produktgestaltung werden im wesentlichen solche Maßnahmen zugerechnet, die auf die physischen Eigenschaften eines Produktes einwirken.[1] In diesem Zusammenhang ist zu beachten, daß die Gestaltung von Erzeugnissen nicht nur ein technisches, sondern auch ein absatzwirtschaftliches Problem darstellt.[2] Konsumenten bewerten und präferieren Produkte nicht nur aufgrund von objektiven Eigenschaften, sondern gemäß ihrer subjektiven Produktwahrnehmungen und der mit dem Produkt verbundenen Nutzenerwartungen.[3]

Aus diesem Grund ist es die vorrangige Aufgabe der Produktgestaltung, sensorische Eindrücke beim Konsumenten dahingehend hervorzurufen, daß eine Deckung des Produktnutzenprofils mit dem Bedürfnisprofil der Zielgruppe sowie eine Erhöhung der akquisitorischen Wirkung des Produktes erreicht wird. Zu diesem Zweck muß die Produktgestaltung neben einer technisch-funktionalen Produktlösung auch einen positiven Gesamteindruck durch die Berücksichtigung subjektiver Bedingungen und das Ansprechen aller menschlichen Sinne schaffen.[4]

Definiert man ein Produkt als "Bündel von Merkmalen, die mit Nutzenerwartungen verknüpft sind"[5], so wird ersichtlich, daß als Gegenstand der Produktgestaltung mehrere Bereiche eines Produktes in Betracht zu ziehen sind.

Nach *Myers* und *Shocker* lassen sich die Eigenschaften eines Produktes den Kategorien "characteristics", "benefits" und "imagery" zuordnen.[6] "Characteristics" umfassen die physischen und als objektiv wahrgenommenen Merkmale eines Produktes, wie z.B. die Süße, Farbe, Viskosität oder der Preis eines Produktes. "Benefits" reflektieren alle vom Konsumenten subjektiv wahrgenommenen und bewerteten Nutzen, die ihm beim Ge- oder Verbrauch des Produktes entstehen. In diese Kategorie fallen Eigenschaften wie z. B. "preiswert", "nahrhaft" und "guter Geschmack". Die Kategorie "imagery" enthält interindividuell unterschiedlich und subjektiv wahrgenommene Produktmerkmale, von denen der Konsument annimmt, daß sie ihm ein bestimmtes Image verschaffen. Dieses Klassifikationsschema läßt sich auch auf die Produkteigenschaft Geschmack anwenden, die alle drei Eigenschaftskategorien beeinflussen kann.

So kann beispielsweise der Geschmack eines Fertiggerichtes als "characteristic" auf den Gehalt eines bestimmten Gewürzes hinweisen und als "benefit" ein angenehmes Geschmackserlebnis vermitteln. Als "imagery" läßt sich in diesem Fall z.B. die Produkteigenschaft "Macht mich zu einer erfolgreichen Köchin" bezeichnen.

In vielen Branchen der Konsumgüterindustrie herrscht gegenwärtig Marktsättigung mit weitgehend ausgereiften und für den Konsumenten austauschbaren Produkten vor. Diese Sachlage trifft auch für den Bereich der Nahrungs- und Genußmittel, dem vorrangigen Einsatzgebiet der Geschmacksstoffe, zu. Die grundlegenden Bedürfnisse des Konsumenten sind erfüllt, er strebt beim Konsum nach Bereicherung seiner individuellen Lebensqualität, zusätzlichem emotionalen Erleben und Genuß.[7]

In dieser Situation werden Kaufentscheidungen weniger nach rationalen als nach emotionalen Kriterien gefällt. So sind dementsprechend bei Nahrungs- und Genußmitteln häufig weniger die meist ausgereiften sachlich-objektiven Qualitäten als vielmehr der subjektiv empfundene Geschmack das entscheidende Kriterium für Akzeptanz und Auswahl der Produkte durch den Konsumenten.[8]

Der Einsatz von Geschmacksstoffen trägt maßgeblich dazu bei, Produkte durch eine Erhöhung ihres Genußwertes für den Konsumenten attraktiver zu gestalten und sie in einem weitgehend übersättigten Markt von ähnlichen Konkurrenzprodukten sensorisch abzugrenzen. Die so heterogenisierten Produkte sollen zur Bildung von Präferenzen führen und das Kaufverhalten der Konsumenten beeinflussen.

Die Empfindung eines Geschmacks von Nahrungsmitteln ist die Folge einer Stimulation des Geschmacks- und Geruchssinnes durch nicht-flüchtige sowie flüchtige Stoffe. Die Sinneseindrücke Schmecken und Riechen lassen sich bei der Wahrnehmung des "Geschmacks" von Nahrungsmitteln nicht trennen, sondern sie werden zu einem sensorischen Gesamteindruck verschmolzen, der sich als das Aroma eines Produktes bezeichnen läßt.[9] Dementsprechend werden unter **Aromastoffen** solche Stoffe verstanden, die geschmack- und/oder geruchgebende Eigenschaften besitzen.[10] Sie umfassen also sowohl Geschmacks- als auch Geruchsstoffe, deren Zusammenwirken erst den eigentlichen "Geschmack" eines Nahrungsmittels als komplexen Sinneseindruck ausmacht.

2. Geschmacksphysiologische Grundlagen und Berücksichtigung von Geschmack in der Marketing-Literatur

2.1. Das menschliche Geschmackssystem

Die eigentlichen Geschmacksorgane des Menschen sind die sogenannten **Geschmacksknospen**, die vor allem in den Papillen auf der Zunge, in geringer Zahl aber auch in anderen Bereichen der Mundhöhle und des Rachens lokalisiert sind. Ihre Anzahl wird beim Menschen auf etwa 2000 geschätzt. Jede Geschmacksknospe enthält ungefähr 40-60 Sinneszellen (Rezeptoren) und weist eine Öffnung zur Zungenoberfläche hin auf.[11]

Gelangen Nahrungsmittel in die Mundhöhle, werden die in ihnen enthaltenen wasserlöslichen Geschmacksstoffe durch den Speichel gelöst und zu den Rezeptoren transportiert. Dort erfolgt eine Reaktion zwischen den zu analysierenden Geschmacksstoffen und den in der Membran der Sinneszellen enthaltenen Rezeptormolekülen. So entstehen Reizwirkungen bzw. Signale, die über in die Sinneszellen hineinragende Nervenfasern des VII., IX. und des X. Gehirnnervs zum Geschmackszentrum im oberen Teil des Gehirns weitergeleitet werden. Die Stimulation der Geschmacksknospen kann Geschmackswahrnehmungen der Qualitäten süß, sauer, salzig und bitter hervorrufen.

Der Aktivierung eines Rezeptors durch Geschmacksstoffmoleküle muß nicht zwangsläufig eine bewußte Wahrnehmung des Geschmacks folgen. Erst ab einer bestimmten Konzentration der geschmacksaktiven Stoffe können diese als Reiz wahrgenommen werden. Die für eine Wahrnehmung erforderliche Konzentration variiert dabei von Stoff zu Stoff.

Im Kontext der Nahrungsaufnahme läßt sich das Phänomen "Geschmack" nicht ausschließlich auf die rein gustatorischen Geschmackseindrücke begrenzen; es stellt vielmehr ein Zusammenspiel verschiedener Sinneseindrücke dar. Da ein Nahrungsmittel neben süßen, sauren, salzigen und bitteren Geschmacksstoffen auch aromatische Bestandteile enthält, wird sein Geschmack nicht nur durch die oralen Geschmacksrezeptoren hervorgerufen, sondern auch entscheidend durch den Geruchssinn beeinflußt.[12] Nur etwa 10-20% der wahrgenommenen Geschmacksinformationen sind auf das gustatorische System zurückzuführen, die restlichen Geschmackseindrücke sind olfaktorischer Natur.

Kategorie		Typische Bezeichnungen
Viskosität	⇨	dünn, dick, fest
Textur	⇨	breiig, cremig, gummiartig, körnig
Kohlensäure	⇨	sprudelnd, prickelnd, schäumend
Masse	⇨	schwer, leicht, kompakt
Reaktion auf toxische Substanzen	⇨	adstringierend, brennend, scharf
Hafteigenschaften	⇨	ölig, fettig, anhaftend
Widerstand gegenüber Zungenbewegung	⇨	schleimig, sirupartig, klebrig, teigig
Widerstand gegenüber Kaubewegung	⇨	knusprig, knackig, kross, zart
Nachwirkung (im Mund)	⇨	sauber, an den Zähnen haftend, reinigend
Nachwirkung (allgemein)	⇨	erfrischend, erwärmend, durstlöschend
Temperatur	⇨	heiß, kalt, lau
Feuchtigkeit	⇨	trocken, saftig, feucht

Abb. 1: Kategorien und sensorische Merkmale des Mundgefühls[13]

Einen wesentlichen Einfluß auf das Geschmackserlebnis üben auch **Tast- und Temperaturempfindungen** aus. Diese betreffen das "Mundgefühl" eines Nahrungsmittels, also die Reizwirkungen, die mit den Kau- und Schluckbewegungen entstehen. Auf diese Weise empfangene Tasteindrücke über z.B. Konsistenz, Festigkeit und Oberflächenstruktur eines Stoffes können das Geschmacksurteil erheblich mitbestimmen (vgl. auch Abb. 1). Ebenso wirkt sich die Temperatur eines Nahrungsmittels auf die Geschmacksempfindung aus. Bei Temperaturen unter 0° C bzw. über 50° C verlieren die Geschmacksknospen der Zunge ihre Sensibilität. Qualitätsunterschiede im Geschmack lassen sich kaum mehr erkennen.

Die Sensibilität der gustatorischen Wahrnehmung weist auch intra- und interindividuelle Schwankungen auf. So entstehen intraindividuelle Unterschiede z.B. durch Alterseinflüsse, die eine Abnahme der Geschmacksempfindlichkeit etwa ab dem 50. Lebensjahr bewirken. Auch bestimmte Krankheiten können die Sensibilität für gustatorische Stimuli verringern.

Intra- und interindividuell unterschiedliche Fähigkeiten, Geschmäcker wahrzunehmen und zu erkennen, lassen sich ferner auf Trainingseinflüsse zurückführen.

Die Beurteilung der grundlegenden Geschmacksqualitäten scheint angeboren zu sein. Süße Stoffe rufen schon bei Neugeborenen positive Reaktionen hervor; saure und vor allem bittere Stoffe erzeugen dagegen Abwehrreaktionen. Die hedonische Bewertung von Nahrungsmitteln, die gustatorisch-olfaktorische Mischreize darstellen, scheint hingegen eher von Lernprozessen, individuellen Erfahrungen und soziokulturellen Einflüssen geprägt zu werden (vgl. hierzu den Beitrag von *Schubert/Godersky*).

2.2. Klassifizierung und Beschreibung von Geschmacks- und Aromastoffen

Für reine, ausschließlich die oralen Geschmacksrezeptoren stimulierende Geschmacksstoffe existiert eine einheitliche und weitgehend anerkannte Klassifizierung, die sich auf die vier Grundgeschmacksqualitäten bezieht. Unterteilt wird in süße, saure, salzige und bittere Geschmacksstoffe.

Saure und salzige Geschmacksstoffe lassen sich schwerpunktmäßig je einer bestimmten chemischen Stoffklasse zurechnen, süße Stoffe und Bitterstoffe hingegen können den unterschiedlichsten chemischen Stoffklassen angehören.[14]

Uneinheitlich dagegen stellt sich die Klassifizierung der geschmack- und/oder geruchgebenden Aromastoffe dar. Die Aromastoffe, von denen bisher über 3000 Komponenten naturidentisch synthetisiert werden können,[15] gehören einer Vielzahl chemischer Stoffklassen an, wobei der Zusammenhang zwischen Zugehörigkeit zu einer bestimmten Stoffklasse und sensorischer Wirkung eines Aromastoffes noch nicht vollständig geklärt ist.

Burger[16] unterteilt die Aromastoffe nach ihrer sensorischen Wirkung folgendermaßen:

Aromaklassen	Beispiele
fruchtig	Banane, Zitrone
blumig	viele Weine
terpen-aromatisch	Eucalyptus
würzig	Pilze
gewürzhaft	Nelke
grün-krautig	unreife Früchte, schwarze Johannisbeere
fäkalartig	Stinkfrucht
brenzlig	Kaffee
chemisch	viele unreine chemisch hergestellte Aromastoffe, z.B. Vanillin aus Cuyacol

Abb. 2: Aromaklassen

Erschwert wird eine einheitliche Klassifizierung der Aromastoffe im Hinblick auf ihre sensorischen Merkmale durch die bereits erwähnten individuellen Unterschiede in der Wahrnehmung von komplexen Geschmackseindrücken. Ein Problem stellt in diesem Zusammenhang auch die sprachliche Bezeichnung von wahrgenommenen Geschmackseindrücken dar. Die Verbalisierungsfähigkeit für Geschmacksempfindungen ist aufgrund des in diesem Bereich zu engen und ungenauen Vokabulars stark eingeschränkt.[17]

Darüber hinaus erfolgt die Beschreibung der wahrgenommenen Geschmackseindrücke interindividuell stark unterschiedlich. Für die Benennung des gleichen Geschmackserlebnisses werden von Individuum zu Individuum völlig verschiedene Begriffe verwendet.

So werden Geschmackseindrücke in der Alltagssprache häufig unter Verwendung von Analogiebezeichnungen, wie z.B. obstartig, harzig, nussig, oder durch vieldeutige und allgemeine Begriffe, wie z.B. mild, pikant, vollmundig, beschrieben. Zusätzlich werden auch solche Adjektive verwendet, welche sich auf den Geschmackseindruck ergänzende Tast- und Temperaturempfindungen beziehen, wie z.B. zart, beißend, scharf. In der Werbung wird der Geschmack von Produkten in der Regel durch uncharakteristische Ausdrücke mit allgemeiner Aussage umschrieben (siehe Abb. 3). Diese lassen dem Konsumenten viel Raum für Assoziationen, die vor allem im Zusammenwirken mit den übrigen Elementen der Werbebotschaft in ihm hervorgerufen werden.

In Werbebotschaften für die Geschmacksbezeichnung verwendete Ausdrücke mit allgemeinem Inhalt; dargestellt am **Beispiel von Röstkaffee:**

anregend	aromatisch	ausdrucksstark
erlesen	fein	festlich
harmonisch	herzhaft	hinreißend
köstlich	kräftig	mild
modern	natürlich	naturmild
reich	rein	röstfrisch
unverwechselbar	voll	vollaromatisch
vollendet	weich	wertvoll
würzig		

Abb. 3: Geschmacksbeschreibungen bei Röstkaffee

Klare Richtlinien für die Klassifizierung von Aromastoffen gibt das deutsche Lebensmittel- und Bedarfsgegenständegesetz (LMBG). Dieses unterscheidet in seiner **Aromenverordnung** vom 22.12.1981 zwischen natürlichen, naturidentischen und künstlichen Aromastoffen.[18]

Danach sind Aromastoffe natürlich, wenn sie ausschließlich mittels physikalischer Verfahren aus Naturprodukten gewonnen werden. Dieser Gruppe zuzurechnen sind auch die thermischen und mikrobiellen Aromastoffe, die durch Hitzeeinwirkung bzw. durch biochemische Prozesse entstehen. Aromastoffe werden als naturidentisch bezeichnet, wenn sie zwar synthetisch hergestellt, mit den entsprechenden, als Vorbild dienenden Naturstoffen jedoch chemisch identisch sind. Künstliche Aromastoffe werden synthetisch hergestellt und sind in ihrer chemischen Struktur keinem in der Natur vorkommenden Aromastoff analog.

2.3. Berücksichtigung von Geschmacks- und Aromastoffen in der Marketing-Literatur

Die untersuchte Marketing-Literatur, in der Geschmacks- bzw. Aromastoffe berücksichtigt werden, läßt sich in zwei Gruppen einteilen: Die erste Gruppe umfaßt Veröffentlichungen, die sich im Rahmen der Produktpolitik mit verschiedenen Produkteigenschaften, u.a. dem Geschmack, beschäftigen.

Kotler beschreibt den Geschmack als eine Produkteigenschaft, auf die Konsumenten unterschiedliche Reaktionen zeigen und auf deren Grundlage somit eine Produktdifferenzierung möglich ist.[19] *Wyss* zufolge ist der Geschmack eine sensorische Produkteigenschaft, die für Nahrungs- und Genußmittel eine wesentliche Bedeutung hat.[20] *Koppelmann* gliedert die menschlichen Sinne nach dem Kriterium der Entbehrlichkeit für den Menschen in höhere und niedere, wobei er den Geschmackssinn den niederen Sinnen zuordnet. Bei Produkten sieht er Geschmacksansprüche der Konsumenten, die sich nicht nur auf ihren "Zungengeschmack", sondern auch auf den "Mundgeschmack" erstrecken.[21]

Der zweiten Gruppe lassen sich Werke zuordnen, in denen die Produkteigenschaft Geschmack als bedeutsam für die Produktbeurteilung durch den Konsumenten betrachtet wird. *Hansen* und *Leitherer* sehen den Geschmack als eine Produktqualität, die beim Ge- und Verbrauch von Produkten wahrnehmbar wird und die vom Hersteller zur Sicherung von Wiederholungskäufen berücksichtigt werden muß. Die Bewertung der Geschmacksqualität eines Produktes durch den Konsumenten ist subjektiv, ihr liegen persönliche Präferenzen zugrunde.[22] Nach *Kapferer* und *Disch* stellt der Geschmack ein wertbildendes Produktelement für den Konsumenten dar. Den Geschmackswerten eines Produktes wird eine Bedeutung für die Gestaltung des Produktkerns vor allem im Nahrungs- und Genußmittelbereich zugemessen.[23]

Strecker et al. sehen in Geschmacksstoffen (i.S.v. "Aromastoffen") Substanzen mit ausschlaggebender Bedeutung für den Konsum vieler Lebensmittel. Der Einsatz von Geschmacksstoffen erhöht den Wert eines Produktes für den Konsumenten und bietet darüber hinaus Möglichkeiten für eine Produktprofilierung.[24] Die Autoren betrachten den Geschmack bei Lebensmitteln als einen sachlich bedingten Zusatznutzen, der aus den stofflichen Eigenschaften eines Produktes resultiert. *Kroeber-Riel* erwähnt den Geschmack als einen Reiz, der in Kombination mit Reizen anderer Modalitäten im Marketing eingesetzt werden kann, um spezifische, emotionale Produkterlebnisse beim Konsumenten hervorzurufen, die dessen Streben nach emotionalen Zusatzerlebnissen im Konsumbereich entgegenkommen.[25]

3. Absatzpolitische Aspekte beim Einsatz von Geschmacksstoffen

3.1. Rahmenbedingungen für den Einsatz von Geschmacksstoffen

Die Auswahl von Aromastoffen und deren Zusammenstellung zu Kompositionen für die Aromatisierung von Produkten wird von mehreren Einflußfaktoren berührt. Abbildung 4 gibt dazu einen Überblick.

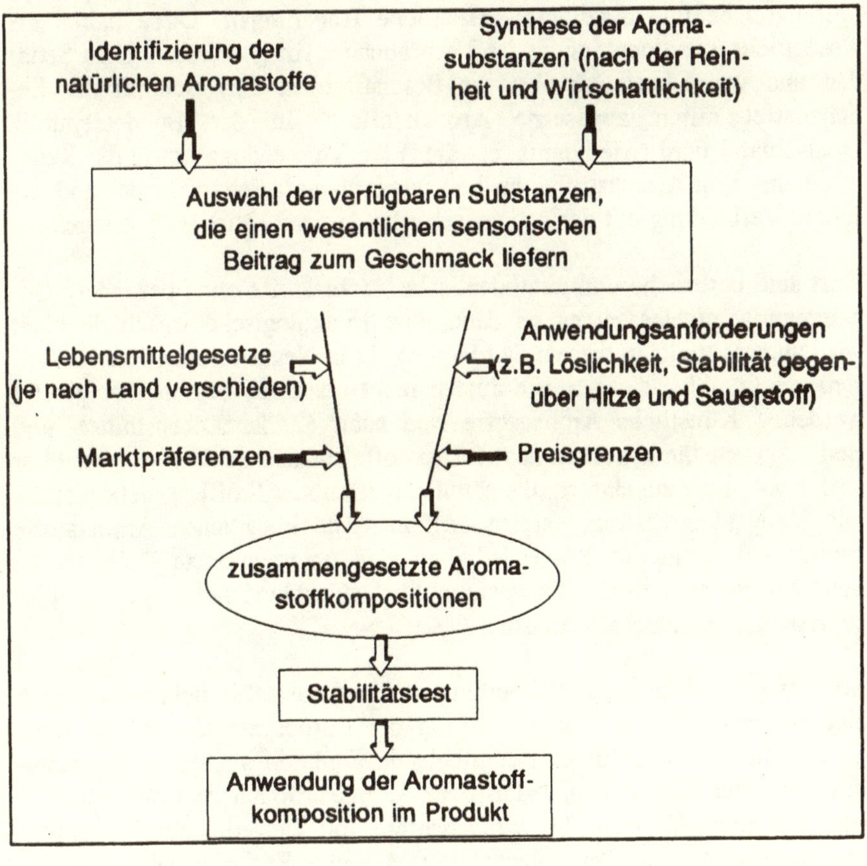

Abb. 4: Einflußfaktoren auf die Entwicklung von Aromastoff-Kompositionen

So muß der Geschmack mit der Produktpackung, der Produktfarbe, welche einen psychologischen Einfluß auf die Geschmackswahrnehmung ausübt, der vom Konsumenten erwarteten Nutzenstiftung und der Art des Produktes harmonisch übereinstimmen, um ein ganzheitliches Produkterleben beim Konsumenten zu ermöglichen. Der Geschmack muß den auf subjektiven Kriterien beruhenden Anforderungen entsprechen, die vom Konsumenten hinsichtlich seiner Eignung und Qualität an ihn gestellt werden.

Aufgrund der großen Bedeutung der Aromastoffe für die Akzeptanz von Nahrungs- und Genußmitteln bestehen für ihre Herstellung und Anwendung umfangreiche und detaillierte **gesetzliche Regelungen**. Diese haben als wesentliche Ziele den Schutz des Verbrauchers vor gesundheitlichen Schäden und vor Täuschung über die Beschaffenheit und Qualität der Lebensmittel durch zugesetzte Aromastoffe.[26] In der Bundesrepublik Deutschland wird (wie bereits erwähnt) die Verwendung sowie die Kennzeichnung von Aromastoffen im Lebensmittel- und Bedarfsgegenständegesetz in Verbindung mit der Aromenverordnung vom 22.12.1981 geregelt.

Dort sind natürliche und naturidentische Aromastoffe ohne besondere Genehmigung zugelassen, es sei denn, ihre toxikologische Unschädlichkeit wird angezweifelt. In diesem Fall werden sie in Negativ- bzw. Restriktivlisten erfaßt, d.h., diese Stoffe dürfen nicht oder nur begrenzt eingesetzt werden.[27] Künstliche Aromastoffe sind nach §2 des Lebensmittel- und Bedarfsgegenständegesetzes als Zusatzstoffe anzusehen und werden über eine Positivliste zugelassen, die sämtliche erlaubten Stoffe, gegebenenfalls mit Mengenbegrenzung, explizit aufführt. Die künstlichen Aromastoffe spielen jedoch in der Praxis lediglich eine untergeordnete Rolle. Nach Schätzungen sind in der Bundesrepublik Deutschland nur etwa 1% aller eingesetzten Aromastoffe künstlich.

Mit der gesundheitlichen Beurteilung von Aromastoffen befaßt sich auch eine Experten-Kommission im Auftrag des Europarats, der jedoch keine gesetzliche, sondern nur eine empfehlende Funktion ausübt. Diese Kommission testet natürliche und künstliche Aromastoffe mit dem Ziel, alle bisher bekannten Aromastoffe, gegebenenfalls mit Dosierungsbegrenzungen, nach toxikologischen Beurteilungskriterien in eine Positivliste einzuordnen. Durch die möglichst vollständige Auflistung aller Aromastoffe sollen vom Gesetzgeber noch nicht erfaßte Risikopotentiale aufgedeckt und ausgeschaltet werden.

Weitere Bestimmungsfaktoren der Wahl von Rohstoffen für Aromastoffkompositionen stellen die Art und Beschaffenheit der zu aromatisierenden

Produkte, die auf dem Markt verfügbare Menge und die Preise der Rohstoffe dar. Auch die Entscheidung, ob natürliche oder synthetische Aromastoffe zum Einsatz kommen, wird von den genannten Faktoren beeinflußt.[28] Synthetische Aromastoffe sind wesentlich preisgünstiger als natürliche Aromastoffe und ständig verfügbar, da ihre Herstellung von schwankenden oder limitierten natürlichen Rohstoffmengen unabhängig ist. Auch weisen sie in den meisten Fällen eine höhere Resistenz gegenüber modernen Verarbeitungstechnologien auf als die natürlichen Aromastoffe.[29]

Bei der Auswahl und dem Einsatz von Aromastoffen bzw. Aromastoffkompositionen als Produktbestandteile muß eine Reihe **technischer Aspekte** berücksichtigt werden.

Ein entscheidender Faktor ist die Vereinbarkeit des Aromastoffes mit der technischen Herstellungsweise des zu aromatisierenden Produktes.[30] Aromastoffe können durch die Anwendung von Hitze und Kälte, durch Wasserentzug und Bestrahlung beim Herstellungsprozeß der Produkte verändert oder sogar zerstört werden.[31] Somit müssen für jedes Produkt die im Einzelfall geeigneten Aromastoffe ausgewählt werden, die den Anforderungen der jeweils eingesetzten Produktionstechnologie genügen.

Zu einem störenden Fehlgeschmack kann es auch kommen, wenn chemische Reaktionen zwischen Aromastoffen und Sauerstoff, beispielsweise in nicht vollständig gefüllten Behältern, stattfinden. Auch die unmittelbare Einwirkung von ultraviolettem Licht oder von im Produkt enthaltenen Schwermetallen können zu qualitativen Verschlechterungen des Geschmacks führen. Hieraus ergeben sich Anforderungen vor allem an die Verpackung, die luftundurchlässig und lichtbeständig sein sollte.

Aufmerksamkeit muß auch der Verträglichkeit des Aromastoffs mit dem vorliegenden Medium geschenkt werden. Mögliche chemische Reaktionen des eingesetzten Aromastoffs mit den Produktinhaltsstoffen oder Absorptionseffekte während der Lagerung, bei denen Geschmackskomponenten irreversibel an Produktbestandteile gebunden werden, können zu einer Verringerung oder Veränderung des Geschmacks führen.[32]

Probleme kann weiterhin die Fixierung von flüchtigen Komponenten der Aromastoffe im Produkt bereiten, die sich während der Herstellung oder der Lagerung nicht verflüchtigen dürfen. Kann diese Verflüchtigung vor dem Verbrauch des Produktes durch eine verbesserte Verpackung nicht verhindert werden, so können verkapselte Aromastoffe, die erst durch Vermischen mit Wasser bzw. Speichel freigesetzt werden, oder Vorstufen flüchtiger Aromastoffe, die erst bei der endgültigen Zubereitung des Produktes durch den Konsumenten flüchtige Aromastoffe bilden, eingesetzt werden.[33] Auch die Verdünnung mit Lösungsmitteln, wie z.B. Alkoholen, Pflanzenölen oder Zuckersirup, verbessert die Fixierung der Aromastoffe im Produkt. Die Verdünnung der Aromastoffe bewirkt auch gleichzeitig eine stark verbesserte Verteilbarkeit in der Grundmasse, da die Lösungsmittel die Funktion von Löslichkeitsvermittlern einnehmen.[34]

Für kristalline Aromastoffe, wie z.B. das Vanillin, ist die Auflösung eine zwingende Voraussetzung für eine homogene Verteilung im Produkt. Konzentrierte, meist synthetische Aromastoffe werden auch mit Lösungsmitteln verdünnt, um das Risiko von Dosierungsfehlern bei der Anwendung zu verringern.[35]

Die Dosierung des Aromastoffzusatzes richtet sich im allgemeinen nach dem sogenannten Geschmacksschwellenwert, der den Punkt angibt, an dem eine Erhöhung der Menge an Aromastoffen prozentual nicht mehr die gleiche Erhöhung der Geschmacksintensität hervorruft. Diese Schwelle muß für jeden Stoff einzeln ermittelt werden und ist u.a. abhängig von den Inhaltsstoffen des zu aromatisierenden Produkts.

Bei gleichen Mengen an zugesetzten Aromastoffen kann die damit erzielte Geschmackswirkung je nach Zusammensetzung des Produkts stark variieren.[36] So bewirkt das mögliche Vorhandensein von z.B. Zucker, Stärke, Hydrocolloiden oder Fett in der Produktsubstanz Unterschiede in der wahrgenommenen Geschmacksstärke der zugesetzten Aromastoffe, so daß je nach Produktzusammensetzung unterschiedliche Dosierungen notwendig werden.

Soziokulturelle und psychologische Einflüsse sind für die Bildung und Veränderung von Geschmackspräferenzen sowie für die Wahl bestimmter Geschmacksrichtungen von großer Bedeutung (vgl. hierzu den Beitrag von *Schubert/Godersky*). Zu den soziokulturellen Faktoren gehören Geschlechterverteilung und Altersaufbau der Bevölkerung, die Zugehörigkeit zu einem bestimmten Kulturkreis oder einer Volksgruppe mit den damit verbundenen Werten, Einstellungen und Traditionen, das Klima und die Pflanzenwelt eines Landes sowie bestimmte Marketing-Strategien.

Die Präferenzen für bestimmte Geschmäcker weisen große nationale bzw. regionale Unterschiede auf. Dies äußert sich nicht nur in der letztlich auf Geschmackspräferenzen zurückzuführenden Verbreitung regional unterschiedlicher Nahrungs- und Genußmittel, sondern auch in den unterschiedlichen Aromatisierungen dieser Nahrungs- und Genußmittel.

Beispielsweise sind in den USA "Concord-Weintraube" und "Wassermelone" populäre Geschmacksrichtungen, die sich in Europa nicht durchgesetzt haben. In Südafrika ist eine Moschus-Note ein beliebter Kaugummigeschmack, in Japan hingegen sind bei Kaugummis blumige Geschmacksrichtungen, wie z.B. Rose, Chrysantheme und Jasmin weitverbreitet.[37] In Mittelmeerländern werden Zahnpasten durch Anis-Noten, in Südamerika durch würzige Noten, vor allem Vanille, charakterisiert.[38] Diese Beispiele deuten darauf hin, daß die Einwohner eines Landes in bestimmten Produkten solche Geschmacksnoten als angenehm empfinden, die für die Natur des jeweiligen Landes typisch sind.

Die Ausbildung oder auch Veränderung bestimmter Geschmackspräferenzen unterliegt in hohem Maße Lernprozessen. Geschmackspräferenzen werden aufgrund individuell gemachter Erfahrungen und auch durch die Aneignung traditionell übermittelter Geschmacksbewertungen erworben. Durch Lernprozesse können auch angeborene Geschmacksaversionen in Präferenzen überführt werden, d.h., genetisch angelegte Präferenzmuster können geändert werden. Dies trifft vor allem für bittere Geschmäcker, wie z. B. in Kaffee und bestimmten alkoholischen Getränken, aber auch für scharfe und brennende Stoffe, wie z.B. Chilipfeffer, zu.[39]

Geschmackspräferenzen einer Kultur verändern sich auch durch Kontakte mit anderen "Geschmackskulturen", die, vor allem im Rahmen der gegenwärtig starken Reisetätigkeit, vielfältige Geschmackserfahrungen vermitteln. Bedingt durch diese Einflüsse werden nicht mehr nur gewohnte Geschmacksrichtungen präferiert, sondern es läßt sich eine wachsende Bereitschaft feststellen, auch fremde Geschmacksnoten kennenzulernen und zu akzeptieren. Damit verändert bzw. erweitert sich das Spektrum präferierter Geschmäcker; regionale Geschmackspräferenzen werden durch diese auf lange Sicht gesehene "Internationalisierung" des Geschmacks teilweise aufgehoben.

Geschmackspräferenzen sind, obwohl auch sie zeitlichen Veränderungen unterworfen sind, in der Regel als relativ dauerhaft anzusehen. Mit dem zunehmenden Streben der Konsumenten nach neuen, differenzierten Geschmackserlebnissen entstehen jedoch in bestimmten Produktbereichen immer häufiger kurzfristige, stark der Mode unterworfene Geschmackstrends, für die relativ schnell ein Sättigungsgrad erreicht ist.

3.2. Absatzpolitische Zielsetzungen beim Einsatz von Geschmacksstoffen

Maßgebliche Bestimmungsfaktoren der Kaufbereitschaft für Produkte sind die Einstellungen der Konsumenten, d.h. ihre inneren, relativ dauerhaften Bereitschaften, auf bestimmte Stimuli konsistent positiv oder negativ zu reagieren.[40] Diese Einstellungen beruhen auf Einschätzungen der Produkte bezüglich ihrer Qualität und Nutzenstiftung für den Konsumenten. Die Kaufwahrscheinlichkeit für ein Produkt nimmt mit dem Ausmaß der vom Konsumenten wahrgenommenen Produktqualität und der von ihm erwarteten Nutzenstiftung durch das Produkt zu.[41]

Die Einschätzung von Produkten durch den Konsumenten wird vor allem anhand von subjektiven Kriterien vorgenommen. Wirtschaftlich entscheidende Faktoren sind weniger die objektiven Gegebenheiten eines Produktes als die vom Konsumenten wahrgenommenen und bewerteten Qualitäten, die auf persönlichen Präferenzen beruhen.[42] Präferenzen entstehen vor allem auf gesättigten Märkten durch emotionale Bewertungen von Produkten. Diese Marktsituation trifft auch für den Bereich der industriell hergestellten Nahrungs- und Genußmittel, dem hauptsächlichen Einsatzgebiet der Aromastoffe, zu.

Die Produkte sind in ihrer objektiven Qualität[43] ausgereift und erfüllen in dieser Hinsicht weitgehend die Qualitätsstandards der Konsumenten. Objektive Qualität wird zunehmend als selbstverständliche Produktleistung vorausgesetzt. Aufgrund seiner Kenntnisse und Fähigkeiten ist der Konsument außerdem nur beschränkt in der Lage, die objektiven Qualitätsunterschiede von Produkten wahrzunehmen. In dieser Situation strebt der Konsument zunehmend nach emotionalem Erleben beim Konsum, das Produkt soll ihm emotionale und sensuale Anregungen vermitteln.[44]

Vor diesem Hintergrund stellen bei Nahrungs- und Genußmitteln vorrangig ihre einer Beurteilung durch den Konsumenten zugänglichen sensorischen Wirkungen und weniger die objektiv meßbaren, qualitativen Beschaffenheiten des Produktkerns die das Kaufverhalten beeinflussenden Produktmerkmale dar.[45] Von ausschlaggebender Bedeutung für die Akzeptanz und Auswahl eines bestimmten Produktes ist vor allem dessen Geschmack, der beim Verbraucher unmittelbar angenehme oder auch unangenehme Gefühle hervorrufen kann.

In dieser Hinsicht kommt den Aromastoffen eine große Bedeutung für die Gestaltung von Produkten zu. Durch ihren Einsatz wird der Genußwert eines Produktes erheblich erhöht und das Produkt in den Augen der Konsumenten attraktiver gestaltet. Aromastoffe bewirken in Produkten nicht nur einen Anreiz zum Verzehr, sondern leisten auch einen Beitrag zum Wohlbefinden des Konsumenten.[46] Durch die vielfältigen Möglichkeiten der Produktgestaltung mit Aromastoffen kann den bestehenden oder latenten Bedürfnissen der Konsumenten nach verfeinerten und differenzierten Geschmackserlebnissen, die sich vor dem Hintergrund der zunehmenden Bedeutung des Essens für Selbstdarstellung und individuellen Lebensstil immer mehr herausbilden sowie den immer kürzer werdenden Intervallen bei neuen Geschmackstrends entsprochen werden.

Die Aromastoffe entscheiden zum großen Teil darüber, in welchem Ausmaß das Produkt dem Konsumenten die angestrebte Konsumfreude und den erwünschten Genuß vermitteln kann.[47] Der Geschmack eines Produktes wird vom Konsumenten aber auch als Indikator für eine umfassende Produktqualität, die nach objektiven Kriterien zu beurteilen er häufig nicht in der Lage ist, interpretiert.

Der planvolle Einsatz von Aromastoffen bietet weiterhin die Möglichkeit, Produkten ein Profil zu verleihen und sie damit von ähnlichen, von Konsumenten als Substitute betrachteten Konkurrenzprodukten geschmacklich zu differenzieren. Auf der Basis dieser Differenzierung läßt sich eine Positionierung von Produkten nach geschmacklichen Gesichtspunkten vornehmen, um so relevante Marktsegmente zu erreichen.

Mit dem zunehmenden Ausmaß der industriellen Herstellung bzw. Verarbeitung von Nahrungs- und Genußmitteln kommt dem Einsatz von Aromastoffen eine immer größere Bedeutung zu.[48] Moderne Verfahren der Lebensmitteltechnologie führen häufig zu Geschmacksverlusten oder sogar zum Entstehen eines unangenehmen Geschmacks bei den hergestellten Produkten, die somit den geschmacklichen Anforderungen und Wünschen der Konsumenten nicht genügen können. Durch die Zugabe von Aromastoffen wird in diesem Fall erreicht, daß mangelnde Geschmackseigenschaften oder die ungenügende Bildung von Zubereitungsaromen, wie z.B. Röst-, Brat- oder Raucharomen,[49] ausgeglichen und Geschmacksfehler korrigiert werden.

Der vom Verbraucher vor allem bei Markenartikeln erwartete spezifische und gleichbleibende Geschmack kann durch den Einsatz von synthetisch hergestellten Aromastoffen erreicht werden, da diese in ihrer Zusammensetzung standardisiert sind und sich somit durch gleichbleibende geschmackliche Eigenschaften auszeichnen.

3.3. Der Einsatz von Geschmacksstoffen in verschiedenen Produktbereichen

Lebensmittel sind Stoffe, die von Menschen in unverändertem, zubereitetem oder verarbeitetem Zustand verzehrt werden (vgl.§ 1 LMBG). Die unter der Bezeichnung "Lebensmittel" zusammengefaßten Produkte werden in zahlreiche Sparten unterteilt. In den folgenden Ausführungen soll eine Auswahl der Produktbereiche dargestellt werden, in denen Aromastoffe bzw. Aromastoffkompositionen eine bedeutende Rolle spielen.[50]

Der Sektor der alkoholfreien Erfrischungsgetränke läßt sich einteilen in Fruchtsaftgetränke, Limonaden und Brausen. Während Fruchtsaftgetränke und Limonaden nur mit natürlichen Aromastoffen, für diesen Zweck vorrangig aus Früchten oder Pflanzen gewonnen, aromatisiert werden dürfen, können in Brausen auch naturidentische und künstliche Aromastoffe verwendet werden. Die deutlichen Sättigungstendenzen auf diesem Markt machen die Kreierung neuer Geschmacksrichtungen erforderlich. Auf diese Weise können neue Verbrauchergruppen erschlossen werden. Als Beispiele für Getränke in neuen Geschmacksvarianten lassen sich die in letzter Zeit eingeführten Limonaden mit tropischen Fruchtnoten oder aromatisierte Likörsorten nennen.

Milchprodukte werden in dem Bestreben, eine gewisse Eintönigkeit zu überwinden, zunehmend durch Zusätze von Aromastoffen variiert und bieten somit dem Verbraucher eine Auswahl verschiedener Geschmacksrichtungen. Aromastoffe werden vor allem in Milchmischgetränken und Sauermilcherzeugnissen,wie z.B.Fruchtjoghurt und Fruchtquark, aber auch in Creme- und Puddingspeisen auf Milchbasis eingesetzt. Für die Geschmacksgebung dieser Produkte kommen neben Fruchtzubereitungen oder anderen aromatisierten Lebensmitteln die natürlichen und synthetischen Aromastoffe in Betracht, die es ermöglichen, fast jede Geschmacksrichtung wiederzugeben bzw. zu verstärken. Bei den Sauermilcherzeugnissen sollten sich die zum Einsatz kommenden Aromastoffe jedoch auf die der säuerlichen Geschmacksrichtungen beschränken, um ein harmonisches Geschmacksbild zu erreichen.

Aromastoffe werden auch häufig einem weiteren Milchprodukt, dem Schmelzkäse, zugesetzt. Synthetisch hergestellte Käse-Aromastoffe, die in mehreren Sorten zur Verfügung stehen, werden verwendet, um relativ aromaarmem Schmelzkäse einen vollen, kräftigen Käsegeschmack in der erwünschten Geschmacksnote zu verleihen. Produkte dieser Art müssen in der Bundesrepublik Deutschland als Schmelzkäsezubereitungen deklariert werden.

Zu den Wachstumsmärkten gehört das Segment der Lebensmittel mit "Convenience-Charakter", z. B. die nassen und trockenen Fertiggerichte. Diese Produkte kommen mit ihrer Angebotsvielfalt und den schnellen, unkomplizierten Zubereitungsmöglichkeiten dem zunehmenden Streben der Konsumenten nach mehr Freizeit und Abwechslung beim Essen entgegen. Sie gelten als Problemlösung und Dienstleistung zugleich.

Die Aufgabe der Aromastoffe liegt darin, den Fertiggerichten die besonderen und vielfältigen geschmacklichen Noten zu verleihen, die aufgrund der Verwendung geschmacksarmer Rohstoffe fehlen oder die durch den Einsatz rationalisierter Herstellungsverfahren geschädigt wurden bzw. sich nicht im Lebensmittel bilden konnten. Verwendet werden neben standardisierten Gewürzauszügen Pilz- sowie Gemüsearomen, die den sensorischen Eindruck gekochter oder gerösteter Gemüsearten vermitteln.

Zusätze von Rauch-, Brat- und Röstaromen ersetzen in der industriellen Massenproduktion häufig langwierige oder technisch nicht mögliche Räucher-oder Bratbehandlungen der zu verarbeitenden Rohmaterialien. Diese Aromen bieten also der weiterverarbeitenden Industrie vor allem Rationalisierungsmöglichkeiten. Der Grundgeschmack eines Fertiggerichtes läßt sich durch den Einsatz von Fleisch- oder Meerestieraromen intensivieren, die in der ganzen Geschmackspalette der Fleischarten angeboten werden.

Die zunehmend an wirtschaftlicher Bedeutung gewinnende Herstellung von proteinhaltigen Nahrungsmitteln auf Pflanzenbasis eröffnet den Aromastoffen ein weiteres Anwendungsgebiet. Von diesen Produkten sind vor allem die aus strukturiertem Sojaprotein bestehenden Fleisch-Analoge zu nennen. Diese an sich geschmacksneutralen Proteinprodukte können erst durch eine gezielte Geschmacksgebung zu Nahrungsmitteln werden, die vom Konsumenten als vollwertiger Fleischersatz anerkannt werden.[51] Bevorzugt eingesetzt werden für die Aromatisierung dieser Produkte Aromastoffkompositionen in verschiedenen Fleisch- und Wurstnoten sowie mehrere Fisch-Geschmacksrichtungen. Vor allem in den USA sind inzwischen verschiedene Fleisch-Analoge, wie z.B. Bratwurst und Frikadellen, auf dem Markt, die von Produkten aus echtem Fleisch kaum zu unterscheiden sind.

Zukünftige Einsatzmöglichkeiten von Aromastoffen bieten sich auch beim sogenannten Kompaktessen, das bisher in größerem Umfang lediglich in Japan erhältlich ist, jedoch auch in anderen Industrieländern mit guten Erfolgsaussichten eingeführt wird. Bei dieser synthetischen Nahrung handelt es sich um Folien, deren geschmackliche Gestaltung mit Aromastoffen vorgenommen wird, und in denen die wichtigsten Vitamine, Mineralien usw. eingeschlossen sind.[52]

Bei den **Genußmitteln** treten Merkmale wie Nährwert und stoffliche Zusammensetzung als präferenzbildende Faktoren meist völlig gegen den Geschmack oder auch die eventuell mit dem Konsum verbundenen psychophysiologischen Wirkungen des Produktes zurück. Die Genußmittel sollen im folgenden in die Sparten Süßwaren, alkoholische Getränke, Kaffee, Tee und Tabakwaren unterteilt werden.

Zu den Süßwaren zählen u.a. Schokoladen- und Zuckerwaren, Dauerbackwaren, Speiseeis und Knabberartikel. Die aus der Sicht des Aromastoffeinsatzes wichtigsten Produktgruppen im Bereich der Zuckerwaren sind die Hart- und Weichkaramellen, Gelee-Erzeugnisse und Gummibonbons sowie Kaugummi.[53]

Bei den Hartkaramellen kommt es aufgrund ihrer relativ langen Verweildauer im Mund besonders auf einen abgerundeten, möglichst naturgetreuen und länger anhaltenden Geschmack an. Mit Ausnahme von natürlichen Aromastoffen der Citrus- und Mintrichtungen werden hauptsächlich die wesentlich konzentrierteren synthetischen Aromastoffe eingesetzt, die eine große Geschmacksvielfalt ermöglichen. Vorrangig werden hier Frucht-, Mint- und Kräuternoten für die Geschmacksgebung verwendet. Bei Weichkaramellen werden in Abstimmung auf die häufig eingearbeiteten Milchbestandteile eher die Geschmacksrichtungen Karamel, Kakao oder Vanille für eine Aromatisierung eingesetzt. In Gelee-Erzeugnissen und Gummibonbons werden außer den genannten Fruchtrichtungen auch immer häufiger Tropenfrucht-Geschmacksnoten gewählt.

Bei Kaugummi präferieren Erwachsene vor allem Kaugummis mit Menthol- und Pfefferminzgeschmack, der mit Mischungen aus entsprechenden natürlichen und synthetischen Aromastoffen erreicht wird. Kinder verwenden überwiegend Fruchtkaugummis, die vor allem in den Geschmacksrichtung Erdbeere, Orange, Zitrone, Kirsche oder auch "Tutti-frutti", einer Phantasiefruchtmischung aus synthetischen Aromastoffen, auf den Markt gebracht werden.[54]

Darüber hinaus lassen sich mit Aromastoffen auch landestypische Noten, wie z.B. Concord-Weintraube, Zimt, Lakritz, Moschus, Rose und Chrysantheme erzielen.- Die Aufgaben der Aromastoffe in Kaugummis liegen neben der Erzeugung von lange anhaltenden, vielfältigen Geschmacksnoten auch in der Maskierung des Eigengeschmacks der Kaugummibase.[55]

Eine wichtige Rolle spielt die Aromatisierung auch bei den Dauerbackwaren, wie z.B. Kuchen und Kleingebäck sowie in deren Füllungen. Aromastoffe werden in diesem Bereich eingesetzt, um unerwünschte Geschmackscharakteristika der Rohstoffe zu maskieren oder dem Produkt zusätzliche, intensivere Geschmacksnoten zu verleihen. Zu diesem Zweck steht eine Vielzahl vor allem synthetischer Aromastoffe zur Verfügung, wobei deren Auswahl von der Art und Zusammensetzung des zu aromatisierenden Produktes determiniert wird.

Für die Aromatisierung von Speiseeis sind in der Bundesrepublik Deutschland mit Ausnahme von synthetischem Vanillin nur natürliche Aromastoffe zugelassen. Diese werden dem Eis zur Abrundung, Nuancierung und Intensivierung des Geschmacks zugegeben und ermöglichen eine vielfältige Geschmacksgestaltung. Kommen in Eis synthetische Aromastoffe zur Verwendung, so ist dieses als Kunstspeiseeis zu deklarieren.[56]

Zu den Knabberartikeln werden an dieser Stelle vor allem die fritierten Snackartikel gezählt, die einen dominanten Platz im Snackmarkt einnehmen. In diesem Bereich begrenzt die enge Rohstoffauswahl die Entwicklungsmöglichkeiten für neue Fritierwaren, doch können durch Geschmacksveränderungen in den Augen der Konsumenten neue Produkte geschaffen werden (z.B. Chips mit Huhn-Aroma). Bedingt durch die sich ausweitende Gewohnheit der Verbraucher, Snackartikel anstelle einer aufwendigen Mahlzeit zu verzehren, wächst das Verlangen nach Produkten in vielen Geschmacksausprägungen, die mittels des Einsatzes von Aromastoffen erreicht werden können.

Für den Bereich Alkoholgetränke lassen sich vielfältige neue Geschmackstrends feststellen. So werden gegenüber den traditionell erfolgreichen Spirituosen zunehmend, vor allem von jüngeren Verbrauchern, alkoholärmere und stärker aromatisierte Getränke bevorzugt. Die Möglichkeiten für den Einsatz von Aromastoffen werden hier offensichtlich. So wurden beispielsweise grell gefärbte und vor allem stark mit Fruchtnoten aromatisierte Liköre, wie z.B. "Grüne Banane", "Grüne Kiwi" und "Pink Melone", in ganzen Geschmacksserien erfolgreich auf dem Markt eingeführt.[57] Ein besonders erfolgreiches Segment waren in der letzten Zeit auch die sogenannten "Fruit Flavoured Schnapps", klare, verzehrfertige Liköre, die mit einem Fruchtgeschmack aromatisiert sind.

Auch die "Wine-Cooler", kohlensäurehaltige und niedrigprozentige Getränke auf der Basis von Wein, werden mit Aromastoffen der Fruchtrichtungen aromatisiert. Eine weitere Novität stellen die "Spirit-Cooler" dar, bei denen der Wein durch Alkohol, reduziert auf niedrigprozentige Trinkstärke, ersetzt wird. Wie bei den "Wine Coolern" werden auch hier vielfältige Geschmacksrichtungen durch den Einsatz von Aromastoffen in Frucht- und Mintnoten geschaffen.

Die Entwicklung neuartiger Geschmacksnuancen durch den Einsatz von Aromastoffen spielt beim Röstkaffee eine noch untergeordnete Rolle. Auf dem Markt eingeführt sind jedoch bereits aromatisierte Kaffees mit den Geschmacksnuancen Zimt, Kardamon, Vanille und Orange. Löslichem Kaffee werden zur Verbesserung seiner Geschmackseigenschaften auch synthetische Aromastoffkompositionen zugesetzt, die dem Röstkaffeegeschmack nachempfunden sind.[58]

Die Einsatzmöglichkeiten für Aromastoffe bei Tee liegen vor allem in den sogenannten Aromatees, die in den letzten Jahren einen Marktanteil von etwa 10% erreichten. Die hohen Wachstumsraten dürften vor allem auf die große Geschmacksvielfalt des Angebotes zurückzuführen sein. Aromatees werden in weit über hundert verschiedenen Geschmacksrichtungen auf dem Markt angeboten. In Aromatees dürfen für die Geschmacksgebung außer natürlichen auch synthetisch hergestellte, naturidentische Aromastoffe eingesetzt werden. Verwendet werden Aromastoffe auch für Kräutertees. Hier liegen die Aufgaben sowohl in der Verstärkung bzw. Abrundung vorgegebener Geschmacksrichtungen, wie z.B. Kamille oder Pfefferminz, als auch in der Schaffung völlig neuer Geschmackskompositionen.[59]

Bei Tabakwaren werden natürliche und naturidentische Aromastoffe eingesetzt, um den Eigengeschmack des Tabaks zu intensivieren, sein Aroma zu verbessern und um Marken ihr besonderes Profil zu verleihen. Bei den Zigaretten kommt es durch den Einsatz moderner Technologien bei der Tabakverarbeitung, durch Tabakeinsparungen bei der Zigarettenfüllung und durch die häufig eingesetzten Filtersysteme zu starken Geschmackseinbußen. Aus diesen Gründen werden dem Tabak zur Harmonisierung und Verstärkung seines Eigengeschmacks natürliche und naturidentische Aromastoffe hinzugefügt, die dem Geschmack verschiedener Tabaksorten nachempfunden sind.[60]

Bei den Zigaretten mit Filtersystemen werden Aromastoffe in Tabaknoten auch zur Aromatisierung des Filters selbst verwendet, um so den filterbedingt verdünnten Tabakgeschmack auszugleichen und der Forderung der Konsumenten nach Geschmacksfülle auch bei leichteren Filterzigaretten gerecht zu werden. Zigaretten werden aber auch mit Mentholnoten aromatisiert, der einzigen nicht tabakartigen Geschmacksrichtung, die sich für Zigaretten auf dem Markt durchgesetzt hat.

Einsatzmöglichkeiten der Aromastoffe in solchen **Produkten** oder Produktbereichen, **die nicht der menschlichen Ernährung oder dem Genuß dienen**, finden wir bei Kosmetika, wie Zahnpasten, Mundwässern und Lippenpflegeprodukten. Auch hier läßt sich ein zunehmendes Streben der Verbraucher nach produktvermittelten Geschmackserlebnissen feststellen. Zahnpasten und Mundwässer sind zum größten Teil mit frischen, minzigen Noten aromatisiert, da diese von den Konsumenten mit "Gesundheit" assoziiert werden. In Kinderzahnpasten werden auch Fruchttypen verwendet.[61] Lippenpflegeprodukten werden vor allem Aromastoffe in fruchtigen oder auch minzigen Geschmacksrichtungen zugefügt.

Aromastoffe werden auch in pharmazeutischen Präparaten verwendet, um deren häufig unangenehmen Eigengeschmack zu maskieren. Die Akzeptanz durch den Konsumenten und seine Einnahmewilligkeit lassen sich mittels des Aromastoffzusatzes erhöhen.

Ein weiteres Einsatzgebiet von Aromastoffen stellt der Bereich des Tierfutters dar. Eine Aromatisierung der in der Tierzucht verwendeten Futtermittel verbessert die Nahrungsaufnahme der Tiere und trägt somit zu einem Zuchterfolg bei. Bei den Futtermitteln für Kleintiere findet in zunehmendem Maße eine geschmackliche Diversifizierung statt, deren Vorbild die menschliche Ernährung ist. Abwechslungsreiche Tiermenüs werden geschaffen, in denen Aromastoffe bewirken, daß eine schnelle Futteraufnahme durch die Tiere erfolgt und der Geruch des Futters vom Menschen nicht als unangenehm empfunden wird.[62] Auf diese Weise lassen sich beim Tierhalter Präferenzen für bestimmte Futterprodukte schaffen.

4. Ausblick

Der Geschmack eines Nahrungs- oder Genußmittels ist der wesentliche Bestimmungsfaktor für seine Akzeptanz und die Auswahl durch den Konsumenten. Eine planvolle Geschmacksgebung mittels Aromastoffen bietet die Möglichkeit, Produkten ein Profil zu verleihen und sie geschmacklich von Konkurrenzprodukten zu heterogenisieren.

Vor dem Hintergrund des intensiven Einsatzes moderner Lebensmitteltechnologien ist eine weitere wesentliche Aufgabe der Aromastoffe in der Maskierung unerwünschter Produktgeschmäcker bzw. im Ausgleich von Geschmacksverlusten zu sehen.

Der Einsatz von Aromastoffen zur Gestaltung von Produkten wird in Zukunft sicher noch an Bedeutung in der Industrie gewinnen, da eine immer größere Anzahl verschiedener Aromastoffe mit Vorbildern aus der Natur synthetisch und damit kostengünstiger und in unbegrenzter Menge hergestellt werden kann.

In methodischer Hinsicht steht mit der **sensorischen Analyse** ein Instrument zur systematischen Prüfung sinnlich wahrnehmbarer Produkteigenschaften zur Verfügung; bezogen auf Nahrungs- und Genußmittel bedeutet dies vor allem die Beschreibung und Beurteilung ihres Geschmacks, aber auch ihres Aussehens, ihrer Konsistenz und Textur (vgl. hierzu den Beitrag von *A. Scharf*: Verfahren der sensorischen Produktforschung).

1 Vgl. Hansen/Leitherer (1984): S. 8.

2 Vgl. Böcker (1994): S. 190f.

3 Vgl. Kotler (1995): S. 415.

4 Vgl. Hamann (1975): 51ff.

5 Vgl. Böcker (1994): S. 190.

6 Vgl. Myers/Shocker (1981): S. 213.

7 Vgl. Kroeber-Riel (1991): S. 113, und Konert (1986): S. 119f.

8 Vgl. Fricker (1984): S. 1.

9 Vgl. Fricker (1984): S. 55.

10 Vgl. Ziegler (1982): S. 16.

11 Zu diesen und den folgenden Ausführungen vgl. Fricker (1982): S. 20 und Altner (1985): S. 288ff.

12 Zu den folgenden Überlegungen vgl. Burdach (1988): S. 52ff., 76ff., 133ff.

13 Burdach (1988): S. 121.

14 Vgl. Burdach (1988): S. 53.

15 Vgl. Emberger (1981): S. 626.

16 Vgl. Burger (1955): S. 13.

17 Vgl. Bauche (1961): S. 98.

18 Vgl. auch Kommission der Europäischen Gemeinschaft (Hrsg.): Die Lebensmittelzusätze und der Verbraucher, S. 27.

19 Vgl. Kotler (1995): S. 470.

20 Vgl. Wyss (1965): S. 13f.

21 Vgl. Koppelmann (1993): S. 105.

22 Vgl. Hansen/Leitherer (1984): S. 37ff.

23 Vgl. Kapferer/Disch (1967): S. 29 und S. 45ff.

24 Vgl. Strecker et al. (1976): S. 204.

25 Vgl. Kroeber-Riel. (1992): S. 118f.

26 Vgl. Fricker (1984): S. 61ff.

27 Vgl. zu den gesetzlichen Bestimmungen Ziegler (1982): S. 339, S. 353f.

28 Beispielsweise wird die Entscheidung über die Verwendung von natürlichem oder synthetischem Vanillin, einem der meistverwendeten Aromastoffe weltweit, vorrangig von der Verfügbarkeit und den Kosten determiniert. Der Weltverbrauch von 5000 Tonnen jährlich wäre durch natürliches Vanillin, gewonnen aus der Vanilleschote, nicht zu decken. Vgl. Ziegler (1982): S. 18. Außerdem betragen die Kosten für natürliches Vanillin das 600-fache der Kosten für synthetisches Vanillin. Vgl. Emberger (1981): S. 623.

29 Vgl. Emberger (1981): S. 623.

30 Vgl. Reymond/Solms (1978): S. 194.

31 Vgl. Fricker (1974): S. 181.

32 Vgl. Rijkens/Boelens (1975): S. 217.

33 Vgl. Reymond/Solms (1978): S. 194.

34 Vgl. Emberger (1981): S. 629f.

35 Beispielsweise wird von unverdünnten synthetischen Fruchtaromastoffen nur eine Konzentration von 1-5 g auf 100 kg Zuckermasse für eine optimale Aromatisierung

benötigt. Bei einer solch geringen Konzentration können leicht Dosierungsfehler auftreten, die zu völlig unakzeptablen Produkten führen. So werden Aromastoffkonzentrate üblicherweise bis zu einem Verbrauchswert von 100-200 g auf 100 kg Grundmasse verdünnt. Vgl. Emberger (1981): S. 629f.

36 Vgl. Solms (1977): S. 17 und Emberger (1981): S. 633.

37 Vgl. Emberger (1981): S. 627.

38 Vgl. Schumacher (o.J.): S. 5.

39 Vgl. Burdach (1988): S. 133, 136.

40 Vgl. Meffert (1986): S. 82f.

41 Vgl. Nieschlag et al. (1994): S. 149.

42 Vgl. Hansen/Leitherer (1984): S. 37ff. u. 43ff.

43 Der Geschmack eines Produktes soll nicht zu seiner objektiven Qualität gezählt werden, welche die stofflichen Grundsubstanzen des Produktes sowie die Art ihrer Zusammensetzung betrifft und den objektiv meßbaren Grundnutzen des Produktes bestimmt. Sicherlich resultiert der Geschmack eines Produktes aus seinen stofflichen Eigenschaften, er ist jedoch aufgrund der subjektiven Bewertungen durch die Konsumenten nicht objektiv meßbar und wird als, wenn auch sachlich bedingter, Zusatznutzen des Produktes betrachtet. Vgl. Strecker et al. (1976): S. 189f.

44 Vgl. Kroeber-Riel (1992): S. 119.

45 Vgl. Kleinert (1977): S. 76.

46 Vgl. Drawert (1974): S. 26.

47 Vgl. Strecker et al. (1976): S. 204.

48 Vgl. Emberger (1981): S. 619.

49 Vgl. Ziegler (1982): S. 327f.

50 Vgl. zu den folgenden Ausführungen u.a. Ziegler (1982): S. 306f, S. 317ff., S. 327ff., ferner Kühn (o.J.): S. 15.

51 Vgl. Scheide (o.J.): S. 19.

52 Vgl. Gerken (1988): S. 34; Ziegler (1982): S. 294.

53 Vgl. Ziegler (1982): S. 294ff.; Gildemeister/Hoffmann (1956): S. 104.

54 Vgl. o.V. (1983): S. 46ff.

55 Vgl. Renz (o.J.): S. 6.

56 Vgl. Ziegler (1982): S. 302f.

57 Zu den Alkoholgetränken vgl. Schmidt (o.J.): S. 20ff.

58 Vgl. Ziegler (1982): S. 216.

59 Zu den Aroma- und Kräutertees vgl. Bröckel (o.J.): S. 13; Bauer/Kler (o.J.): S. 11.

60 Vgl. Gildemeister/Hoffmann (1956): S. 109; Graefe (o.J.): S. 5f.

61 Vgl. Schumacher (o.J.): S. 5.

62 Vgl. Doebeli (1995): S. 34; ferner Schubert (1978): S. 182.

Literaturverzeichnis

Altner, H., Physiologie des Geschmacks, in: *R. F. Schmidt (Hrsg.):* Grundriß der Sinnesphysiologie, 5. Aufl., Berlin-Heidelberg-New York-Tokio 1985, S. 287-298.

Aromenverordnung vom 22.12.1981, Bundesgesetzblatt I, S. 1625, 1677.

Bauche, H., Der Geschmackstest und seine Problematik, Dissertation, Nürnberg 1961.

Bauer, M., Kler, A., Kräuter- und Früchtetees, in: Haarmann & Reimer GmbH, Holzminden (Hrsg.): H & R Contact 44, o.J., S. 9-11.

Böcker, F., Thomas, L., Marketing, Stuttgart, 5. überabeitete Aufl., 1994.

Bröckel, W. , Tea for Two - Eine Aufforderung zum Aromatee, in: Haarmann & Reimer GmbH, Holzminden (Hrsg.): H & R Contact 33, o.J. S. 12-15.

Burdach, K. J., Geschmack und Geruch, Bern 1988.

Burger, A. M., Buch der Aromen, Wädenswil 1955.

Doebli, H. P., Die Orientierung, Der Konsum 1995, Nr. 87, Hrsg.: Schweizerische Volksbank, Bern 1986.

Drawert, F., Einführung und Überblick, in: *Drawert, F. (Hrsg.):* Geruchs- und Geschmacksstoffe, Internationales Symposium in Bad Pyrmont, 02. - 04. 10. 1974, Nürnberg 1975, S. 19-33.

Emberger, R., Aspects of the Development of Industrial Flavor Materials, in : *Schreier, P. (ed.):* Flavour 81, Proceedings of the 3rd Weurman Flavour Research Symposium in London-Berlin-New York 1981, S. 619-634.

Emberger, R., Käse, in: Haarmann & Reimer GmbH, Holzminden (Hrsg.): H & R Contact 15, o.J., S. 14-15.

Fricker, A., Lebensmittel - mit allen Sinnen prüfen: Qualität, Aromastoffe, Geschmack, Sensorik, Berlin-Heidelberg-New York 1984.

Fricker, A., Sensorische Aspekte der Lebensmittelverarbeitung, in: *Brubacher, G., Ritzel, G. (Hrsg.):* Qualitätskriterien der Nahrung, Bern, 1974, S. 179-190

Gerken, G., Morgen werden wir anders essen, in: Industriemagazin Report IV, 12/1988, S. 33-35.

Gildemeister, E., Hoffmann, F., Die ätherischen Öle, 4. Aufl., Bd.l, Berlin 1956.

Graefe, A., Zigaretten am Wendepunkt, in: Haarmann & Reimer GmbH, Holzminden (Hrsg.): H & R Contact 32, o.J., S. 3-6.

Hamann, M., Die Produktgestaltung, Rahmenbedingungen - Möglichkeiten - Optimierung, Würzburg-Wien 1975.

Hansen, U., Leitherer, E., Produktpolitik, 2. neubearbeitete und erweiterte Auflage, Stuttgart 1984

Kapferer, C., Disch, W. K. A., Absatzwirtschaftliche Produktpolitik, Köln-Opladen 1967.

Kleinert, J., Praktische Erfahrungen bei der sensorischen Beurteilung von Süsswaren - Der Aroma-Index, in : *Raunhardt, O., Escher, F. (Hrsg.):* Sensorische Erfassung und Beurteilung von Lebensmitteln, Zürich 1977, S. 76-88.

Konert, F.-J., Vermittlung emotionaler Erlebniswerte als Marketing-Strategie für gesättigte Märkte, in: Marketing-Zeitschrift für Forschung und Praxis, 3/1986, S. 187-188.

Koppelmann, U., Produktmarketing, Entscheidungsgrundlage für Produktmanager, 4. vollständig überarbeitete und erweiterte Aufl., Stuttgart-Berlin-Köln-Mainz 1993.

Kotler, P., Marketing Management, 8. vollständig neubearbeitete und erweiterte Aufl., Stuttgart 1995.

Kroeber-Riel, W., Konsumentenverhalten, 5. überarbeitete und ergänzte Aufl., München 1992.

Kühn, H., Der Einsatz von Essenzen in Sauermilchgetränken, in: Haarmann & Reimer GmbH, Holzminden (Hrsg.): H & R Contact 17, o.J., S. 3-4

Meffert, H. , Marketing, 7. Aufl. , Wiesbaden, 1986

Myers, J. H. , Shocker, A. D. , The Nature of Product-Related Attributes, in: *Sheth, J.N. (Hrsg.):* Research in Marketing, Vol. 5, Greenwich 1981, S. 211-236.

Nieschlag, R., Dichtl, E., Hörschgen, H.. Marketing, 17. neubearbeitete Aufl., Berlin 1994.

o. V.: Wer kauft Kaugummi? Wenn Kunden in die Jahre kommen, in: Absatzwirtschaft, Sonderausgabe 10/1983, S. 46-51.

Renz, K.-H., Neue Geschmackserlebnisse für Kaugummi-Fans, in: Haarmann & Reimer GmbH, Holzminden (Hrsg.): H & R Contact 42, o.J., S. 3-7.

Reymond, D., Solms, J., Geruch und Geschmack verändernde Stoffe, in: *Aebi, H., Baumgartner, E., Fiedler, H.P., Ohloff, G. (Hrsg.):* Kosmetika, Riechstoffe und Lebensmittelzusatzstoffe, Stuttgart 1978, 5. 193-199.

Rijkens, F., Boelens, H., The future of aroma research, in: Maarse, H., Groenen, P. J. (eds.), Proceedings of the International Symposium on Aroma Research in Zeist, 26. - 29. 05. 1975, Wageningen 1975, S. 203-220.

Scheide, J., Die Aromatisierung von fleischähnlichen Protein-Nahrungsmitteln, in: Haarmann & Reimer GmbH, Holzminden (Hrsg.): H & R Contact 21, o.J., S. 16-19.

Schmidt. H., Der Zeitgeist bekennt Farbe, in: Haarmann & Reimer GmbH, Holzminden (Hrsg.): H & R Contact 40, o.J., S. 20-22.

Schubert, F. W., Growth of an Industry, in: *Apt, C.M. (ed.):* Flavor: Its Chemical, Behavioral and Commercial Aspects, Boulder 1978, S. 175-187.

Schumacher, K.-H., Der moderne Weg der Zahnpasta-Aromatisierung - Optamint, in: Haarmann & Reimer Gmb H, Holzminden (Hrsg.): H & R Contact 39, o.J., S. 3-8.

Solms, J., Sensorische Erfassung und Beurteilung von Lebensmitteln - eine allgemeine Einführung, in: *Raunhardt, O., Escher, F. (Hrsg.):* Sensorische Erfassung und Beurteilung von Lebensmitteln, Zürich 1977, S. 9-20.

Strecker, O., Reichert, J., Pottebaum, P., Marketing für Lebensmittel, Grundlagen und praktische Entscheidungshilfen, Frankfurt/M. 1976.

Wyss, W., Produktgestaltung, Eine Darstellung der Gestaltungsprobleme aus der Sicht des Unternehmers, Winterthur 1965.

Ziegler, E., Die natürlichen und künstlichen Aromen, Heidelberg 1982.

Bernd Schubert / Carla Godersky

Entstehung von Geschmackspräferenzen

1. Einleitung

Der menschliche Geschmackssinn kennt nur die vier Geschmacksqualitäten süß, sauer, salzig und bitter. Warum gibt es also kein universales Geschmacksempfinden? Wieso ist Geschmack eigentlich so individuell, und warum gibt es dennoch bestimmte gustatorische Vorlieben, die man mit anderen teilt? Verschiedene Menschen und soziale Gruppen haben oft gleiche Geschmackspräferenzen. Es kann sich hierbei z.B. um den Partner handeln, um den Freundeskreis oder um die eigenen Kinder. Wir teilen jedoch bestimmte Geschmacksvorlieben auch mit den Bewohnern einer ganzen Region oder sogar Nation. Eine Erklärung liegt nahe: Die geographischen Eigenheiten jedes Gebietes sind hierfür die Ursache. Aber warum sind manche Eßgewohnheiten unabhängig von der Verfügbarkeit für uns ein Tabu oder ein "Muß", hingegen für andere nicht? Geschmack ist zwar individuell, er hängt aber auch mit unserer näheren und ferneren Umwelt zusammen.

Eine Volksweisheit belehrt uns weiter: Der Mensch ist, was er ißt. Was hat nun das Essen mit dem Sein zu tun? Außer, daß es ein Mittel zum Leben ist oder uns dick machen kann? Wenden wir uns den sprachlichen Wurzeln des "Geschmacks" zu, so stellen wir fest, daß das Verb "schmecken" (12.-15. Jahrhundert: "smecken") eigentlich "kosten, wahrnehmen, riechen, duften" bedeutet. Erst später erfolgte die Einengung auf den Geschmackssinn.[1] Auch an der etymologischen Wurzel wird deutlich, daß der Geschmack, so eindeutig er uns erscheint, so einfach nicht zu erklären ist.

Geschmack ist das Resultat des Zusammenwirkens vielerlei Faktoren. Neben physiologischen Aspekten wie den vier Basalqualitäten, dem Einfluß des Geruchssinns und Eindrücken des Mundgefühls spielen auch psychische Momente eine bedeutsame Rolle. Unsere Sozialisation, unsere Eingebundenheit in kleinere und größere gesellschaftliche Zusammenhänge, unser Denken über das, was wir sind oder sein wollen, sind Ursachen dafür, daß wir bestimmte Nahrungsmittel besonders gerne oder gar nicht mögen. Ziel dieses Beitrages ist es, diese Aspekte näher zu beleuchten.

Im folgenden werden zuerst behavioristische und kognitive Theorien der (Sozial-)Psychologie zur Erklärung der Entstehung von Geschmackspräferenzen herangezogen. Im Anschluß wird intrapersonalen, familiären und kulturellen Aspekten weiter nachgegangen, und es werden verschiedene Konzepte dargestellt, die Einfluß auf spezielle Geschmacksvorlieben haben.

2. Sozial-psychologische Theorien als Erklärungsmuster für die Bildung von Geschmackspräferenzen

Wie aus der Einleitung bereits deutlich wurde, sind Geschmackspräferenzen nicht lediglich rein biologisch vorgegebene Mechanismen. Sie werden vielmehr durch die Interaktion des Menschen mit der sozialen Umwelt ausdifferenziert. Will man demnach die Bildung von Geschmackspräferenzen verstehen, was bedeutet, daß man letztendlich bestimmte Verhaltensweisen verstehen will, muß man auf (sozial-)psychologische Erklärungsansätze zurückgreifen.

Lewin hat in seiner Feldtheorie Verhalten als eine Funktion von Person und Umwelt beschrieben.[2] Neben dem Infeld, der Selbstwahrnehmung einer Person, ist demnach auch ihr psychologisches Umfeld, also die von ihr kognitiv konstruierte, psychische Abbildung ihrer objektiven Umgebung von Bedeutung.

Soziale Informationen aus diesem subjektiven Umfeld scheinen in großem Umfang Einfluß auf die Bildung von Geschmackspräferenzen zu nehmen. Auch wenn es genetisch bedingte Präferenzen und Ablehnungstendenzen gibt, ist z.B. die von verschiedenen Personen präferierte Zucker- oder Salzkonzentration in Nahrungsmitteln das Resultat von Lernprozessen.[3] Die Ergebnisse von Studien zu intrapersonalen, familiären und kulturellen Einflüssen auf die Bildung von Geschmackspräferenzen werden im Licht ausgewählter (sozial-)psychologischer Theorien betrachtet, die im folgenden kurz vorgestellt werden.

2.1. Geschmackspräferenzen als Resultat von Lernprozessen

Zunächst wenden wir uns zwei behavioristischen Lerntheorien zu: der klassischen Konditionierung nach *Pawlow* und der Operanten Konditionierung nach *Skinner*. Konditionierungsansätze lenken die Aufmerksamkeit auf die Möglichkeit, daß ein großer Teil unseres Verhaltensrepertoires auf Reiz-Reaktions-Verbindungen zurückzuführen ist.

- **Klassisches Konditionieren nach *Pawlow***

Die Theorie der klassischen Konditionierung geht auf den russischen Physiologen *Pawlow* zurück.[4] Er stellte bei seinen Studien über das Verdauungssystem von Hunden fest, daß die Speichelsekretion seines Versuchshundes bereits beim bloßen Erscheinen des später fütternden Wärters begann. Nach *Pawlow* existiert ein Reflex, der entweder erlernt oder angeboren ist. Ein vorhandener Reflex ist eine bestehende Reiz-

Reaktions-Kette, so z.B. die Futter-Speichelfluß-Kette des Hundes. Tritt kurz vor dem bekannten Reiz ein neuer Reiz auf, kann die alte Reaktion nach wiederholter Koppelung von altem und neuem Reiz auch auftreten, wenn nur der neue Reiz dargeboten wird. Die alte Reaktion wird in diesem Fall zur gelernten Reaktion.[5]

Es handelt sich hierbei um eine Art Signallernen. *Pawlow* ersetzt den Wärter in seinen Versuchen durch eine Glocke. Als konditionierter Reiz ist ihr Läuten Ursache für die Speichelsekretion des Hundes. Für den Hund ist die Glocke nun ein Futtersignal.

Als Beispiel sei an eine Mutter gedacht, die ihr Kind stillt. Hunger wird durch die Nahrungsaufnahme, das Gestilltwerden, befriedigt. Die Mutter spricht kurz vorher und während des Stillens mit ihrem Kind ganz besonders liebevoll. Spricht die Mutter zukünftig an der Wiege ihres Kindes in gleicher Weise und mit gleichen Worten, wird das Baby unruhig werden. Für das Kind können die Stimme und auch der Sprachinhalt Signale dafür sein, daß es zur Brust genommen und gestillt wird. Bei diesem Lerntyp handelt es sich also um eine Art Signallernen. Dieses Signallernen ist v.a. von großer Bedeutung für das Vermeiden von bestimmten Nahrungsmitteln.

Die "Umbewertung von gustatorisch-olfaktorischen Komplexreizen"[6] kann z.B. wie folgt aussehen: Werden zufällig Lebensmittel wie z.B. Muscheln verzehrt, die bereits schlecht geworden sind, ergibt sich folgender Mechanismus: Die verdorbenen Substanzen in den Muscheln führen zu Mißempfinden. Dies ist der ungelernte Reflex (UCS). Die Muscheln sind der neutrale Reiz. Durch das gemeinsame Auftreten mit dem UCS werden die Muscheln zum konditionierten Reiz (CS), der die alte Reaktion "Mißempfinden" auslöst. Die alte Reaktion wird nun zur gelernten Reaktion (CR) auf Muscheln und zeigt sich im spontan empfundenen Ekelgefühl. Der pawlowsche Lernerfolg würde in der Vermeidung von Muscheln liegen.

Aversives Konditionieren hat evolutionsbiologisch gesehen einen bedeutsamen Sinn. Durch die Möglichkeit, über den ersten Kontakt mit aversiven Lebensmitteln diese aus dem Angebot genußfähiger Lebensmittel auszusondern und künftig zu meiden, steigen die Überlebenschancen.[7]

Burdach nennt folgende Besonderheiten des aversiven Konditionierens im Geschmacksbereich[8]:

Es genügt im Grenzfall eine einmalige Assoziation von neutralem und unkonditioniertem Reiz und der daraus resultierenden Reaktion, um eine dauerhafte Aversion aufzubauen. Eine orale Kontaktaufnahme ist jedoch notwendig, und negative Reaktionen müssen im Körper stattfinden.

Der zeitliche Abstand kann beim aversiven Konditionieren zwischen Nahrungsaufnahme und gastro-intestinalen Negativreaktionen größer als bei anderen Konditionierungsprozessen sein.

Implizites Lernen hat einen großen Einfluß auf das Aufbauen von Nahrungsmittel-Aversionen. "Einmal entstandene Reaktionen sind durch noch so überzeugende Argumente ... praktisch nicht zu beeinflussen".[9]

Es existiert - wahrscheinlich aufgrund der körperlichen und emotionalen Konsequenzen - eine große Löschungsresistenz.

- **Operantes Konditionieren nach *Skinner***

"Lust prägt ein, Schmerz löscht", so bezeichnete *Thorndike* den Umstand, daß Verhalten, dem positive Konsequenzen folgen, häufiger wieder gezeigt wird als Verhalten, das negative Konsequenzen nach sich zieht.[10] *Thorndike* beschrieb das Versuchs-Irrtums-Verhalten als elementares Lernprinzip. Sein "Gesetz des Effektes" wird auch als instrumentelles Lernen bezeichnet. Instrumentell deshalb, weil der Mensch durch das Wissen um die Konsequenzen seines Tuns lernt, wie die Umwelt durch ihn beeinflußt werden kann.

Skinner arbeitete in der Tradition *Thorndikes* fort und prägte den Begriff des Operanten Konditionierens.[11] Operant deshalb, weil das Individuum an seiner Umwelt sozial "operiert", ohne daß vorher ein Stimulus gesetzt zu werden braucht.

Gelernt wird im Unterschied zum klassischen Konditionieren nicht durch das gleichzeitige und wiederholte Auftreten von UCS und neutralem Reiz. Ein Individuum kann bestimmte Dinge von sich aus zufällig tun und erhält bestimmte Reaktionen durch seine Umwelt. Diese Konsequenzen der Umwelt bewirken, daß angenehme Folgen auslösendes Verhalten das Individuum bestärkt, während Verhalten, das unangenehme Folgen auslöst, abgebaut wird. Demzufolge handelt es sich beim operanten Konditionieren um eine Verstärkungstheorie. Dabei können verschiedene Verstärkungsmechanismen wirksam werden, von denen für unsere Thematik v.a. die positive Verstärkung und die Bestrafung relevant sind.[12]

Ein zufällig gezeigtes Verhalten erhält ein positives Echo der Umwelt, wenn es erwünscht ist. Diese positive Verstärkung ist besonders wirksam. Der zweite Wirkungsmechanismus ist die Bestrafung, bei der unerwünschtem Verhalten unerwünschte Konsequenzen folgen.

Daß Nahrung eine Belohnung (positive Verstärkung) ist, weil es körperliches Wohlbefinden auslöst, kann jeder erkennen, der ein zufriedenes Baby an der Mutterbrust sieht.

Belohnungseffekte machen sich z.B. auch Fluggesellschaften zu eigen.[13] Bonbons zum Flugstart oder der kleine Imbiß zwischendurch lenken ab und belohnen durch oral angenehme Eindrücke. Der Fluggast wird sozusagen stillgelegt.

In diesem Zusammenhang merkt *Pudel* an, daß Nahrungsmittel, die verboten sind, für Kinder eine besondere Attraktivität besitzen. Auch *Köster* weist darauf hin, daß das, was uns verboten worden ist, besonders attraktiv zu sein scheint.[14] Eine Erklärung ließe sich bei Kindern wie folgt finden: Die elterliche Bestrafung bleibt "folgenlos", weil der "Genußeffekt" beim Verzehr (gustatorische Belohnung) größer ist als die erwartete Bestrafung. Zudem ist diese Belohnung zeitlich unmittelbarer als die elterliche Bestrafung.[15]

Die Bedeutung der Unmittelbarkeit zeigt sich sowohl bei der Kariesprophylaxe für Kinder als auch beim Ernährungsverhalten von Erwachsenen. Die Warnung, daß Süßigkeitenkonsum zu Karies oder aber zu Übergewicht führt (Bestrafung), ist so schwach, weil dieser Effekt sich erst nach langer Zeit einstellt. Die Lust beim Essen ist unmittelbar, Schädigungen sind jedoch nicht unmittelbar wahrzunehmen.[16] Die Unmittelbarkeit der Belohnung von langfristig gesundheitsschädlicher Ernährung ist viel stärker als jeder Hinweis auf das Faktum, daß an erster Stelle der Statistik für Todesursachen ernährungsbedingte Krankheiten stehen.[17]

Behavioristische Theorien können Verhaltensweisen nicht vollständig erklären. Denn sie nehmen an, daß ein bestimmtes Verhalten erst aufgetreten sein muß, um dann durch Reizkoppelung oder durch Verstärkung zu einer Erweiterung des Verhaltensrepertoires zu führen. Erst muß diesem Verhalten jedoch eine positive Konsequenz folgen, um gelernt zu werden.[18]

Behavioristische Theorien liefern auch keine Erklärung für den Fall, daß Verhaltensweisen nicht direkt auf das Modellverhalten folgen, sondern erst Tage später. Die Einschränkung besteht darin, daß Verhalten nur als gelernt angesehen wird, wenn es in der Reizsituation gezeigt und verstärkt worden ist. Lernen durch einfache Beobachtung gibt es demzufolge nicht. Jedoch wäre "Lernen ein außerordentlich mühsames Geschäft - vom Risiko ganz zu schweigen - wenn die Menschen als einzige Richtlinie für künftiges Tun nur die Auswirkungen ihres eigenen Handelns hätten".[19] Und dies gilt im Hinblick auf die Existenzbedrohung durch toxische Stoffe im besonderen für das Entstehen von Geschmackspräferenzen.

- **Sozial-kognitive Lerntheorie von *Bandura***

Die sozial-kognitive Lerntheorie von *Bandura* rückt die Fähigkeit des Menschen in den Vordergrund, im Gehirn symbolische Repräsentationen zu bilden.[20] Behavioristische Elemente werden in Form der Bekräftigung, der stellvertretenden und der Selbstbekräftigung berücksichtigt, doch ihr Schwerpunkt liegt auf gedanklichen Verarbeitungsprozessen. Der Umweltdeterminiertheit der Behavioristen wird etwas wesentliches hinzugefügt: Lernen als ein auch von innen, d.h. selbstgesteuerter Prozeß.

Der Lernende ist *Bandura* zufolge ein Betrachtender, der durch Beobachtung Verhaltensweisen speichert. Dies bereits ist Lernen, auch wenn noch kein Verhalten gezeigt worden ist. Gelernt wird, wenn ein Modell für den Betrachter von besonderer Bedeutung ist, also einen positiven Eindruck hinterläßt.

Das "Lernen am Modell" läßt sich durch vier kognitive Verarbeitungsprozesse seitens des Betrachters erklären: Aufmerksamkeitsprozeß, Behaltensprozeß, motorischer Reproduktionsprozeß und Motivationsprozeß.[21]

Die Aufmerksamkeit hängt von verschiedenen Faktoren ab. Sie wird v.a. beeinflußt von der sozialen Attraktivität des Modells und seinen Verhaltensweisen bzw. seiner Bedeutungsintensität für den Beobachter (affektive Valenz).[22] Der funktionale Wert des Verhaltens, aber auch die Deutlichkeit und Komplexität des Verhaltens des Modells steuern ebenfalls die Hinwendung der Aufmerksamkeit.

Das Verhalten wird sodann durch bildliche oder verbale Kodierung symbolisch gespeichert. Im motorischen Reproduktionsprozeß wird die Repräsentation in angemessene Handlungen umgesetzt (Zubereiten/Essen von bestimmten Lebensmitteln).

Die motivationalen Prozesse spielen für die Theorie des Lernens am Modell, die zwischen Lernen und Ausführung unterscheidet, eine entscheidende Rolle. Die schon erwähnten Bekräftigungen sind Anreize, ein bestimmtes bereits erlerntes Verhalten zu zeigen. Insofern kommt ihnen hier eine antezedente Bedeutung zu. Die antizipierten Konsequenzen des Tuns sind es, die uns zum Handeln anleiten.

Bandura unterscheidet zwischen drei Prozessen, die durch die Beobachtung in Gang gesetzt werden können: Nachahmung, abstraktes Modellieren und kreatives Modellieren.[23]

Bei der reinen **Nachahmung** kann die stellvertretende Belohnung des Modells maßgeblich sein. So kommt es z.B. zum ersten Kaffee-Genuß, wenn ein Kind seine Eltern beobachtet hat, wie sie sich genüßlich in den Sessel zurücklehnen und die angenehm beruhigende Wirkung des Kaffees preisen.

Beim **abstrakten Modellieren** werden aus verschiedenen beobachteten Verhaltensweisen abstrakte Regeln abgeleitet. Dies gewährleistet eine Anwendung bestimmter Verhaltensweisen auf unterschiedliche Situationen, denen aber das gleiche Prinzip zugrunde liegt. Ein Tourist wird in traditionell deutschen Gaststätten erfahren, daß es bestimmte Speiseprinzipien gibt: Er wird die sog. "Drei-Komponenten-Mittagsmahlzeit"[24] (Kartoffeln, Gemüse und Fleisch) kennenlernen. Wird er, zurück in seiner Heimat, um ein Beispiel deutscher Küche gebeten, kann er sagen, daß eine deutsche Mahlzeit aus diesen Komponenten besteht, egal welche Zubereitung oder welches Gemüse verwendet werden.

Beim **kreativen Modellieren** werden diese Wenn-Dann-Beziehungen individuell kombiniert, so daß neue Verhaltensmuster entstehen. Dies könnte z.B. für Produktinnovationsprozesse wichtig sein. Eine Umsetzungsmöglichkeit wäre gegeben, wenn, wie in einem Baukastensystem, verschiedene Lebensmittel und Gewürze angeboten werden, die dann mittels Werbung als individuell kombinierbar kommuniziert werden.

Als Beispiele können folgende Untersuchungsergebnisse betrachtet werden: *Duncker* und *Marinho* zeigen in ihren Studien, daß die Nahrungsmittelauswahl von Kindern beeinflußt wird, wenn sie Personen mit hohem Status beobachteten. Die Eßvorlieben des Helden einer Geschichte haben Auswirkungen auf die Nahrungsauswahl der kleinen Zuhörer. Des weiteren neigen jüngere Kinder dazu, Konsumverhalten von älteren zu imitieren.[25]

- **Implizites Lernen**

Nach der sozial-kognitiven Lerntheorie von *Bandura* entsteht der Eindruck, Lernen sei stets ein bewußter, kognitiver Prozeß. Die Mühsal eines immer bewußten und kontrollierbaren Lernens wäre aber genauso immens wie das Aneignen von Fähigkeiten durch die Konditionierung. Zudem gibt es Situationen, in denen Wissen präsent ist, wir es automatisch einsetzen, aber uns eigentlich nicht klar ist, wann wir es gelernt haben, wer es uns gelehrt hat und welche Regeln diesem Wissen zugrunde liegen. Diese Prozesse nennt man implizites Lernen.[26]

Davon abzugrenzen ist die Automation bestimmter Verhaltensweisen. Verhalten kann kognitiv gelernt werden und dann quasi ohne bewußte Willensanstrengung auftreten. *Lewicki* verweist auf den Autofahrer, der das Steuern eines PKW erst mühsam durch Beobachtung und Übung erlernt und schließlich an etwas anderes denken kann, während er schaltet und lenkt.[27]

So wäre es möglich, daß Geschmackspräferenzen z.B. über das Beobachten eines attraktiven Modells bewußt gelernt werden und später automatisiert auftreten. Zum Beispiel gilt Kaffee als Symbol für Erwachsensein und die Welt der Arbeit. Sehen Kinder in Eltern/Erwachsenen attraktive, nachahmenswerte Modelle, so wird später Kaffee-Mögen und -Trinken u.U. automatisiert. Man fragt sich nicht mehr, warum man sich eigentlich Kaffee kocht. Kaffee-Trinken gehört dann zu dem, was man einfach tut und (angeblich) auch braucht.

Es gibt jedoch vielerlei Verhaltensweisen, denen kein explizites Lernen zugrunde liegt. *Lewicki* nennt als Beispiel den Erwerb der Sprache: Wir wissen unsere eigene Sprache zwar richtig zu gebrauchen, wir können auch kleinste Fehler erkennen, jedoch sind wir i.d.R. überfordert, feinere grammatikalische Grundlagen zu nennen.

Die unbewußte Verarbeitung von Informationen ist abhängig von der Kovariationsbildung: Es werden Verbindungen zwischen verschiedenen Eigenschaften von Objekten gebildet. So existieren Mechanismen, die konkrete Erfahrungen unbewußt und unkontrollierbar in eine allgemeine Regel umformen.[28] Diese sog. "memory traces" können nicht bewußt gewechselt, überprüft oder kontrolliert werden.

Für *Lewicki* sind unbewußte Prozesse allgegenwärtig und direkt verantwortlich für verschiedenste kognitive Prozesse, die traditionell bewußt kontrollierten kognitiven Prozessen wie Urteilen, Folgerungen oder Bewertungen zugeordnet werden.[29] Vielleicht ließe sich so erklären, warum deskriptive Geschmacks- und Geruchstests mit normalen Verbrauchern keine verwertbaren Ergebnisse ergeben. Die Testpersonen können zwar sagen, daß etwas nicht gut schmeckt, und sie haben vielleicht auch gelernt, welche Kompositionen und Mengeneinheiten nicht harmonieren. Es fehlt ihnen jedoch der kognitive Zugang, dies präzise zu beschreiben. Deskriptive Geschmacks- und Geruchspanels weisen hingegen den Vorteil auf, daß Vokabular und zugehörige Geschmackseindrücke explizit erlernt werden und daß das vorhandene Wissen so bewußt und erreichbar wird.[30]

Perrig et al. beschäftigen sich mit dem unbewußten Lernen in verschiedenen Sinnesmodalitäten.[31] Die zentrale Aufgabenstellung ist es, die charakteristischen Merkmale einer automatischen und unbewußten Verarbeitung von Informationen in jeder Sinnesmodalität nachzuweisen. Um die impliziten Effekte zu untersuchen, bedient man sich indirekter (impliziter) Gedächtnistests. Diese beinhalten Aufgabenstellungen, die bestimmte Auswirkungen von Beeinflussungen aus einer Vorphase messen, ohne daß der Proband sich dessen bewußt ist.[32]

Der Nachweis impliziter Effekte ist *Perrig et al.* und anderen Forschern v.a. für das visuelle und auditive Sinnessystem, aber auch für den Tastsinn, die Motorik und den Geruchssinn gelungen.[33] Für den Geschmacksbereich liegen bisher noch keine Untersuchungsergebnisse vor. Aufgrund des Zusammenhangs zwischen Geruchs- und Geschmackssinn seien hier in gebotener Kürze einige Ergebnisse aus der Erforschung des Geruchssinns referiert.

Daß die Erforschung unbewußter Lernprozesse kein sinnloses Unterfangen darstellt, haben z.B. *van Toller et al.* gezeigt.[34] Patienten, die den Geruchssinn verloren haben, können bestimmte Substanzen zwar nicht erkennen, sie reagieren auf diese Substanzen jedoch mit Veränderungen des Hautwiderstandes. Da der Geruch nicht bewußt aufgenommen wird, können keine anderen (z.B. sprachlichen oder bildhaften) als "olfaktorische Spuren"[35] vorliegen.

Wippich et al. verweisen auf Überblicke von *Shimamura* und *Parkin*. Nach ihren Studien erbringen amnestische Patienten mit hirnorganischen Schädigungen bei impliziten Verfahren normale Leistungen.[36]

Unterschiede zwischen impliziten und expliziten Lernleistungen sind aber auch für gesunde Menschen nachweisbar. *Perrig et al.* berichten von einem Versuch, anhand von Präferenzurteilen zu zeigen, daß "alte" Gerüche in der Testphase neuen Gerüchen signifikant vorgezogen werden.[37] Dieses "**mere-**

exposure"-Phänomen ist bereits bei indirekten Tests im visuellen und akustischen Bereich nachgewiesen worden, in denen bewußte Erinnerungen an vorher dargebotene Stimuli nicht möglich gewesen sind. Bei der Untersuchung, in der mit gemeinhin als angenehm erlebten Gerüchen gearbeitet wird, kann nachgewiesen werden, daß in 60% aller Urteile schon einmal gerochene Substanzen neuen Gerüchen vorgezogen werden. Versuchspersonen, die in der ersten Versuchsphase lediglich den Namen der Gerüche kennen, weisen hingegen nur in 48% der Fälle Präferenzen für Gerüche auf, deren Namen sie schon zuvor erfahren haben. Dieser unbewußte Wiederholungseffekt läßt sich gemäß *Perrig et al.* demnach mit sensorischen Vorerfahrungen erklären.

In einem weiteren Test kann über die ermittelten Reaktionszeiten der Probanden gezeigt werden, daß "alte" Gerüche im Vergleich zu neu präsentierten Gerüchen signifikant schneller beurteilt werden. Wenn dennoch in den Untersuchungen bewußte Wiedererkennungsleistungen der Probanden festzustellen sind, haben *Perrig et al.* "keinerlei Anhaltspunkte dafür, daß die indirekten Behaltenseffekte auf bestimmte Strategien oder gar auf einen "bewußten Zugriff auf Vergangenes" zurückgehen".[38]

Die wenigen referierten Ergebnisse sollen genügen, um darzustellen, daß auch in der komplexen Sinnesmodalität "Geruch" implizite Lerneffekte zu existieren scheinen.

2.2. Geschmackspräferenzen als Resultat von Einstellungen und Reaktanz

Soziale Prozesse sind für die Bildung von Geschmacksvorlieben von großer Bedeutung. Dabei spielen einzelne Personen bzw. Bezugsgruppen nicht nur die Rolle von Modellen. Sie sind auch Personen, deren (vermeintliche) Einstellungen für die Bildung von Geschmackspräferenzen zählen. Den Verboten der einen Bezugsgruppe (z.B. der Eltern) stehen die Einstellungen vielleicht wichtigerer Bezugsgruppen (z.B. der Freunde) entgegen.

Die **Theorie des vernünftigen Handelns** von *Fishbein* und *Ajzen* bietet eine Möglichkeit, die Bildung von Geschmackspräferenzen durch Einstellungsprozesse zu erklären. Sie soll an einem Beispiel verdeutlicht werden. Angenommen, ein Jugendlicher möchte unbedingt seine erste Zigarette rauchen. Die Erwartung eines bestimmten Geschmackserlebnisses und die Bewertung der gustatorischen (physiologischen) Konsequenzen (angenehm) führen zu einer bestimmten, hier positiven, Verhaltensdisposition. Den Gegenpol bildet die subjektive Norm. Sie beeinflußt ebenfalls die

Verhaltensabsicht. Bei der "subjektiven Norm" handelt es sich um angenommene Verhaltenswünsche anderer und um die Motivation, diesen Wünschen gerecht zu werden (die Eltern wollen nicht, daß die Zigarette geraucht wird). Stehen die Komponenten im Gegensatz zueinander, kommt es über die subjektive Bewertung der Wichtigkeit dieser beiden Komponenten zu einer Verhaltensabsicht.

Wird die individuelle Einstellung als dominierend erlebt oder existieren andere Bezugspersonen (z.B. eine Clique), deren Wünschen man noch mehr entsprechen möchte, kommt es zu einer einstellungskonformen Verhaltensabsicht. Stellen sich dem Verhalten auch keine unüberwindbaren Hindernisse in den Weg (Zigaretten lassen sich ohne Probleme beschaffen), ist anzunehmen, daß die nächstbeste Situation zum Konsum der Zigarette führt.[39]

Eine weitere Erklärungsmöglichkeit für die Tatsache, daß verbotene Speisen oft die attraktiveren zu sein scheinen, bietet die **Reaktanztheorie** von *Brehm*.[40] Kurz wird durch sie die Idee der erlebten Freiheit, des erlebten Handlungsspielraums in einer Situation beschrieben. Wird der wahrgenommene Spielraum als zu eng empfunden, kann es zu Reaktionen kommen, die sich gegen die situationalen Erfordernisse richten. Dies kann dazu führen, daß der Situation angemessene Absichten zugunsten der Befreiung zurückgestellt werden.

Dieser Erklärungsansatz läßt sich gerade im Zusammenhang mit Jugendlichen gut darstellen. Pubertät bzw. Adoleszenz sind Lebensperioden, in denen verstärkt der Wunsch nach Autonomie und Selbstbestimmung auftritt. Werden Konsumgüter verboten, wird dies als Minderung der Selbstbestimmung, als Reduzierung des empfundenen Freiheitsgrades erlebt. Dies löst wiederum Reaktionen aus, die diese Einschränkung reduzieren helfen. Unter Umständen wird dabei genau das Verhalten provoziert, das unterdrückt werden sollte (z.B. Rauchen, Alkoholkonsum).

2.3. Ergänzende sozialpsychologische Ansätze

Nach *Rozin* wird die Akzeptanz und die Zurückweisung von Lebensmitteln durch folgende Faktoren beeinflußt:[41]

1. Sensorisch affektive Faktoren: Etwas wird aufgrund des individuell wahrgenommenen Geschmacks, Geruchs oder Aussehens zurückgewiesen.

2. Vorweggenommene Konsequenzen: Hier spielt die Einstellung eine Rolle, daß das Essen bestimmte der Gesundheit, dem Aussehen oder dem sozialen Status zu- oder abträgliche Konsequenzen hat.

3. Vorstellungs-, wissens-, bedeutungsbezogene Faktoren: Manche Speisen werden vor allem aufgrund ihrer Herkunft, ihrer symbolischen Bedeutung oder ihres einfachen "Soseins" miß- oder geachtet. [42]

Im Falle des Abscheus handelt es sich fast ausschließlich um einen soziokulturell erlernten Mechanismus[43], der im Alter zwischen sieben und acht Jahren voll in Erscheinung tritt, sich weitestgehend auf Objekte animalischen Ursprungs und immer auf Fäkalien bezieht. Beeinflußt wird diese Entwicklung (speziell bei Fäkalien) durch frühkindliche Erfahrungen bei der Hygieneerziehung der Eltern und ihren verbalen wie nonverbalen Mißfallensäußerungen (negative Verstärker). Nach vollendeter Hygieneerziehung ist höchstwahrscheinlich in jedem Kind der Grundstock für späteren Abscheu gelegt, was sich oft in einer sofortigen Rückweisung dieser Substanz nach dieser Periode erkennen läßt. Diese Reaktion findet später Anwendung auf alle Substanzen, die mit der zurückgewiesenen verbunden werden oder in einem direkten Zusammenhang stehen.

Nach *Rozin* lassen sich Geschmackspräferenzen bzw. -aversionen fast immer in eine der oben genannten Kategorien einordnen. Als Erklärungen dafür zieht er verschiedene Theorien heran.

Fortwährendes "Dem-Essen-Ausgesetztsein" führt nach der "**opponent process theory**" von *Solomon* im Falle des Nicht-Mögens zu einem gegenläufigen internalen Prozeß des Mögens.[44] Der Körper strebt nach einem hedonischen Gleichgewicht. Er will externale negativ-affektive Reize durch internal erzeugte, positive Empfindungen kompensieren. Diese Kraft wird immer größer, so daß es bei ständigem Ausgesetztsein zu einer erworbenen Geschmackspräferenz kommen kann.

Die Konsequenzen fortwährenden Ausgesetztseins beschreibt auch *Pudel* in einem Experiment mit Kindern sehr eindrucksvoll.[45] In einem Kindergarten werden in den Pausen von Hort zu Hort unterschiedlich abgeschmeckte Tofu-Quarks an die Kinder verteilt. Jeder Hort bekommt jeweils nur eine Geschmacksrichtung wie Erdbeer, Schokolade, Vanille oder Banane gereicht. Nach einiger Zeit wird allen Kindern dann in der Pause ein Buffet mit allen Sorten angeboten. Es zeigt sich, daß die Kinder die Chance zur Abwechslung nicht nutzen: Sie bevorzugen auch weiterhin die Geschmacksrichtung, die sie seit Wochen schon gegessen haben. *Pudel* kommt für Kinder zu dem Schluß: Was häufig gegessen wird, wird auch gerne gegessen! Er weist jedoch auch darauf hin, daß für Erwachsene ein gegenteiliger Effekt zu verzeichnen ist. Es ist die Abwechslung, die die Präferenzen stärkt.

Ein Leibgericht bleibt nur solange ein Leibgericht, solange es knapp gehalten wird. Für Kinder, die klare, eindeutige Geschmackserlebnisse vorziehen, ist die Abwechslung jedoch mit dem Risiko des Unbekannten verbunden.[46]

Pudel weist in diesem Zusammenhang auf den "mere-exposure-effect" hin. Der gute Geschmack ist danach immer ein bekannter Geschmack. Fremde und unbekannte Früchte schmecken erst, wenn man entdeckt, daß sie etwas Bekanntem ähneln. *Pudel* führt hier das Beispiel des Granatapfels an. Sobald man z.B. entdeckt, daß er an Johannisbeeren erinnert, ist die Fremdheit verschwunden, und der Geschmack wird akzeptiert.

Nach der **"self-perception-theory"** von *Bem* sucht ein Individuum ständig nach Erklärungen für sein Verhalten, um sich in einem inneren Gleichgewicht zu befinden.[47] *Bem* unterteilt Ansatzpunkte für diese Erklärungen in extrinsische (äußere) und intrinsische (innere) Faktoren. Gibt es äußerliche Gründe, etwas Bestimmtes zu essen, ist es nicht nötig, eine innere Erklärung zu finden. Ist z.B. eine Nahrung sehr gesund, müßte ein Individuum sich folglich nicht bemühen, das Nahrungsmittel gern zu essen. Ist dies jedoch nicht gegeben, werden Erklärungen in sich selbst gesucht. Um das kognitive Ungleichgewicht zu beseitigen, beginnt das Individuum als Ausgleich, das Gegessene als "von innen heraus", also als wünschenswert zu beurteilen.

Mit Hilfe des **"overjustification effects"** geht *Lepper* noch einen Schritt weiter.[48] Gibt es nämlich äußere Gründe, etwas zu essen, kann sogar eine Reduktion des bereits vorhandenen Mögens erfolgen.

In einer anderen Studie wurde direkt mit der Theorie der kognitiven Dissonanz von *Festinger* gearbeitet.[49] In einem Experiment mußten die Probanden Grashüpfer verspeisen. Es zeigt sich, daß sich die gustatorische Einschätzung von zu verspeisenden Grashüpfern bei fehlenden äußeren Begründungsmöglichkeiten für das Eßverhalten verbessert. Dies läßt sich darauf zurückführen, daß die Personen sich in einem dissonanten Zustand befinden, der nach einer Konsonanz erzeugenden Erklärung für das Verhalten verlangt. Das hinzugefügte kognitive Element war das des "Garnicht-so-schlecht-Schmeckens".[50]

3. Einflüsse auf die Bildung von Geschmackspräferenzen

3.1. Intrapersonale Einflüsse

Die bisherigen Ergebnisse haben gezeigt, daß das Essen bestimmter Speisen keineswegs natürlicherweise vorgegeben ist. Dem Erwerb von Geschmackspräferenzen liegen vielmehr die unterschiedlichsten sozialen Lernprozesse und altersabhängigen physiologischen Faktoren zugrunde. Geschmackspräferenzen entwickeln sich in fortwährender Wechselwirkung zwischen dem Individuum und seiner sozialen Umgebung.

Ein erster Aspekt, der in diesem Beitrag allerdings nur angerissen werden soll, befaßt sich mit möglichen systematischen Zusammenhängen zwischen individuellen Charakterzügen und Eßvorlieben.

Kamenetzky und *Schutz* berichten von Versuchsergebnissen, bei denen Charakterzüge wie Dominanz und Geselligkeit mit allen untersuchten Eßkategorien korrelieren.[51] Z.B. hängt die Präferenz für Fleisch mit den Charakterzügen der Dominanz, der Stabilität und der Geselligkeit zusammen. Nachdenklichkeit korreliert mit Gemüsepräferenzen sowie Ablehnung von stärkehaltigen Produkten. Dominante Persönlicheiten zeigen besondere Präferenzen für Desserts.

Nach einer Studie von *Murray* und *Watson* lehnen introvertierte Menschen mehr Speisen ab als extrovertierte.[52]

Stone und *Pangborn* kommen in ihrer Untersuchung zu dem Ergebnis, daß Menschen, die ihren Gesundheitszustand als vom Schicksal gegeben ansehen, einen konstant größeren Salzgehalt in Brühe vorziehen als Individuen, die ihre Gesundheit als selbstbestimmbar betrachten.[53]

Wolowitz differenziert Probanden nach einem Konstrukt oraler Aggressivität.[54] Danach haben oral aggressive Menschen stärkere Vorlieben für Nahrungsmittel, die zu beißen sind, während oral passive Menschen eher Saug- und Lutschbares vorziehen.

Im folgenden werden drei interessante Ansätze zur Erklärung spezieller Geschmacksvorlieben dargestellt: der "sweet tooth", das "sensation seeking" und das "food craving".

● **"sweet tooth"**

Conner und *Booth* untersuchen die Bevorzugung von "lime drinks" (Limonensaft) mit unterschiedlicher Zuckerkonzentration, das Auswahlverhalten bei süßen und nicht süßen Speisen sowie die Gewohnheiten des Süßens beim Tee- oder Kaffeetrinken.[55] Sie konzentrieren sich dabei auf die Fragestellung, ob es einen sog. universalen "sweet tooth" gibt. Hiermit ist gemeint, daß Menschen, die generell ihr Essen stärker gesüßt mögen als andere, auch süßes Essen nicht-süßem Essen vorziehen. Nachdem die Probanden verschiedene Konzentrationen von "lime drinks" getestet haben, wird ihnen ein Fragebogen mit süßen und nicht-süßen Alternativen auf der Basis typischer Eß- und Trinksituationen in England vorgelegt. Gefragt wird z.B. nach Präferenzen für Rohkost (Sellerie oder Karotten) im Rahmen eines leichten "lunch". Als "hors d'oeuvres" stehen Tomaten- oder Orangensaft zur Auswahl. Beim Dessert kann zwischen einer Käseplatte mit Crackern und einer Auswahl an unterschiedlichen Kuchen und süßen Desserts gewählt werden. Unter der Annahme, in einem Café zu sitzen, wird nach dem Auswahlverhalten zwischen kalter Milch und einem aromatisierten Milk-shake gefragt. Hinsichtlich der Situation, einen leichten Durst zu verspüren, können die Probanden sich zwischen Sodawasser, Tonic oder Limonade entscheiden. Als letztes wird nach der Bevorzugung von Brot mit Margarine, Brot mit Margarine und Honig und Schokoladenaufstrich gefragt. Zusätzlich wird das Nachsüß-Verhalten bei Tee und Kaffee festgestellt. Gewicht, Größe, Alter und Geschlecht werden ebenfalls ermittelt.

Die vorliegenden Ergebnisse deuten darauf hin, daß es dieses "Naschkatzen-Phänomen" gibt und daß es gerade die süßen Zwischenmahlzeiten und Snacks am Ende von Mahlzeiten sind, die von "Naschkatzen" bevorzugt werden.[56]

Dieser "sweet tooth" läßt sich allerdings nicht auf alle süßen Speisen übertragen. Diejenigen Probanden, die ein süßeres Getränk bevorzugen, ziehen auch im Fragebogen süße Speisen nicht-süßen Speisen vor, allerdings nicht bezüglich des Wahlverhaltens bei Gemüse- und Obstsorten. Ein Zusammenhang ergibt sich ebenfalls zwischen dem präferierten Zuckerniveau in den kalten und den warmen Getränken. Die Süße der heißen Getränke korreliert wiederum mit dem Wahlverhalten bei allen süßen Speisen, außer bei Gemüse und Früchten. Der "snacking sweet tooth" scheint sich also auch auf heiße Getränke zu erstrecken. Es zeigt sich auch, daß die Naschkatzen toleranter gegenüber Unter- und auch Überschreitungen des Zuckerniveaus sind als ihre Kontrahenten.

Der Studie zufolge hängt die Präferenz für süße Nahrungs- und Genußmittel auch vom Geschlecht und vom Alter ab. Männliche und jüngere Probanden haben eine größere Präferenz für Süßes als weibliche und ältere Probanden. Allerdings kann dies nicht für alle Speisen festgestellt werden. Eine Erklärung wird darin gesehen, daß Frauen traditionell mehr Informationen über die aus dem Süßkonsum resultierenden Probleme ausgesetzt sind und sich mehr für ernährungsbezogene Informationen interessieren.[57]

Logue und *Smith* finden heraus, daß Frauen kalorienarme Speisen wie z.B. Hühnchen-, Truthahnfleisch oder Früchte, Gemüse und Wein stärker bevorzugen als Männer.[58] Dennoch zeigt sich eine Tendenz der Probandinnen zu einer größeren Beliebtheit von Zuckerprodukten ("candy"). Für die Männer läßt sich eine stärkere Präferenz für deftigere Nahrungsmittel nachweisen: Bier, Fleisch und gewürzte Speisen. Auch Milch wird von ihnen stärker bevorzugt. *Logue* und *Smith* weisen darauf hin, daß Frauen von den getesteten Speisen weniger zurückweisen als Männer.

In einer anderen Studie können *Alley* und *Burroughs* hingegen keinerlei geschlechtsbedingte Unterschiede im Süßverbrauch feststellen.[59] Ihrer Meinung nach ist dies jedoch im Hinblick auf die sehr unterschiedlichen, zum Teil gegensätzlichen Ergebnisse nicht verwunderlich.[60]

- **"sensation seeking"**

Nach der Idee des "sensation-seeking"[61] kann mittels eines speziell ausgearbeiteten Fragebogens nachgewiesen werden, daß bestimmte Menschen ungewöhnliche und neue Erfahrungen suchen. *Kish* und *Donnenworth* zeigen, daß Individuen, die diesem Typus entsprechen, würzige, saure und knusprige Speisen milden, süßen und zarten vorziehen.[62] Es zeigte sich auch in einer anderen Studie, daß sog. Gourmets auf diesem Fragebogen höhere Werte erzielten als Vegetarier.[63] Geht man davon aus, daß Gourmets dazu tendieren, eine größere Vielfalt und würziger zu essen als dies Vegetarier tun, entsprechen sich die Ergebnisse.[64]

Im Fall des Chilipfeffers weist *Rozin* ebenfalls auf diese Art eines gutartigen Masochismus hin.[65] Nach anfänglichen Aversionen hinsichtlich der Reaktion auf Chili kommen die Menschen einheitlich zu der Meinung, daß gerade das Brennen ihnen sehr gefällt und es den Geschmack erhöht. Objektiv ist dies höchst zweifelhaft und hängt eher mit dem Aroma des Chilis und dem vermehrten Speichelfluß zusammen. Interessanterweise wird der Geschmack von Chili ohne die Schärfe von den Mexikanern gar nicht mehr gemocht.

Auch *Logue* und *Smith* haben das "sensation-seeking" in ihrer Studie untersucht.[66] Sie stellen fest, daß "sensation seekers" vor allem solche Speisen vorziehen, die den Ruf haben, häufiger Krankheiten hervorzurufen. Hierzu zählen z.B. Alkohol oder Schalentiere. Ebenso könnten die Präferenzen für Speisen, die ungewohnte Gewürze enthalten, mit dem "sensation-seeking" erklärt werden. Milde und süße Speisen werden von den "sensation-seekers" weniger vorgezogen. Als Begründung für die Präferenzen wird im Gegensatz zu anderen Studien nicht die Textur der Speisen, sondern ihr Geschmack genannt.

Alley und *Burroughs* haben nachgewiesen, daß Männer eine stärkere Präferenz für gewürzte und scharfe Speisen, Schalentiere und insbesondere Fischgerichte haben als Frauen.[67] Männer sind auch eher gewillt, neues Essen auszuprobieren, und sie bevorzugen neues und ungewöhnliches Essen dann auch stärker als Frauen. Die höheren Präferenzwerte der Frauen für Gemüse und Yoghurt erklären die Autoren mit dem größeren Interesse der Frauen an Körpergewicht und Erscheinungsbild.

Im Einklang mit anderen Studien zeigt auch diese Studie, daß Männer weniger Nahrungsmittel zurückweisen bzw. auch weniger Aversionen gegen Speisen haben als Frauen. Dies steht zwar im Kontrast zur Studie von *Logue* und *Smith*.[68] *Alley* und *Burroughs* verweisen jedoch auf einen methodischen Unterschied: Während *Logue und Smith* als Stimuli "normale" Speisen verwenden, wird in ihrer Studie mit eher ungewöhnlichen Nahrungsmitteln gearbeitet.[69]

- **"food craving"**

Ein weiterer in der Literatur behandelter Aspekt zur Erklärung von Geschmackspräferenzen ist das Konstrukt des "food craving" (Heißhunger, Eßsehnsucht). Es handelt sich dabei um "a distinct state characterized by an intense urge to obtain a substance".[70] Obwohl nicht klar ist, ab welcher Stärke ein "craving" vorliegt und wie dies gemessen werden soll, erfreut sich dieser Begriff großer Beliebtheit.[71]

Das Konzept des **"cravings"** hat bisher vor allem in der Wissenschaft über verschiedene Formen von Abhängigkeiten (Alkohol und Zigaretten) Verwendung gefunden, wird aber auch im Ernährungsbereich zunehmend aufgegriffen. So existieren Untersuchungen sowohl im Zusammenhang mit Alkoholabhängigen oder Nikotinsüchtigen als auch mit Übergewichtigen und Bulimikern. In verschiedenen Studien geben 43-97% der befragten Personen an, das "food craving" zu kennen.[72]

Zwei Gründe erklären das Auftreten dieser Eßsehnsucht: Zum einen kann sie durch Abstinenz oder auch aufgrund verringerter Aufnahmemöglichkeiten (z.B. Diäten) entstehen. Zum anderen kann das "craving" dadurch hervorgerufen werden, daß man bestimmten Ereignissen, Objekten oder Substanzen ausgesetzt ist, die mit der ersehnten Substanz in Zusammenhang gebracht werden. Bei letzterem spielen demnach Assoziationen und Erwartungen eine große Rolle. Ein Beispiel: Das "craving" nach Zigaretten kann zu den Tageszeiten am größten sein, zu denen der Zigarettenkonsum früher am größten war.

Befriedigungsmöglichkeiten des "cravings" könnten darin liegen, daß die gewünschte Substanz ein bestimmtes neurochemisches System anspricht und es so zu einer Auflösung des "cravings" kommt. Auch eine andere Substanz, die das gleiche System anspricht, löst das "craving" auf.[73] Zum anderen sollen es die sensorischen Effekte sein, die das "craving" verringern. In Studien mit Rauchern hat man herausgefunden, daß unabhängig vom Nikotingehalt das "craving" abnimmt, wenn es zur Empfindung von Rauch in der Kehle kommt. Der Ersatz von Zigaretten durch Nikotinkaugummi ergibt hingegen keine Verringerung des "cravings", obwohl der Nikotin-Level gehalten wird.[74]

In der Literatur werden Zusammenhänge zwischen dem Menstruationszyklus von Frauen und dem "craving" für Süßigkeiten, speziell auch für Schokolade, berichtet. Ebenso können bei schwangeren Frauen "cravings" für Früchte, Fruchtsäfte sowie für Eis und andere Milchprodukte nachgewiesen werden. Untersuchungen über das "craving" stellen Zusammenhänge zwischen der Lust auf Kohlenhydrate und der Verbesserung depressiver Zustände fest. Gerade das "chocolate-craving" kann jedoch nicht nur auf depressive Verstimmungen zurückgeführt werden.[75]

Eines der rätselhaftesten "cravings" ist die Lust, eigentlich nicht eßbare Substanzen zu essen (sog. Pica). Dies ist um so rätselhafter, als durch dieses Verhalten Gesundheitsschäden hervorgerufen werden können. Studien in den fünfziger und sechziger Jahren haben gezeigt, daß im ländlichen Georgia schwarze schwangere Frauen *Lehm* aßen.[76] Diese Vorliebe breitete sich später auf andere Gebiete aus. Eine Untersuchung in einer Geburtenklinik (Harlem Hospital) ergab, daß die am häufigsten ersehnte Substanz während der Schwangerschaft Stärke war, die als Substitut für Lehm genutzt wurde. Auch bei Kindern konnten diese Effekte z.B. beim Einverleiben von bleihaltiger Farbe und Mörtel festgestellt werden. Dennoch bleibt unklar, ob diesem Essen nicht-eßbarer Substanzen ein "craving" für diese Substanzen vorausgeht.[77]

Die Ergebnisse zeigen, daß sowohl pharmakologische oder physiologische Effekte als auch psychologische und umfeldbezogene Faktoren hier gemeinsam eine Rolle spielen. Die Ursachen für das "craving" können demnach nicht allein in einem körperlichen Bedürfnis gesehen werden.[78] "The roles of learning and expectations in eliciting cravings are consistent with the important contribution of these processes in other aspects of drug seeking and food-seeking behaviour".[79]

Die am häufigsten von Männern und Frauen genannte Substanz des "cravings" ist Schokolade. Frauen vermuten die Ursache für das "craving" in der Fernsehwerbung, in der Langeweile oder im Streß. Einige Frauen sehen auch einen Zusammenhang mit der Zeit direkt vor ihrer Menstruation. Männer ordnen es meistens irgendwelchen Hungergefühlen zu.[80] Wird nach dem Grund für das Verlangen von Schokolade gefragt, so ergibt sich als Hauptursache die sensorische Empfindung des "Sich-Auflösens" im Mund.

Interessanterweise gibt es zwar für die meisten Objekte des "cravings" Substitute, jedoch sind diese nicht immer geschmacklich gleichen Qualitäten zuzuordnen.[81]

3.2. Familiäre Einflüsse

Es gibt grundsätzlich zwei Möglichkeiten der Beeinflussung von Geschmackspräferenzen durch die Familie: Erstens könnten miteinander verwandte Menschen aufgrund ähnlicher Genkonstellationen gleiche oder ähnliche Geschmäcker aufweisen. Zweitens könnte die Familie als enge Bezugsgruppe Einfluß auf die Bildung von Geschmackspräferenzen haben.

So führt *Rozin* eine Befragung eineiiger und zweieiiger Zwillinge durch. Die Hypothese ist, daß, wenn irgendein genetischer Zusammenhang bestünde, die eineiigen Zwillinge sich im Hinblick auf ihre Geschmackspräferenzen signifikant ähnlicher sein müßten. Es bestünden aber eindeutig genetische Determinanten für die Geschmacksempfindlichkeit, für gewisse Stoffwechselprozesse und weitere personenspezifische Charakteristika wie z. B. Variationsbedürfnis, Suche nach bestimmten Empfindungen etc. Gegen eine genetische Determiniertheit spricht seiner Meinung nach jedoch, daß Säuger und insbesondere Menschen lernen müssen, was eßbar ist und was nicht.[82]

Es werden Fragen zu Vorlieben für bestimmte Nahrungsmittel gestellt, bei denen *Rozin* in einer anderen Studie große Beliebtheitsunterschiede festgestellt hat. Weitere Fragen betreffen den Grad der Erregbarkeit von Ekel und die Häufigkeit des Konsums von 24 verschiedenen Suppen innerhalb des letzten Jahres.

Es läßt sich kein signifikanter Unterschied der Geschmackspräferenzen zwischen den eineiigen und den zweieiigen Zwillingen feststellen. Nur bei Chilipfeffer kann *Rozin* einen signifikanten Unterschied zwischen den Zwillingspaarungen erkennen. Dies könnte aber seiner Meinung nach auch mit der genetisch bedingten Suche nach bestimmten Empfindungen oder dem Grad der Lust nach Variabilität zu tun haben. Auch die Ekelerregung scheint eher kulturell antrainiert als genetisch vorbedingt zu sein.[83]

Barthoshuk weist auf eine genetisch bedingte Geschmacksblindheit bzw. geminderte Geschmackssensibilität für gewisse süße (z.B. Sukrose) und bittere Stoffe (z.B. Koffein) hin. Die (teilweise) Geschmacksblinden weisen für dieses Charakteristikum zwei rezessive Gene auf.[84]

Pudel beschreibt ein Experiment aus den zwanziger Jahren, bei dem ein Baby aus einer Vielzahl von Nahrungsmitteln wählen durfte.[85] Es zeigt sich, daß das neun Monate alte Kind diejenigen Nahrungsmittel aussucht, die seinem Nährstoffbedürfnis entsprechen. Eine grundsätzliche Kompetenz zur ausgewogenen und bedarfsgerechten Ernährung erscheint demnach angeboren. Durch Sozialisationsprozesse wird diese Fähigkeit im positiven wie im negativen weiterentwickelt.

Wenn insgesamt der genetische Zusammenhang nur als sehr gering angesehen werden kann, so läßt sich noch anfügen, daß es sicher eine angeborene Bevorzugung von Süßspeisen und eine Aversion oder Neutralität gegenüber sauren, salzigen und bitteren Substanzen gibt, ohne daß schon irgendwelche Lernprozesse in Gang gesetzt worden sind.[86]

Um den Einfluß von Sozialisationsprozessen bei der Entstehung von Geschmackspräferenzen zu messen, untersucht *Logue* Kinder, die zusammen mit ihren Geschwistern und Eltern zu Hause leben, hinsichtlich ihrer Nahrungsmittelpräferenzen.[87] Bei einer annähernd gleichgeschlechtlichen Verteilung der Kinder werden familiäre Geschmacksähnlichkeiten an sechs verschiedenen Verwandtschaftsbeziehungen getestet: Mutter-Vater, Mutter-Proband, Vater-Proband, Mutter-Geschwister, Vater-Geschwister und Proband-Geschwister. Es werden nur die nach dem Alter nächstliegenden Geschwister in die Auswertung miteinbezogen.

Nach den Ergebnissen dieser Studie korreliert die Mutter-Proband-Beziehung am stärksten, wohingegen sich bei der Vater-Proband-Beziehung kaum gemeinsame Geschmackspräferenzen feststellen lassen. Vor allem bei Gewürzpräferenzen und Früchten können signifikante Korrelationen bei den Geschmackspräferenzen festgestellt werden, wobei es allerdings geschlechtsspezifische Unterschiede gibt. Besonders stark sind die Zusammenhänge zwischen Schwester-Probandin, Mutter-Probandin und Schwester-Mutter. Hingegen erweisen sich die Geschmacksgleichheiten zwischen den Geschlechtern als sehr gering.

Logue sieht eine mögliche Erklärung dieser familiären Beeinflussung zwischen den weiblichen Mitgliedern darin, daß Frauen eher bereit sind, äußere Beeinflussungen zuzugeben. Logue führt an, daß Frauen unbekümmerter imitieren oder andere beeinflussen und traditionell häufiger in die Vorbereitung der Mahlzeiten integriert werden.[88]

Erstaunlich bleibt jedoch, daß der Vater, obwohl er häufig die Wahl des Essens entscheidend mitbestimmt, nur sehr geringen Einfluß auf die Geschmackspräferenzen der Kinder hat.[89]

Pudel kommt ebenfalls zu sehr interessanten Ergebnissen.[90] Er untersucht in Deutschland 2900 Familien. Mütter, Väter und Kinder beantworten Fragen zu Eßvorlieben und Abneigungen. Es ergibt sich, daß die Kinder in ihren Abneigungen den Müttern sehr ähnlich sind. Dies gilt allerdings nicht für ihre Vorlieben! Während sich z.B. eine übereinstimmende Vorliebe für Äpfel nur in 8 von 100 Fällen ergibt, beträgt die Übereinstimmung bei den Abneigungen ca. 60%. Für Kotelett ergibt sich eine übereinstimmende Vorliebe-Quote von nur 10%, während 45% der Mütter und Kinder sich jedoch über ihre Abneigung einig sind. Auch bei Hähnchen gibt es eine gleiche Tendenz: 10% gemeinsamer Vorliebe stehen 55% gemeinsamer Abneigung gegenüber. Wird der Mutter, die die erste erfahrene Nahrungsquelle darstellt, bei der Negativselektion von Nahrungsmitteln hohe Bedeutung beigemessen? Unverträgliche Speisen aufzunehmen ist "gefährlich". Warum soll einer solchen Garantin nicht gefolgt werden? Dies würde erklären, warum sich diese Tendenz nur so schwach bei den Vorlieben zeigt. Wird das Nahrungsmittel von der Mutter nicht abgelehnt, ist es erst einmal auch nicht gefährlich. Die gustatorische Bewertung kann dann anhand anderer Regeln erfolgen. Deutlich wird, daß elterliche Einflüsse vorhanden sind, aber die Entstehung von Geschmackspräferenzen nicht vollständig erklären können.

Rozin weist auf das sogenannte **"family-paradox"**[91] hin. Danach ergeben sich kaum signifikante Gemeinsamkeiten zwischen den Nahrungsmittelvorlieben der einzelnen Familienmitglieder, obwohl es fast zwingend logisch erscheint, daß durch die gemeinsame kulturelle Umgebung und ein eingeschränktes Angebot (z.B. durch das Budget oder bestimmte Speisenpläne) Geschmacksgleichheiten der Eltern und Kinder entstehen. *Rozin* relativiert seine Ergebnisse aber: Kinder und junge Erwachsene, die sich noch in der Entwicklung ihrer Vorlieben befinden, können zeitweise auch völlig andere Geschmackspräferenzen haben. Insofern kann sich ein Vergleich erwachsener "Kinder" mit ihren Eltern als fruchtbarer erweisen.[92] *Rozin* vermutet eine größere Beeinflussung der Kinder durch andere Bezugspersonen wie Freunde, Lehrer oder Medien.[93] Er sieht eine weitere Erklärung in der geringen Vergleichbarkeit von Eltern und Kindern darin, daß häufig trotz der Korrelationen zwischen den beiden Elternteilen keine konkordanten Geschmackspräferenzen bestehen und es für ein Kind schwierig ist, diese teilweise widersprüchlichen Botschaften zu verarbeiten. *Rozin* meint aber auch, daß sich der größte Teil der Varianz nicht durch dieses Phänomen erklären läßt.[94]

Pliner und *Pelchat* befragen in ihrer Studie Mütter hinsichtlich ihrer persönlichen Geschmackspräferenzen, der ihrer Gatten und der ihrer Kinder. Es zeigt sich, daß - aus der Sicht der Mütter - die Kinder ihren Geschwistern erheblich ähnlicher sind als ihren Eltern. Dies gilt aber auch für die Geschmackspräferenzen der Kinder insgesamt, was darauf hinweist, daß es sich hierbei um einen Alterseffekt handeln kann. Außerdem wird dadurch *Rozins* These gestützt, daß familienexterne Einflüsse wie z.B. gleichaltrige Freunde auch eine große Rolle spielen.[95]

Daß der Gleichaltrigen-Effekt durchaus seine Berechtigung hat, beweist im übrigen auch ein Experiment von *Birch*, in dem ein Kind seine Geschmackspräferenzen augenscheinlich genau dann ändert, wenn es beim Essen von Kindern umgeben ist, die andere Geschmacksvorlieben haben.[96]

3.3. Kulturelle Einflüsse

Gesellschaften entwickeln (un)geschriebene Regeln über das, was man ißt, wie man es ißt und über das, was man nicht essen darf. Die Eßgewohnheiten können ein Kennzeichen verschiedener Schichten oder Zugehörigkeiten zu sozialen Gruppen sein. Es waren und sind so z.B. die erlesenen Geschmäcker, die die Möglichkeit bieten, sich von anderen Schichten abzugrenzen.

Ausgangspunkt für Veränderungen des Geschmacks in Europa war z.B. die Entdeckung orientalischer Gewürze. Pfeffer und östliche Gewürze bestimmten aufgrund ihres fernen Ursprungs weniger als Geschmacksverbesserer denn als Zeichen sozialen Wohlstands und als Prestigeobjekt die europäischen Eßgewohnheiten des 11. bis 17. Jh. Gewürze wurden zum Teil allein auf Gewürzplatten serviert oder dienten der Verfeinerung des Weines. Die Verwendung der Gewürze verwies weniger auf den differenzierten Geschmackssinn des Benutzers. So ist einem alten Haushaltsbuch für ein Essen mit vierzig Teilnehmern zu entnehmen: "... 1/2 Pfd. Zimt, ... 2 Pfd Zucker, ... 1/4 Pfd Gewürznelken ..., 1/8 Pfd. Muskat, 1/8 Pfd. Lorbeer ..."[97]. Die Quantität der Gewürze vermittelte den Eindruck von Macht und der gesellschaftlichen Stellung des Gastgebers. "Den Pfefferhandel beherrschen, das ist im 15. Jh. gleichbedeutend damit, den europäischen Geschmack und die für ihn bereitgestellten großen Gelder zu kommandieren".[98] Gewürze und ihre Geschmackseindrücke weckten Gefühle und Assoziationen ferner Länder. So erfreuten sie sich auch bald im Bürgertum wachsender Beliebtheit. Der Gewürzgeschmack verlor erst im 17. Jh. an Anziehungskraft. An seine Stelle traten langsam neue Genußmittel wie Kaffee, Tee, Schokolade und Zucker aus der eroberten Kolonialwelt.[99] Geschmack war auch hier ein Mittel, sich von anderen zu unterscheiden. Die Kolonialwaren gelangten zuerst in die oberen Schichten.

Im 18. Jh. wurde Kaffee jedoch nur noch vom Bürgertum getrunken und als der "große Ernüchterer" gepriesen.[100] Der Adel zog nun den Geschmack des Süßen in Form von Schokolade vor.[101]

Mit dem Entstehen der Grande Cuisine, der bürgerlichen Küche Frankreichs, die sich im Gegensatz zu der Haute Cuisine des Adels zu Zeiten der Französischen Revolution entwickelte, trat die Qualität des Geschmacks und des Geruchs als ein Eigenwert der Speisen hervor. [102] Im 19. Jh. setzten sich im Bürgertum endlich der Eigengeschmack und -geruch und deren unendliche Kombinationsmöglichkeiten in der Kochkunst durch. Es entstand die Cuisine Moderne, die sich auch auf die sozialen Veränderungen wie z.B. die verkürzten Essenszeiten einstellte. Erst Anfang des 20. Jh. konnten mit Hilfe der Nouvelle Cuisine und der Cuisine de Liberté Geschmackstypen auch willkürlich miteinander kombiniert werden, und traditionelle Rezepturen wurden nicht mehr per se vorgeschrieben. [103]

Studien aus verschiedenen Ländern vermitteln auch heute noch ein Bild der sozialen Bedeutung von Essen. Essen spielt die Rolle von etwas Zwischenmenschlich-Verbindendem oder auch -Trennendem: Der Glaube, daß ein Mensch beim Essen die Eigenschaften der Person, die das Essen zubereitet hat, annimmt, ist in den unterschiedlichsten Kulturen weit verbreitet. *Rozin* bezeichnet dies als "You are what you eat."[104]

In Indien kommt dem Essen und seiner Zubereitung eine tiefe religiöse, statuserklärende und moralische Bedeutung zu: Essen von einer geachteten Person zubereitet zu wissen oder es mit ihr zu teilen, hat eine zutiefst bindende Wirkung, und Zurückweisung hat den Aufbau großer Distanz zur Folge. *Marriott* wies 1968 nach, daß das ganze indisch-hinduistische Kastensystem sich leicht darin wiederfinden läßt, wer von wem und was essen darf. Selbst die hinduistische Familienhierarchie enthält Regeln, die vorgeben, wessen Reste von wem gegessen werden dürfen.[105]

Volksstämme der Hua aus Papua, Neu Guinea, verbinden noch heute das Erlangen positiver Kräfte mit dem Essen von Speisen, die Menschen besorgt oder zubereitet haben, die in einer positiven Beziehung zu ihrem Ego stehen. "... it both improves character and personality and increases good fortune".[106] Sie verspeisten noch zu Anfang dieses Jahrhunderts ihre verstorbenen Eltern, da sie sich davon die Übertragung ihrer Kräfte erwarteten. Tote Krieger anderer Stämme gehörten hingegen nicht auf den Speiseplan.

Die Nahrungsaufnahme ist demnach Ausdruck der emotionalen Beziehung zwischen bestimmten Menschen und hat Konsequenzen für das eigene Wohl. "Grandma's soup can be better because it was made by grandma, and an enemy or a disliked person can convey bad fortune by contacting one's food".[107]

Spätestens beim standardisierten Essen der Systemrestaurants wie McDonald's fällt auf, daß hier eine wesentliche Komponente des Essens verloren gegangen ist: die emotionale Bindung.[108] Man kann sich zwar sicher sein, daß der Hamburger überall auf der Erde gleich schmeckt, der fade Nachgeschmack bleibt jedoch: die Unpersönlichkeit. Daß es Kinder trotzdem dorthin zieht, hat vielerlei Gründe. Neben der Attraktivität des "selten Erlaubten" und der Erhaltung der Abwechslung - irgendwann verspüren Kinder ebenfalls geschmackliche Einseitigkeit - scheint der Erlebniswert, die Kinderfreundlichkeit und nicht zuletzt die Funktion eines Treffpunkts in einer gastronomischen Einrichtung für Jugendliche eine große Rolle zu spielen. Und wenn sich der große Bruder mit seiner Clique (Modelle!) bei McDonald's trifft, ist das nicht nachahmenswert?

Der Einfluß gesellschaftlicher Normen macht auch vor der westlichen Welt nicht halt. Gefragt danach, ob sie ein Glas Orangensaft auch dann noch trinken würden, wenn sie gesehen hätten, daß gerade eine Kakerlake daran genippt hätte, antworten alle Probanden mit einem Nein und beziehen sich auf das Gesundheitsrisiko, das damit einherginge. Auch die weitere Annahme, daß die Kakerlake tot und sterilisiert sei, ließ keinen der Probanden seine Meinung ändern, lediglich die Begründung beschränkt sich auf die simple Feststellung, daß es eben eine Kakerlake sei.[109] Die Erklärung bleibt quasi gesundheitlich, auch wenn im zweiten Fall keinerlei gesundheitliche Risiken mehr bestehen. *Rozin* sagt hierzu: " This is in a sense a switch from a physical to a moral explanation. Among Hindus, this moral aspect is more salient, so that a health explanation of attitudes to pollution is not felt to be necessary." [110]

Ökonomische und soziale Zwänge bestimmen häufig den Speiseplan und somit auch den Geschmack. Ist der Variantenreichtum von Nahrungsmitteln zuweilen stark begrenzt, wird jedoch immer versucht, in diesem Rahmen noch Schmackhaftes zu kochen. Unter solchen Restriktionen entwikkelt sich dann der sogenannte Notwendigkeitsgeschmack, d.h. der Geschmack, den man in einer bestimmten Kultur haben muß, um selbst in kargen Zeiten überleben zu können. Im Gegensatz hierzu steht der sog. Luxusgeschmack, der unser heutiges Geschmacksbild dominiert.[111]

Als weiterer kultureller Einflußfaktor kann das sogenannte **"Kontinuitätstraining"** bezeichnet werden, das bestimmte Eßformen und -verhalten an nachfolgende Generationen weitergibt. Bestimmte Geschmacksbilder sowie einmal erfahrene Geschmackseindrücke und deren Konsequenzen werden weitergegeben, um so das Fortbestehen der Nachkommen zu sichern.[112] Das führt dazu, daß z.B. auch Tageszeiten für bestimmte Vorlieben relevant sind: Für viele Deutsche ist ein Frühstück ohne Marmeladenbrötchen sowie Wurst und Käse ungewöhnlich. Italiener oder Spanier dagegen empfinden das ausgiebige deutsche Frühstück als viel zu reichhaltig.

Im ersten Jahrzehnt seines Lebens lernt das Kind die grundlegenden kulinarischen Eigenheiten seiner Kultur kennen und fügt sich in sie ein. So bilden alle Kulturen, ob sie sich durch eine fischorientierte Nahrung (Eskimos) oder durch einen pflanzenorientierten Speiseplan (Tropen) auszeichnen, die Angelpunkte für die gustatorische Sozialisation.[113] Das Kind lernt demnach, was gegessen wird und welche kulturellen Bedeutungen diese gesellschaftlichen Eßmuster haben.

Mit der ersten Minute eines Neugeborenen wirkt die Kultur indirekt durch die Mutter-Kind-Interaktion auf es ein. Alle Stationen seiner Sozialisation, also auch Schule etc., bewirken ein kulturell spezifisches Geschmacksbild. Beginnt der Mensch, dann Dinge zu mögen aus dem einfachen Grund, daß sie ihm ständig vorgesetzt worden sind, wird dieses Antrainieren von kulturellen Geschmacksmustern von *Diehl* auch als **"liking by tasting"** (mere exposure effect) bezeichnet.[114] In diesem Zusammenhang wirken auch Habituationsprozesse, wenn z.B. ein zunächst abgelehntes Nahrungsmittel nach häufigem Genuß als neutral eingeschätzt wird.[115]

Ein sehr schönes Beispiel des "In-eine-kulturelle-Gewohnheit-Hineinwachsens" zeigen *Rozin* und *Schiller*.[116] Es werden Mexikaner eines entlegenen Bergdorfes und Bürger der Vereinigten Staaten hinsichtlich ihrer Eßgewohnheiten von Chilipfeffer untersucht. Pfefferige Substanzen werden von Natur aus zuerst einmal zurückgewiesen. In manchen Kulturen gehört Chilipfeffer aber schon früh zu den gesammelten Erfahrungen eines Kindes: So wird es zum Beispiel als Pulver auf die Mutterbrust gestreut, um das Abstillen zu erleichtern. Es zeigt sich jedoch, daß alle mexikanischen Kinder ab einem Alter von fünf bis sechs Jahren Chilipfeffer zu allen drei Mahlzeiten am Tag wie die Erwachsenen essen. Amerikaner essen es hingegen nur zwei- bis dreimal pro Woche! Aufgrund des Wissens über die chemisch nicht unbedeutende Wirkung wird das Kind in den ersten Jahren vom Chiliverzehr ferngehalten. Es wird nicht gezwungen, Chili zu essen. Jede Zurückweisung des Chilis wird anerkannt und bei den Mahlzeiten berücksichtigt. Die Chili-Geschmackspräferenz scheint sich in zwei Phasen zu entwickeln: Der anfänglichen gustatorischen Aversion stehen der Wunsch nach sozialer Anerkennung, nach dem "Erwachsensein" und ein gewisser sozialer Druck seitens der Geschwister oder Freunde gegenüber. In der zweiten Phase wird der Konsum von diesen extrinsischen Komponenten unabhängig und erfolgt nur noch aufgrund eines wirklich hedonistisch-intrinsischen Bedürfnisses. Die Überlegung, daß sich bis dahin eine Desensibilisierung eingestellt haben könnte, wird von den Probanden widerlegt, da diese auch weiterhin die Schärfe, das Brennen und das Tränen der Augen verspüren. Ab dem 9. Lebensjahr fällt diese Präferenz zwar zugunsten der Bevorzugung von Süßem ab, dieses läßt sich jedoch mit der wachsenden Neugier und Variabilität bei der Nahrungsauswahl erklären. Als Erwachsener besteht geschlechtsunabhängig kein Zweifel an der Vorliebe für Chilipfeffer. Interessanterweise kann sich keiner der befragten Mexikaner und auch Amerikaner daran erinnern, als Kind Chili nicht gemocht zu haben, obwohl diese Aversion von ihren Eltern bestätigt wird.[117]

Ein anderes Beispiel kultureller Einflüsse auf die Entstehung von Geschmackspräferenzen findet sich bei *Moskowitz et al.*[118] Sie stellen fest, daß indische Landarbeiter, deren Speiseplan besonders stark von sauren und bitteren Geschmackskomponenten geprägt ist, diese Geschmacksqualitäten deutlich stärker bevorzugen als Europäer. Hingegen zeigt sich, daß in Amerika am College studierende Inder diese Geschmacksvorlieben nicht haben.[119]

Logue und *Smith* haben in einer repräsentativen Studie 303 männliche und weibliche Amerikaner im Alter von 14 bis 68 Jahren gefragt, mit welcher "kulturellen Geschmacksrichtung" sie aufgewachsen sind (amerikanisch, italienisch, jüdisch, polnisch-deutsch, spanisch oder asiatisch) und welche anderen Geschmacksrichtungen sie besonders mögen.[120] Dabei lassen sich keine signifikanten Ausgrenzungen der jeweils anderen Küchen erkennen, außer bei den Asiaten und teilweise den Probanden jüdischer Religion. Ihre Präferenzlisten sind kleiner und stärker auf die Küche ihrer eigenen Kultur beschränkt. Es bleibt noch zu erwähnen, daß die Chinesen eine sehr viel geringere Präferenz für alkoholische Getränke haben, was sich nach Meinung der Autoren mit Ergebnissen von *Chu* deckt, der nachweisen kann, daß Chinesen generell weniger alkoholische Getränke konsumieren.[121]

Sämtliche Variablen wie Alter, Geschlecht, Körpergewicht und kultureller Hintergrund können nur ca. 26% der sich ergebenden Präferenzen für bestimmte Eßgruppen oder Nahrungsmittel erklären.[122]

Einen weiteren Aspekt zur Bedeutung des Essens als soziale Interaktion zeigt sich in der Studie von *Berry et al.*[123] In dieser Studie über das Essen von Eiscreme wird festgestellt, daß Männer wie Frauen signifikant mehr Eis essen, wenn sie in Gesellschaft sind, als wenn sie allein essen.

Die Bildung von bestimmten Eßvorlieben kann auch als eine Art Gesellschaftskritik verstanden werden. So sieht *Adams* im Vegetariertum eine Zurückweisung der patriarchalischen Züge einer fleischessenden Gesellschaft. Der Mensch und das Tier seien gedanklich voneinander getrennt, und es sei den Menschen so erst möglich, Tiere zu verspeisen.[124] *Adams* geht soweit, im ethischen Vegetarismus Parallelen zwischen unterdrückten Menschen und Tieren zu sehen.[125] Das objektivierte Tier und die in der Sprache unterdrückte Frau, die in der Literatur als das Fleisch erscheint, das von Männern zu verspeisen ist, werden als zu Verteidigendes gleichgesetzt. Und so drückt sich speziell im weiblichen Vegetarismus ihrer Meinung nach eine Distanzierung in Form der Nahrungsmittelwahl aus. Realistischer erscheint es jedoch, im Vegetarismus auch eine Kritik an der aktuellen Massentierhaltung zu sehen.

Bis hierhin wurden v.a. Beispiele aufgeführt, die zwar eindrucksvoll, aber z.T. fern der eigenen Realität sind. Vielleicht werden dem Leser beim Streifzug durch die Geschmacks(eigen-)welt jedoch Genüsse einfallen, bei denen er sich ertappt fühlt. Schmecken uns Hummer, Kaviar und Gänseleberpastete nicht eigentlich nur, weil sie selten und teuer, mithin etwas ganz Besonderes sind? Befriedigen sie nicht unsere Prestigebedürfnisse? Essen wir sie, um etwas zu sein und um uns selbst zu inszenieren? "Hummer und

Konsorten sind offenbar mehr Genuß für das Hirn als für die Zunge"[126] Der Mensch ist eben, was er ißt.

4. Veränderungen der gustatorischen Wahrnehmung im Laufe des Lebens

In diesem Abschnitt werden noch einmal gesondert die Veränderungen der Geschmackswahrnehmungen im Verlaufe des Lebens skizziert. Dabei werden v.a. physiologische Aspekte berücksichtigt.

Die Geschmackswahrnehmung ändert sich im Laufe des Lebens nicht nur aufgrund von Lernprozessen. Es ergeben sich auch Veränderungen der Geschmackspräferenzen mit zunehmendem Alter aufgrund physiologischer Veränderungen, die u.a. als Erklärungen für unterschiedliche Geschmackspräferenzen von Kindern und Erwachsenen dienen.

So werden z.B. Gewürze wie Knoblauch oder Thymian, aber auch Salbei oder Kümmel von Kindern weniger gemocht als von Erwachsenen. Andererseits bewerten Kinder bestimmte süße Speisen positiver als Erwachsene.[127] *Logue* und *Smith* zeigen, daß es mit zunehmendem Alter zu einer Erhöhung des Kaffee-, Gewürz-, Fleisch- bzw. der generellen Vielfalt des Eßkonsums kommt. Junge Menschen bevorzugen hingegen stärker süße und mild schmeckende Speisen.[128]

Im folgenden wenden wir uns den physiologischen Aspekten zu. Wertet man die Gesichtsausdrücke von Neugeborenen und Erwachsenen aus, bestehen starke Übereinstimmungen bezüglich ihrer Reaktionen auf süße, saure und bittere Substanzen. Diese Reaktionen sind angeboren. Bei der Wahrnehmung von Salzigem gibt es eine anfängliche Indifferenz, die man entweder auf wirkliches "Nicht-schmecken-können" zurückführt oder auf die als neutral empfundene hedonische Einschätzung. Selbst im Alter von 2,5 bis 4 Monaten ergibt sich keine Veränderung der Einstufung. Vom 4. bis 24. Monat erfolgt eine Bevorzugung der Salzlösung vor Wasser, und ab dem dritten Lebensjahr beginnen Kinder reine Salzlösungen abzuweisen. Die Salzsensitivität hat merklich zugenommen. Wie bei Erwachsenen entwickelt sich aber daraus keine Abweisung gesalzener Speisen. Auch bevorzugen Kinder gesalzene Suppen vor nicht gesalzenen.[129]

Die angeborene Süßvorliebe steigert sich gemäß einer Langzeitstudie von *Desor* und *Beauchamp* in der Pubertät, fällt jedoch mit dem Erwachsenwerden wieder ab. Es könnte sich um hormonbedingte Geschmackspräferenzen handeln, wobei die Autoren Wachstumshormone als auslösende Faktoren annehmen.[130]

Kinder sind Erwachsenen in ihrer gustatorischen Wahrnehmung weit überlegen: Sie haben mehr Geschmackszellen, die über ein größeres Gebiet verteilt sind.[131] So haben kleine Kinder z.B. auch Geschmacksknospen an den Seitenwänden oder im Gaumen und nicht nur auf der Zunge.[132] Die Zahl der Geschmackszellen verringert sich mit zunehmendem Alter kontinuierlich. Hat ein Neugeborenes noch acht- bis zwölftausend Geschmackszellen, sinkt diese Zahl im Erwachsenenalter auf vier- bis sechstausend.[133] Alte Menschen haben sogar nur noch zwei- bis dreitausend Geschmackszellen. Jede Geschmacksknospe enthält ca. 10 - 70 Geschmackszellen. Insgesamt wird die Zahl der Geschmacksknospen, von denen sich die Hälfte auf den sog. Wallpapillen befindet, auf ca. 2000 beziffert. Mit zunehmendem Alter verringert sich diese Anzahl auf nunmehr ca. 700.[134] Es liegen jedoch auch Ergebnisse vor, nach denen die Zahl der Geschmacksknospen auf den Wallpapillen bis zum 20. Lebensjahr ziemlich konstant bei ca. 245 liegt. Bis zum 65. Lebensjahr nehmen sie auf ca. 208 ab. Im hohen Alter (74. bis 85. Lebensjahr) soll sich dieser Wert nur noch auf ca. 88 belaufen.[135] Trotz divergierender Ergebnisse ist die Tendenz klar: Mit zunehmendem Alter sinkt die Zahl der Geschmacksknospen sowie auch die der Geschmackszellen.[136]

Geschmacksschwellen werden ab dem 10. Lebensjahr mit fortschreitendem Alter immer höher. Dies bedeutet, daß die Sensitivität für bestimmte Substanzen stetig abnimmt.[137] *Schiffman et al.* berichten, daß es für Aminosäuren widersprüchliche Wahrnehmungsschwellenwerte im Vergleich zwischen College-Studierenden und Altersheimbewohnern gibt.[138] Hohe Wahrnehmungsschwellen wurden bei alten Menschen vor allem bei solchen Aminosäuren gemessen, die süß schmecken. Bei bitteren oder salzig-sauren Aminosäuren sinken die Schwellenwerte im Alter.

Zu ähnlichen Ergebnissen kommen auch *Bourlière et al.*[139] Sie ermitteln, daß die Wahrnehmungsschwellen von Menschen zwischen 60 und 93 Jahren für süße Substanzen dreimal so hoch und deren Erkennungsschwellen ca. fünfmal so hoch sind wie die 20- bis 39jähriger. Diese Ergebnisse gelten geschlechtsunabhängig. Hingegen ist für salzige Substanzen sowohl eine Alters- als auch eine Geschlechtsabhängigkeit der Wahrnehmungsschwellen festzustellen. Die Wahrnehmungsschwelle der älteren Männer erhöht sich nur schwach. Die Erkennungsschwelle der älteren Männer ist jedoch dreimal so hoch wie die der jüngeren. Für die Frauen zeigt sich keine signifikante altersabhängige Veränderung der Schwellenwerte. Die

Erkennungsschwelle der Männer ist im übrigen altersunabhängig höher als bei Frauen.[140]

Glanville et al. zeigen in einer Untersuchung 3- bis 55jähriger, daß sich die Geschmackssensibilität bei bitteren, süßen und sauren Lösungen unterschiedlicher Konzentrationen (Ausnahme Frauen bei Hydrochloridsäure) mit zunehmendem Alter erhöht.[141] Ab diesem Alter kommt es dann zu einer Verringerung der Geschmacksempfindlichkeit beider Geschlechter für alle drei Substanzen. Die Unterschiede zwischen den Geschlechtern werden mit zunehmendem Alter immer größer. So weisen die Autoren nach, daß sich die Geschmackssensibilität der Männer für die bitteren und süßen Lösungen sehr viel schneller abschwächt als bei den Frauen. Unabhängig vom Alter zeigen Frauen für Säure (Hydrochlorid) eine höhere Geschmackssensibilität. Außerdem sind ihre Geschmackseinbußen mit zunehmendem Alter deutlich geringer als bei Männern. In einer Folgestudie zeigen dieselben Autoren jedoch, daß bei der Betrachtung von 16- bis 55jährigen Nichtrauchern keine altersabhängige Geschmacksverschlechterung auftritt und auch keine geschlechtsspezifischen Unterschiede vorzufinden sind.[142]

Thumfart et al. stellen in ihrer Untersuchung fest, daß Testpersonen im Alter von 65 bis 93 Jahren erhebliche Schwierigkeiten haben, unterschiedliche Konzentrationen einer Traubenzuckerlösung wahrzunehmen bzw. zu erkennen.[143] Nur 24% der Probanden sind in der Lage, die Konzentrationsstufe eins überhaupt wahrzunehmen, und nur 21% erkennen den Geschmack. Die für gesunde Menschen verschiedenen Alters als überschwellig empfundene Konzentrationsstufe zwei wird ebenfalls nur von 58% der Probanden wahrgenommen. Immerhin 17% der Probanden können auch diese Konzentrationsstufe nicht wahrnehmen. Die drei anderen Basalqualitäten salzig, sauer und bitter werden von dieser Altersgruppe eindeutig besser wahrgenommen. Fehler bei der Geschmackserkennung werden hier nur sehr selten gemacht: 2% erkennen Saures und Bitteres nicht, und 3% schätzen Salziges falsch ein.[144]

Die Autoren kommen in ihren Untersuchungen zu dem Schluß, daß die Schwellenwerte älterer Menschen zwar deutlich über denen Jugendlicher liegen, sich aber in der Altersklasse von 65-93 Jahren keine signifikanten Verschlechterungen mehr ergeben.[145]

Insgesamt ergibt sich ein sehr heterogenes und z.T. widersprüchliches Bild: Es gibt in den Untersuchungen Unterschiede zwischen Rauchern und Nichtrauchern, und es gibt sie nicht. Die Geschlechts- und Alterseffekte können ebenfalls nicht durchgängig nachgewiesen werden.[146]

6. Fazit

Kulturelle wie familiäre Einflüsse, aber auch Veränderung von physiologischen Gegebenheiten und individuelle Charaktermerkmale bilden Erklärungsmuster für die Unterschiedlichkeit von Geschmackspräferenzen. Deutlich wurde, daß gustatorische Vorlieben nicht einfach vorhanden sind und daß geschmackliche Urteile auf vielerlei Faktoren zurückgeführt werden können.

Lernprozesse sind für die Entstehung von Geschmackspräferenzen von großer Bedeutung. Dabei spielen Konditionierungs- und Verstärkungsmechanismen für die Entwicklung ebenso eine Rolle wie Modellierungs- und implizite Lernprozesse. Letztere sind für die Entstehung von Geschmackspräferenzen bisher allerdings erst wenig erforscht.

Das engere und weitere soziale Umfeld hat große Bedeutung für die Entstehung von Geschmackspräferenzen. Einflüsse der sozialen Identitätsbildung eines Individuums durch unterschiedliche Bezugsgruppen sind dabei von besonderem Interesse.

1 Duden: Herkunftswörterbuch, S. 640.

2 Vgl. Lewin (1963).

3 Vgl. Pudel (1995): S. 128.

4 Vgl. Kretch et al. (1985): S. 13ff.

5 Der vorhandene Reiz wird auch als unkonditionierter Stimulus (UCS) bezeichnet, dem eine unkonditionierte Reaktion (UCR) folgt. Der neutrale Reiz wird nach dem Konditionierungsvorgang zum konditionierten Reiz (CS), dem die alte, jetzt konditionierte Reaktion (CR) folgt.

6 Burdach (1988): S. 125.

7 Vgl. Burdach (1988): S. 126. Burdach spricht hier von einem "flexiblen, frei programmierbaren Wahrnehmungssystem", das das genetisch verankerte Programm zur Vermeidung von Giftstoffen (Meidung von bitteren und Präferenz für süße Substanzen) ergänzt.

8 Vgl. Burdach (1988): S. 127.

9 Burdach (1988): S. 127.

10 Vgl. Kretch et al. (1985): S. 31.

11 Vgl. Kretch et al. (1985): S. 31-50.

12 Zur negativen Verstärkung vgl. Kretch et al. (1985): S. 31ff.

13 Vgl. Pudel (1995): S. 15.

14 Vgl. Köster (1991): S. 131f.; Pudel (1995): S. 46. Weitere Erklärungsansätze bieten die Theorie des vernünftigen Handelns sowie die Reaktanztheorie nach Brehm, die an anderer Stelle dargestellt werden sollen (vgl. hierzu Kap. 2.2.).

15 Vgl. Pudel (1995): S. 14ff.

16 Vgl. Pudel (1995): S. 14. Nur das, was direkt beobachtbar ist, verstehen Kinder als Konsequenzen. Und so behauptete ein sechsjähriger Junge in einer Untersuchung, daß Schokolade nicht dick mache. Seine Eltern würden dies zwar behaupten, aber er habe es selbst getestet. Er habe bereits mehrere Tafeln Schokolade gegessen, aber dick sei er davon nicht geworden. Vgl. Pudel (1995): S. 59f.

17 Vgl. Pudel (1995): S. 14. Einen weiteren Erklärungsansatz liefert die Theorie der kognitiven Dissonanz nach Festinger. Vgl. Festinger (1978).

18 Vgl. Bandura (1979): S. 45ff.

19 Vgl. Bandura (1979): S. 31.

20 Vgl. Bandura (1979): S. 31.

21 Vgl. Bandura (1976): S. 217; Bandura (1979): S. 32ff.

22 Vgl. Bandura (1979): S. 32.

23 Vgl. Bandura (1979): S. 47ff.

24 Vgl. Pudel/Westenhöfer (1990): S. 27.

25 Vgl. Duncker (1938); Marinho (1942) zitiert nach Burdach (1988): S. 136; Pudel (1995): S. 23ff.

26 Vgl. Lewicki (1986): S. 7ff.

27 Vgl. Lewicki (1986): S. 7ff.

28 Vgl. Lewicki (1986): S. 11.

29 Vgl. Lewicki (1986): S. 7ff.

30 Vgl. Scharf (1995): S. 7.

31 Vgl. Perrig et al. (1993): S. 75ff.

32 Vgl. hierzu detaillierter Perrig et al. (1993): S. 77f.

33 Vgl. Perrig (1993): S. 81ff.

34 Vgl. van Toller et al. (1983) zitiert nach Perrig et al. (1993): S. 93.

35 Vgl. Perrig et al. (1993): S. 93.

36 Vgl. Shimamura (1986), Parkin (1987) zitiert nach Wippich (1989): S. 197.

37 Vgl. Perrig et al. (1993): S. 94.

38 Vgl. Perrig et al. (1993): S. 95.

39 Vgl. Herkner (1991): S. 215ff.

40 Vgl. Herkner (1991): S. 97ff.

41 Vgl. Rozin (1988): S. 169ff.

42 Hier unterscheidet Rozin des weiteren folgendermaßen: 1. Es erfolgt eine kulturelle Einstufung als zwar nicht eßbar, aber ungefährlich; der Stoff ist nicht giftig und wird als "Nicht-Essen" definiert (z.B. Sand, Papier, Gras etc.). 2. Kulturell vermittelte Einstufung als ekelerregend und zusätzlich gefährlich; mit der Substanz wird ein stark negativer Effekt wie Übelkeit und Erbrechen verbunden. Hierunter fallen auch Giftstoffe.

43 Vgl. hierzu die klassische Konditionierung nach Pawlow in Kapitel 2.1.

44 Vgl. Rozin (1988): S.173.

45 Vgl. Pudel (1995): S. 27ff.

46 Vgl. Pudel (1995): S. 29f. und S. 35.

47 Vgl. Bem (1967) zitiert nach Rozin (1988): S. 180.

48 Vgl. Lepper (1980) zitiert nach Rozin (1988): S. 180.

49 Nach Festinger strebt der Mensch nach einem kognitiven Gleichgewicht. Demzufolge werden Informationen, die den gegenwärtigen kognitiven Elementen nicht entsprechen, so behandelt, daß das System bestehen bleibt. Sind die Informationen zu stark, ersetzen sie die schwächeren kognitiven Elemente. Häufig wird das Beispiel des Rauchers zitiert. Konfrontiert mit der eigenen Neigung (kognitives Element X) und dem Wissen, daß Rauchen sehr gesundheitsschädlich ist (dissonanzerzeugendes kognitives Element Y), sucht er nach Möglichkeiten, aus diesem Ungleichgewicht zu entrinnen. Überlegungen, daß alle Menschen irgendwann einmal sterben oder daß Rauchen absichtlich schlimmer dargestellt wird als es ist, dienen der Verminderung der kognitiven Dissonanz. Vgl. hierzu Festinger (1978).

50 Vgl. Smith (1961) zitiert nach Rozin (1988): S. 180.

51 Vgl. Kamenetzky/Schutz (1956) zitiert nach Stone/Pangborn (1990): S. 63ff.

52 Vgl. Murray/Watson (1978) zitiert nach Stone/Pangborn (1990): S. 63ff.

53 Vgl. Stone/Pangborn (1990): S. 63ff.

54 Vgl. Wolowitz (1964) zitiert nach Stone/Pangborn (1990): S. 63ff.

55 Vgl. Conner/Booth (1988): S. 33ff.

56 Vgl. Conner/Booth (1988): S. 26.

57 Vgl. Tuorila-Ollikainen/Mahlamaki-Kultanen (1985) zitiert nach Conner/Booth (1988): S. 33.

58 Vgl. Logue/Smith (1986): S. 114.

59 Vgl. Alley/Burroughs (1991): S. 201ff.

60 Vgl. hierzu auch Baker (1987): S. 16f.

61 Vgl. hierzu Zuckerman (1979); Zuckerman (1983); Zuckerman (1984); Zuckerman et al. (1980).

62 Vgl. Kish/Donnenwerth (1972) zitiert nach Logue/Smith (1986): S. 110.

63 Vgl. Back (1981) zitiert nach Logue/Smith (1986): S. 110.

64 Vgl. Zuckerman (1984): S. 413ff.

65 Vgl. Rozin/Schiller (1980): S. 91f.

66 Vgl. Logue/Smith (1986): S. 119ff.

67 Vgl. Alley/Burroughs (1991): S. 201ff.

68 Vgl. Logue/Smith (1986): S. 119ff.

69 Schon eine frühe Studie von Hall/Hall hatte gezeigt, daß Frauen mehr Speisen vertraut waren als Männern. Diese größere Vertrautheit geht bei Frauen gemäß Alley und Burroughs aber nicht auf einen größeren Willen zum Ausprobieren zurück. Im Gegenteil: Frauen berichteten, Neues ungern ausprobieren zu wollen. Vgl. Hall/Hall (1939) zitiert nach Alley/Burroughs (1991): S. 212.

70 Vgl. Weingarten/Elston (1990): S. 232.

71 Vgl. Weingarten/Elston (1990): S. 232.

72 Vgl. Weingarten/Elston (1990): S. 232f.

73 Vgl. Weingarten/Elston (1990): S. 236.

74 Vgl. Weingarten/Elston (1990): S. 236.

75 Vgl. zum craving und verschiedenen Eßstörungen den Übersichtsartikel von Weingarten/Elston (1990): S. 239.

76 Vgl. hierzu wiederum die Kapitel über kulturelle und familiäre Einflüsse auf das Entstehen von Geschmackspräferenzen.

77 Vgl. Weingarten/Elston (1990): S. 237

78 Vgl. Weingarten/Elston (1990): S. 240f.

79 Vgl. Weingarten/Elston (1990): S. 235.

80 Vgl. Weingarten/Elston (1991): S. 167ff.

81 Vgl. Weingarten/Elston (1990): S. 231; Weingarten/Elston (1991): S. 167ff.

82 Vgl. Rozin/Millman (1987): S. 125ff.

83 Vgl. Rozin/Millman (1987): S. 125ff.

84 Vgl. Barthoshuk (1991): S. 17.

85 Vgl. Pudel/Westenhöfer (1990): S. 26.

86 Vgl. Pudel/Westenhöfer (1990): S. 26ff.; Pudel (1990): S. 63.

87 Vgl. Logue et al. (1988): S. 169ff.

88 Vgl. Logue et al. (1988): S. 178.

89 Vgl. Logue et al. (1988): S. 169ff. Zur Dominanz der Speisewünsche des Vaters vgl. auch Pudel/Westenhöfer (1990): S. 25.

90 Vgl. Pudel (1995): S. 25ff.

91 Vgl. Rozin (1991): S. 93ff.

92 Vgl. dazu Kapitel 2.2.

93 Vgl. Rozin (1991): S. 101.

94 Vgl. Rozin (1991): S. 93ff.

95 Vgl. Pliner/Pelchat (1986): S. 333ff.

96 Vgl. Birch (1980) S. 489ff.; vgl. hierzu auch Kapitel 2.1.

97 Vgl. Schivelbusch (1981): S. 14.

98 Vgl. Schivelbusch (1981): S. 15.

99 Schivelbusch (1981): S. 22ff.

100 Das Hauptgetränk war bis zu diesem Zeitpunkt - außer Wasser - Bier. So verbrauchte eine englische Familie im 17. Jh. pro Tag und Kopf 3 Liter.

101 Vgl. Schivelbusch (1981): S. 103.
102 Vgl. Barlösius (1988): S. 740ff.
103 Vgl. Barlösius (1987): S. 371.
104 Vgl. Rozin (1990): S. 258.
105 Vgl. Rozin (1990): S. 260.
106 Vgl. Rozin (1990): S. 259.
107 Vgl. Rozin (1990): S. 259.
108 Vgl. Pudel (1995): S. 52.
109 Vgl. Marriott (1968) zitiert nach Rozin (1988): S.165ff.
110 Vgl. Rozin (1990): S. 261.
111 Vgl. Pudel/Westenhöfer (1990): S. 22 ff.
112 Vgl. Pudel/Westenhöfer (1990): S. 22ff.
113 Vgl. Beauchamp/Maller (1977): S. 297ff.
114 Vgl. Diehl (1991) zitiert nach Pudel/Westenhöfer (1990): S. 29 f.; vgl. dazu auch im Kapitel 2.3 die Ausführungen zur "opponent process theory" von Solomon.
115 Vgl. Burdach (1987): S. 15.
116 Vgl. Rozin/Schiller (1980): S. 82ff.
117 Vgl. Rozin/Schiller (1980): S. 82ff.
118 Vgl. Moskowitz et al. (1975) zitiert nach Logue/Smith (1980): S. 110.
119 Vgl. Logue/Smith (1986): S. 110ff.
120 Vgl. Logue/Smith (1986): S. 110ff.
121 Vgl. Chu (1972) zitiert nach Logue/Smith (1986): S. 117.
122 Vgl. Logue/Smith (1986): S. 110ff.
123 Vgl. Berry et al. (1985): S. 41ff.
124 Vgl. Adams (1990) zitiert nach Radley (1991): S. 174f.
125 Vgl. Adams (1990) zitiert nach Radley (1991): S. 174f.
126 Vgl. Pudel (1995): S. 37.
127 Vgl. Plattig et al. (1980): S. 149ff.
128 Vgl. Logue/Smith (1986): S. 115.
129 Vgl. Bernstein (1991): S. 145ff.
130 Vgl. Desor/Beauchamp (1987): S. 639ff.
131 Vgl. Plattig et al. (1980): S. 149ff.
132 Vgl. Burdach (1988): S. 46ff.; Glanville et al. (1964): S. 474ff.
133 Vgl. Plattig et al. (1980): S. 149ff.
134 Vgl. Hensel (1966) zitiert nach Burdach (1988): S. 49.
135 Vgl. Plattig et al. (1980): S. 149ff.
136 Vgl. hierzu auch Glanville et al. (1964): S. 477.
137 Vgl. Plattig et al. (1980): S. 149ff.
138 Vgl. Schiffman et al. (1979) zitiert nach Plattig et al. (1980): S. 149ff.
139 Vgl. Bourlière et al. (1958): S. 108ff.
140 Vgl. Bourlière et al. (1958): S. 108ff.
141 Vgl. Glanville et al. (1964): S. 476f.
142 Vgl. hierzu auch die Befunde von Thumfahrt et al. (1980): S. 158ff. Es kam v.a. zu einer Steigerung der Bitterschwelle bei Rauchern.

[143] Vgl. Thumfahrt et al. (1980): S. 158ff.

[144] Auf der Konzentrationsstufe eins nehmen 76% eine Kochsalzlösung, 77% Weinsäure und 82% der Probanden Chininhydrochlorid wahr. Vgl. Thumfahrt et al. (1980): S. 168

[145] Vgl. Thumfahrt et al. (1980): S. 185.

[146] Vgl. hierzu ausführlich Thumfahrt et al. (1980): S. 182ff.

Literaturverzeichnis

Alley, T.R./Burrough, W.J.: Do men have stronger preferences for hot, unusual, and unfamiliar foods, in: The journal of general psychology 1991, Vol. 118 (3), S. 201-213.

Baker, M.A.: Sex differences in human performance, Chichester 1987.

Bandura, A.: Sozial-kognitive Lerntheorie, Stuttgart 1979.

Bandura, A.: Verhaltenstheorie und die Modelle des Menschen, in: *Bandura, A. (Hrsg.)*: Lernen am Modell: Ansätze zu einer sozial-kognitiven Lerntheorie, 1. Auflage, Stuttgart 1976, S. 205-229.

Barlösius, E.: Riechen und Schmecken - Riechendes und Schmeckendes, in: Kölner Zeitschrift für Soziologie und Sozialpsychologie 1987, Heft 39 (2), S. 367-375.

Barlösius, E./Manz, W.: Der Wandel der Kochkunst als genußorientierte Speisengestaltung, in: Kölner Zeitschrift für Soziologie und Sozialpsychologie 1988, Heft 4, Jahrgang 40, S. 729-746.

Barthoshuk, L.M.: Sensory factors in eating behavior, in: Bulletin of the psychonomic society 1991, Heft 29 (3), S. 250-255.

Berry, S.L./Beatty, W.W., Kledges, R.C.: Sensory and social influences on ice cream consumption by males and females in a laboratory setting, in: Appetite 1985, Vol. 6, S. 41-45.

Beauchamp, G.K./Maller, O.: The development of flavor preferences in humans: A review, in: *Kare, M.R./Maller, O. (Hrsg.)*: The chemical senses and nutrition, New York 1977, S. 291-310.

Birch, L.L.: Effects of peer models food choices and eating behavior on preschoolers food preferences, in: Child Development 1980, Vol. 5, S. 489-496.

Bourlière, F./Cendron, H./Rapaport, A.: Modification avec l'âge des seuils gustatifs de perception et de reconnaissance aux saveurs salée et sucrée, chez l'homme, in: Gerontologia 1958, Vol. 2, S. 104-112.

Burdach, K.: Geschmack und Geruch. Gustatorische, olfaktorische und trigeminale Wahrnehmung, Bern 1988.

Burdach, K.: Geschmack und Genuß - die hedonische Bewertung von Nahrungsmitteln, in: Sensorik und Lebensmittelqualität. Die Sinnesprüfung als notwendiges Entwicklungs- u. Kontrollinstrument in der Ernährungswirtschaft, 1. DLG-Sensorik-Tagung des DLG-Fachbereiches Markt u. Ernährung am 15. Oktober 1987 in Frankfurt am Main, S. 5-15.

Conner, M. T./Booth, D.A.: Prefered sweetness of a lime drink and preference for sweet over non-sweet foods, related to sex and reported age and body weight, in: Appetite 1988, Vol. 10, S. 25-35.

Desor, J.A./Beauchamp, G.L.: Longitudinal changes in sweet preferences in humans, in: Physiology & behavior 1987, Vol. 39, S. 639-641.

Duden "Etymologie", 2. völlig neu bearbeitete und erweiterte Auflage, Mannheim u.a. 1989.

Festinger, L.: Theorie der kognitiven Dissonanz, Bern 1978.

Glanville, E.V./Kaplan, A.R./Fischer, R.: Age, sex and taste sensivity, in: Journal of Gerontology 1964, Vol. 19, S. 474-478.

Herkner, W.: Lehrbuch Sozialpsychologie, 5. korrigierte und stark erweiterte Auflage, Bern u.a. 1991.

Köster, E.P.: Ernährungstrends in Europa, in: *Deutsche Landwirtschaftsgesellschaft (Hrsg.):* Die europäische Ernährungswirtschaft morgen, Frankfurt am Main 1991, S. 127-156.

Kretch, D./Crutchfield, R.S./Nivson, N./Wilson Jr./W.R./Parducci, A.: Lern- und Gedächtnispsychologie, Band 3, Weinheim, Basel 1985.

Lewicki, P.: Nonconscious information processing, Orlando 1986.

Lewin, K.: Feldtheorie in den Sozialwissenschaften: Ausgewählte theoretische Schriften, Bern 1963.

Logue, A.W./Logue, C.M./Uzzo, R.G./McCarthy, M.J./Smith, M.E.: Food preferences in families, in: Appetite 1988, Vol. 10, S. 169-180.

Logue, A.W./Smith, M.E.: Predictors of food preferences in adult humans, in: Appetite 1986, Vol. 7, S. 109-125.

Perrig, W./Wippich, W./Perrig-Chiello, P.: Unbewußte Informationsverarbeitung, Bern u.a. 1993.

Plattig, K.-H./Kobal, G./Thumfart, W.: Die chemischen Sinne Geruch und Geschmack im Laufe des Lebens - Veränderungen der Geruchs- und Geschmackswahrnehmung, in: Zeitschrift für Gerontologie 1980, Vol. 13, S. 149-157.

Pliner, P./Pelchat, M.L.: Similarities in food preferences between children and their siblings and parents, in: Appetite 1986, Vol. 7, S. 333-342.

Pudel, V./Westenhöfer, J.: Ernährungspsychologie. Eine Einführung, Göttingen 1990.

Pudel, V.: Kann man von Zucker abhängig werden?, in: Zeitschrift für Ernährungswissenschaft 1990, Bd. 29, Supplementum 1.

Pudel, V.: Ketchup, BigMac, Gummibärchen - Essen im Schlaraffenland, Weinheim, Berlin 1995.

Radley, A.: The body and social psychology, New York 1991.

Rozin, P.: Social learning about food by humans, in: *Zentrall, Th.R./Galef, B.G. Junior (Hrsg.):* Social learning: Psychological and biological aspects, Hinsdale, New Jersey 1988, S. 165-187.

Rozin, P.: The importance of social factors in understanding the acquisition of food habits, in: *Capaldi, E., Powley, T. L. (Hrsg.):* Taste, experience and feeding, Washington 1990, S. 255-269.

Rozin, P.: Family resemblance in food and other domains: The family paradox and the role of parental congruence, in: Appetite 1991, Vol. 16, S. 93-102.

Rozin, R./Levine/E., Stoess, C.: Chocolate craving and liking, in: Appetite 1991, Vol. 17, S. 199-212.

Rozin, P./Millman, L.: Family environment, not heredity, accounts for family resemblances in food preferences and attitudes: a twin study, in: Appetite 1987, Vol. 8, S. 125-134.

Rozin, P./Schiller, D.: The nature and acquisition of a preference for chili pepper by humans, in: Motivation and emotion 1980, Vol. 4, No. 1, S. 77-101.

Scharf, A.: Positionierung neuer bzw. modifizierter Nahrungs- und Genußmittel durch integrierte Markt- und Sensorikforschung, in: Marketing-ZFP 1995, Heft 1, S. 5-17.

Schivelbusch, W.: Das Paradies, der Geschmack und die Vernunft. Eine Geschichte der Genußmittel, Passau 1981.

Stone, L.J./Pangborn, R.M.: Preferences and intake measures of salt and sugar, and their relation to personality traits, in: Appetite 1990, Vol. 15, S. 63-79.

Thumfart, W./Plattig, K.-H./Schlicht, N.: Geruchs- und Geschmacksschwellen älterer Menschen, in: Zeitschrift für Gerontologie 1980, Heft 13, S. 158-188.

Weingarten, H.P./Elston, D.: The phenomenology of food cravings, in: Appetite 1990, Vol. 15, S. 231-246.

Weingarten, H.P./Elston, D.: Food cravings in a college population, in: Appetite 1991, Vol. 17, S. 167-175.

Wippich, W./Mecklenbräucker, S./Trouet, J.: Implizite und explizite Erinnerungen an Gerüche, Archiv für Psychologie 1989, Nr. 141, S. 195-211.

Zuckerman, M.: Sensation seeking: Beyond the optimum level of arousal, Hinsdale, NJ, 1979.

Zuckerman, M.: Biological bases of sensation seeking, impulsivity, and anxiety arousal, Hillsdale, NJ, 1983.

Zuckerman, M.: Sensation seeking: A comparison approach to a human trait, in: The behavioral brain sciences 1984, Vol. 7, S. 413-471.

Andreas Scharf

Verfahren der sensorischen Produktforschung

1. Entwicklungsgeschichte der sensorischen Produktforschung
2. Begriff und Gegenstand der sensorischen Produktforschung
3. Verfahren zur Identifizierung sensorischer Produktunterschiede
   - 3.1. Ganzheitliche Unterschiedstests
   - 3.2. Merkmalsbezogene Unterschiedstests
   - 3.3. Schwellenwerttests
4. Verfahren zur Identifizierung und Quantifizierung sensorischer Produkteigenschaften
   - 4.1. Flavor Profile Methode
   - 4.2. Texture Profile Methode
   - 4.3. Quantitative Deskriptive Analyse
   - 4.4. Free Choice Profiling
5. Verfahren zur Ermittlung affektiver Urteile
   - 5.1. Beurteilungsaufgabe
   - 5.2. Ort der Durchführung
   - 5.3. Fehlerquellen bei der Anlage affektiver Tests

1. Entwicklungsgeschichte der sensorischen Produktforschung

Innerhalb der letzten 50 Jahre hat sich die sensorische Produktforschung zu einem äußerst effizienten Instrument der Informationsgewinnung für die Produktentwicklung und Qualitätssicherung, aber auch für die Marktforschung bzw. das Marketing entwickelt. Zum Einsatz kommen die verschiedenen Verfahren der sensorischen Produktforschung insbesondere im Bereich der Nahrungs- und Genußmittel, aber auch z.B. in der Kosmetik-, Pharma-, Bekleidungs- und Papierindustrie. Die historische Entwicklung macht deutlich, daß die sensorische Produktforschung nur durch das Zusammenwirken verschiedener Wissenschaftsdisziplinen entstehen konnte.

Die grundlegenden Prinzipien beruhen vor allem auf Erkenntnissen der Physiologie und Psychologie. Die **Physiologie** lehrt uns, daß jeder der fünf Sinne über eigene Rezeptoren und Nervenbahnen verfügt und daß durch jeden Sinn spezifische Informationsverarbeitungsprozesse im Gehirn ausgelöst werden.[1] Erst die Weiterverarbeitung der Informationen im Gehirn führt zu einer Verknüpfung der über die verschiedenen Sinnesorgane aufgenommenen Reize zu einem sensorischen Gesamteindruck. Will man die sensorische Wahrnehmung und Präferenzbildung verstehen, sind Einblicke in diese Informationsverarbeitungsprozesse unerläßlich.

Die **Psychologie** liefert wichtige Erkenntnisse über Möglichkeiten und Probleme der Messung menschlicher Reaktionen auf sensorische Reize. Die Psychophysik als Zweig der Psychologie entstand vor mehr als hundert Jahren in Deutschland, als *Weber* und *Fechner* nach Gesetzmäßigkeiten der menschlichen Wahrnehmung suchten. Die beiden Forscher gingen davon aus, daß sich die Stärke menschlicher Reaktionen auf sensorische Reize nicht direkt messen läßt. Deshalb konzentrierten sie sich auf die Messung der menschlichen Fähigkeit, geringe sensorische Unterschiede wahrzunehmen, und setzten diese Fähigkeit mit den entsprechenden Intensitäten des physikalischen Stimulus in Beziehung.[2]

Ausgehend von diesen Erkenntnissen entwickelte *Thurstone* in den zwanziger Jahren dieses Jahrhunderts das "law of comparative judgements". Es geht davon aus, daß der Mensch über eine individuelle tieferliegende Beurteilungsskala verfügt, die er benutzt, um Urteile bezüglich seiner sensorischen Wahrnehmung zu fällen (z.B. Produkt A ist salziger als Produkt B). Jeder physikalische Reiz, der eine sensorische Wahrnehmung auslöst (z.B. Natriumchlorid in verschiedenen Konzentrationen), liegt irgendwo auf dieser Skala. Die Testpersonen mußten deshalb in mehreren aufeinander folgenden Paarvergleichen jeweils angeben, welches der beiden Produkte die höhere Intensität des relevanten Stimulus aufwies. Ziel war es, über die Anzahl der richtigen Antworten einen Zusammenhang zwischen der sensorischen Wahrnehmung und der ihr zugrundeliegenden Konzentration des physikalischen Stimulus herzustellen.[3]

Eine weitere für die sensorische Produktforschung entscheidende Verbesserung gelang *Stevens.*[4] Das Ziel seiner Forschungsarbeit bestand darin, einen funktionalen Zusammenhang zwischen der Stärke eines physikalischen Reizes und der gemessenen Intensität der durch diesen Reiz ausgelösten menschlichen Wahrnehmung herzustellen. Die Testpersonen erhielten die Aufgabe, Zahlen anzugeben, die z.B. der wahrgenommenen Intensität von Lichtquellen unterschiedlicher Helligkeit oder der wahrgenommenen Süße von Lösungen mit unterschiedlichem Zuckergehalt entsprechen (vgl. Abb. 1).

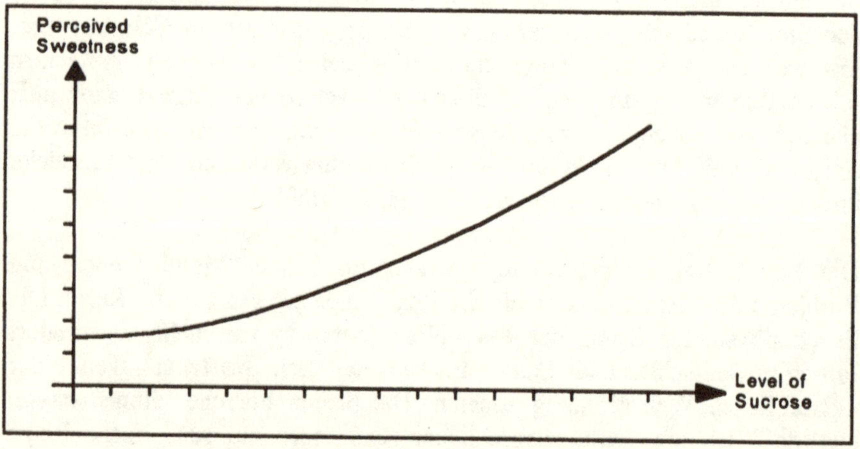

Abb. 1: Funktionaler Zusammenhang zwischen dem Zuckergehalt und der wahrgenommenen Süße eines Produkts[5]

Während des zweiten Weltkriegs erhielt die sensorische Produktforschung in den USA einen entscheidenden Impuls: Die Armeeführung sah sich mit dem Problem konfrontiert, daß die nach ernährungsphysiologischen Gesichtspunkten zusammengestellte Verpflegung den Soldaten nicht schmeckte. Diese Erkenntnis führte zu einer systematischen Untersuchung des Zusammenhangs zwischen dem Geschmack bestimmter Produkte und ihrer Akzeptanz durch das militärische Personal.[6]

In den 50er und 60er Jahren entwickelte sich die sensorische Produktforschung rasch weiter. Die Erkenntnisse verschiedener Forschungsbereiche wurden intensiver auf typische Problemstellungen der Produktentwicklung und Qualitätssicherung bei Nahrungs- und Genußmitteln angewendet. Eine Vielzahl von Publikationen sorgte für die schrittweise Einbindung der sensorischen Analyseverfahren in die Unternehmenspraxis. Effiziente Methoden für spezifische Fragestellungen wurden entwickelt, so z.B. Tests zur Identifizierung von Wahrnehmungsschwellen für bestimmte sensorische Merkmale sowie Tests zur Ermittlung signifikanter sensorischer Unterschiede zwischen ähnlichen Produkten.[7] Erstmals wurde mit der Flavor Profile Methode auch ein geeignetes Verfahren zur exakten Beschreibung und Quantifizierung einzelner sensorischer Merkmale von Produkten vorgestellt.[8]

Die heutige Situation auf den meisten Absatzmärkten ist durch eine zunehmende Dynamik gekennzeichnet, so daß immer mehr Unternehmen der Nahrungs- und Genußmittelbranche die Bedeutung der sensorischen Produktforschung nicht nur für die Qualitätssicherung und -kontrolle, sondern vor allem auch für die Entwicklung neuer und die Optimierung bestehender Produkte erkennen. Folgende Faktoren sind hierfür unter anderem verantwortlich:

- Der Markt der Nahrungs- und Genußmittel ist durch einen starken Innovationsdruck bei unverändert hohen Flopraten gekennzeichnet. Hinzu kommt, daß immer mehr Produkte einen hohen Verarbeitungsgrad aufweisen (z.B. Fertiggerichte). Die Anpassung der sensorischen Qualitäten solcher komplexen, industriell aufbereiteten Nahrungsmittel an die sensorischen Präferenzen der Konsumenten ist extrem schwierig.

- Die zunehmende Internationalisierung der Nahrungs- und Genußmittelindustrie zwingt die Anbieter zur Ausrichtung der eigenen Produkte auf bisher unbekannte sensorische Konsumentenpräferenzen. Der zum Teil erfolglose Versuch einiger westdeutscher Unternehmen, Erzeugnisse wie Wurst, Bier oder Zigaretten unverändert auch in Ostdeutschland zu verkaufen, zeigt, wie wichtig die Erforschung der sensorischen Vorlieben bzw. Abneigungen neuer Zielgruppen ist.

- Aufgrund der zahlreichen in den vergangenen Jahren bekannt gewordenen Lebensmittel-Skandale nehmen immer mehr Abnehmer eine kritische Grundhaltung gegenüber den angebotenen Produkten ein. Sie reagieren zunehmend sensibel auf Schwankungen in der sensorischen Qualität der Erzeugnisse, gleichzeitig erwarten sie aber - bestärkt durch den Preiskampf auf der Einzelhandelsebene - extrem günstige Preise. Außerdem muß sich die Nahrungs- und Genußmittelindustrie möglichst schnell mit geeigneten Produkten an neue Ernährungstrends anpassen. So hat etwa der Gesundheits- bzw. Schlankheitstrend zum vermehrten Einsatz von Zuckerersatzstoffen und zur Reduzierung von Fett bei vielen Speisen und Getränken geführt, wodurch die sensorischen Qualitäten der Produkte zum Teil erheblich verändert wurden.

Während die modernen Verfahren der sensorischen Analyse heute sowohl in den USA und Japan als auch in einigen europäischen Ländern, etwa in Frankreich und Holland, seit langem zum Einsatz kommen und systematisch weiterentwickelt werden, besteht im deutschsprachigen Raum aus der Perspektive des Marketing bzw. der Marktforschung ein Nachholbedarf. Wenn es gilt, sensorische Wahrnehmungen und Präferenzen der Konsumenten zuverlässig zu messen, reichen die Methoden der traditionellen Marktforschung allein nicht aus. Sie müssen durch die Erkenntnisse der sensorischen Produktforschung sinnvoll ergänzt werden.

2. Begriff und Gegenstand der sensorischen Produktforschung

Die sensorische Produktforschung beschäftigt sich ausschließlich mit dem Produktkern,[9] d.h. mit der - bei Nahrungs- und Genußmitteln auch als Rezeptur bezeichneten - Gesamtheit aller chemisch-physikalischen Eigenschaften des relevanten Erzeugnisses. Der Einfluß der übrigen nutzenbeeinflussenden Faktoren wie Markierung, Verpackung, Preis, Distribution und Kommunikation auf die Produktwahrnehmung und -beurteilung bleibt unberücksichtigt. Bei sensorischen Produkttests handelt es sich demnach grundsätzlich um sogenannte Blindtests, bei denen die Testprodukte in neutraler Aufmachung präsentiert werden.

Unter **sensorischer Produktforschung** versteht man deshalb die systematische Untersuchung des Zusammenhangs zwischen den physikalisch-chemischen Bestandteilen von Produkten, den daraus resultierenden sensorischen Eigenschaften und den durch sie ausgelösten Reaktionen des Menschen, d.h. den auf visuellen, akustischen, haptischen, olfaktorischen und gustatorischen Sinneseindrücken beruhenden Wahrnehmungs- und Beurteilungsprozessen.[10]

Sensorische Produkteigenschaften lassen sich demnach definieren als die vom Produktkern (von der Rezeptur) ausgelösten Reize, welche dem Menschen über seine Sinnesorgane direkt zugänglich sind. So sind etwa Farbe, Geruch, Geschmack und Konsistenz eines Erdbeerjoghurts beim Verzehr direkt sinnlich wahrnehmbar. Hiervon abzugrenzen sind diejenigen Eigenschaften des chemisch-physikalischen Produkts, die zwar ebenfalls objektiv vorhanden, aber nicht direkt sinnlich wahrnehmbar sind. Sie können folglich - vor allem über Informationen auf der Verpackung - nur indirekt sinnlich wahrnehmbar gemacht werden und sind somit nicht Gegenstand der sensorischen Produktforschung. Hierzu zählen z.B. Informationen über Rezepturbestandteile wie Spurenelemente, Art der verwendeten Aromen und Konservierungsstoffe oder ernährungsphysiologische Informationen wie Brennwerte und Kalorienangaben.[11]

Die sensorische Produktforschung liefert unter anderem Antworten auf die folgenden marketingrelevanten Fragen: Nehmen die Konsumenten einen sensorischen Unterschied zwischen zwei Produkten wahr, z.B. zwischen dem eigenen und dem Konkurrenzprodukt? Wenn ja, durch welche sensorischen Eigenschaften unterscheiden sich die beiden Produkte? Welche sensorischen Eigenschaften in welchen Ausprägungen sind dafür verantwortlich, daß das eine Produkt dem anderen vorgezogen wird?

Im Mittelpunkt der sensorischen Produktforschung bei Nahrungs- und Genußmitteln steht zweifellos die Messung, Analyse und Interpretation olfaktorischer und gustatorischer Wahrnehmungen und Präferenzen. Aber auch menschliche Reaktionen auf optische, akustische und haptische Reize sind in verschiedenen Produktbereichen Gegenstand systematischer Untersuchungen. So spielt die sensorische Produktforschung etwa bei der Optimierung des Motorengeräusches von Autos eine Rolle (sound engineering). Durch den anhaltenden Kontakt zwischen Produkt und Haut ist bei Textilien vor allem die menschliche Reaktion auf haptische Reize von Bedeutung. Die Abbildung 2 enthält eine Übersicht über die sensorischen Reize, ihre Wahrnehmung über die Sinnesorgane des Menschen und die daraus abgeleitete Systematik sensorischer Dimensionen.[12]

Im Hinblick auf das Untersuchungsziel lassen sich die Verfahren der sensorischen Produktforschung in zwei Kategorien unterteilen: Im Rahmen der **Wahrnehmungsmessung** unterscheidet man zwischen Verfahren zur Identifizierung von Produktunterschieden und Verfahren zur Identifizierung und Quantifizierung sensorischer Produkteigenschaften. Die zweite Kategorie bilden die Verfahren zur **Ermittlung affektiver Urteile**.

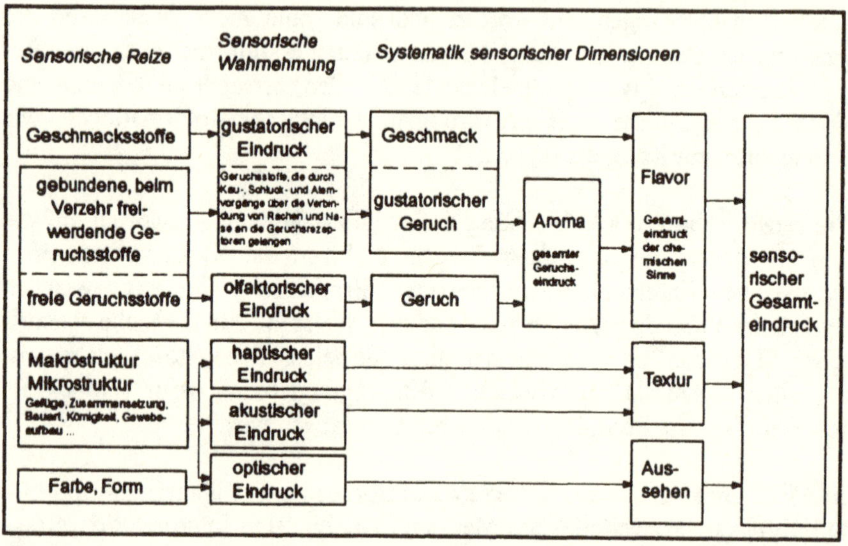

Abb. 2: Sensorische Reize, sensorische Wahrnehmung und Systematik sensorischer Dimensionen[13]

3. Verfahren zur Identifizierung sensorischer Produktunterschiede

Die einfachsten und zugleich zuverlässigsten Verfahren zur Erfassung der sensorischen Produktwahrnehmung sind **Unterschiedstests**. Sie dienen der Feststellung sinnlich wahrnehmbarer Unterschiede zwischen zwei oder mehreren chemisch-physikalisch nicht identischen Produkten und werden in der Praxis vor allem von den innerbetrieblichen Experten aus den Bereichen Forschung und Entwicklung sowie Qualitätssicherung angewendet.

Im Hinblick auf das Untersuchungsziel unterscheidet man drei Testarten: Mit Hilfe **ganzheitlicher Unterschiedstests** soll die Frage beantwortet werden, ob zwischen den relevanten Produkten ein sensorischer Unterschied besteht, ohne daß Informationen über Art und Größe des Unterschieds gewonnen werden. Demgegenüber zielen **merkmalsbezogene Unterschiedstests** darauf ab zu ermitteln, ob ein Produkt ein vorab bestimmtes und den Testpersonen präzise beschriebenes sensorisches Merkmal in höherer bzw. geringerer Intensität aufweist als ein anderes Produkt oder mehrere andere Produkte. Schließlich versucht man durch sog. **Schwellenwerttests**, die geringste physikalische Intensität eines sensorischen Reizes zu messen, der vom Menschen gerade noch erkannt wird.

Unterschiedstests berücksichtigen in optimaler Art und Weise die Fähigkeiten des menschlichen Wahrnehmungssystems. Aufgrund seiner sinnesphysiologischen Gegebenheiten ist der Mensch erheblich besser dazu in der Lage, Unterschiede zwischen vorgegebenen sensorischen Reizen zu erkennen, als sensorische Merkmale eines Produktes zu benennen bzw. deren Intensität anzugeben.[14]

In der Literatur herrscht jedoch keine einheitliche Meinung bezüglich der Frage, welche Personen an einem Test zur Identifizierung sensorischer Produktunterschiede teilnehmen sollen. Zum einen wird vorgeschlagen, Unterschiedstests mit einer größeren Anzahl untrainierter Konsumenten der Zielgruppe durchzuführen, um markttypische Reaktionen messen zu können.[15] Gegen diese Auffassung spricht, daß viele Konsumenten (zum Teil mehr als 30% der Grundgesamtheit) nachweislich nicht dazu in der Lage sind, sinnlich eindeutig wahrnehmbare Produktunterschiede zu erkennen. Da aber die Signifikanz eines Unterschieds zwischen zwei Produkten auf der Basis von Wahrscheinlichkeiten berechnet wird, besteht durch die Berücksichtigung solcher Probanden die Gefahr, daß das Testergebnis keinen statistisch signifikanten sensorischen Unterschied zwischen den Produkten erkennen läßt, obwohl er faktisch vorhanden ist.[16]

Deshalb ist es sinnvoll, Unterschiedstests mit einer kleineren, aber sensorisch homogenen Gruppe von Personen durchzuführen, die ihre sensorischen Fähigkeiten in vorherigen Tests unter Beweis gestellt haben. Verschiedene Studien belegen, daß sich die Qualität dieses Auswahlprozesses entscheidend auf die Validität und Reliabilität der gewonnenen Daten auswirkt.[17] Geeignete Probanden sollten sich durch eine positive Einstellung gegenüber der relevanten Produktart auszeichnen, bereits über Erfahrungen mit Unterschiedstests verfügen und eine deutlich über der Ratewahrscheinlichkeit liegende Diskriminierungsfähigkeit aufweisen. Außerdem kann die Fähigkeit, sensorische Produktunterschiede zu identifizieren, durch geeignetes Training erheblich verbessert werden.[18]

3.1. Ganzheitliche Unterschiedstests

Diese Testart dient zur Beantwortung der Frage, ob Testpersonen irgendeinen sensorischen Unterschied zwischen zwei oder mehreren ähnlichen, aber nicht identischen Produkten wahrnehmen. Ganzheitliche Unterschiedsprüfungen kommen insbesondere in denjenigen Fällen zum Einsatz, in denen der Forscher keine Klarheit über das sensorische Merkmal bzw. die sensorischen Merkmale besitzt, deren Intensität zwischen den Testprodukten variiert.[19]

Von Interesse ist in diesem Zusammenhang vor allem die Identifizierung sensorischer Produktunterschiede, die auf unterschiedliche Rohstoffqualitäten, Rezepturen, Produktionsprozesse, Verpackungen oder Lagerhaltungsmethoden zurückzuführen sind und Veränderungen in der Reaktion der Konsumenten auf das Produkt bewirken können. Häufig sollen etwa teure Einsatzstoffe durch preisgünstigere ersetzt werden (cost reduction), ohne daß sich diese Rezepturänderung bei den Verwendern sensorisch bemerkbar macht. Typische Problemstellungen aus dem Bereich der Qualitätssicherung betreffen die Überprüfung sensorischer Unterschiede zwischen Produkten, die unterschiedlich lange gelagert oder auf vergleichbaren Anlagen an unterschiedlichen Orten (z.B. im Stamm- und im Zweigwerk) hergestellt wurden.

Der bekannteste und am häufigsten gewählte Ansatz zur Identifizierung ganzheitlicher sensorischer Produktunterschiede ist der **Dreieckstest**, der in den 40er Jahren bei der Carlsberg Brauerei entwickelt wurde.[20] Die Testpersonen erhalten hier die Aufgabe anzugeben, welches der drei codierten Produkte sich von den anderen beiden unterscheidet, wobei die Ratewahrscheinlichkeit 1/3 beträgt.[21] Einige Autoren schlagen vor, die Anweisung an die Testpersonen insofern zu modifizieren, als sie lediglich die beiden Proben angeben sollen, die sich am ähnlichsten sind.[22] Diese veränderte Aufgabenstellung ist vor allem dann sinnvoll, wenn nicht ausgeschlossen werden kann, daß auch die beiden "identischen" Produkte, z.B. aus produktionstechnischen Gründen, ungewollte sensorische Unterschiede aufweisen. Der Name "Dreieckstest" resultiert aus der Präsentation der Stimuli: Die Aufstellung der Proben in einem Dreieck hat gegenüber der in einer Reihe den Vorteil, daß die mittlere Probe einer Reihe nur aufgrund ihrer Position häufiger als abweichend identifiziert wird als die anderen beiden Proben.[23]

Trotz der einfachen Versuchsanordnung ist der Dreieckstest insbesondere für sensorisch nicht geschulte Menschen schwierig: Die Testpersonen müssen ihre sensorische Wahrnehmung bezüglich der ersten und zweiten Probe im Gedächtnis behalten, während sie die dritte Probe verkosten, und anschließend eine Entscheidung treffen. Tatsächlich handelt es sich beim Dreieckstest um eine Kombination aus drei Paarvergleichen (AB, AC und BC).

Problemstellung:
Ein Getränkehersteller möchte aus Kostengründen die Zusammensetzung der Zuckeraustauschstoffe in seiner Diätlimonade ändern, ohne daß diese Rezepturänderung von den Konsumenten wahrgenommen wird.

Zielsetzung des Unterschiedstests:
Beantwortung der Frage, ob ein geschmacklicher Unterschied zwischen den beiden Diätlimonaden besteht.

Testdesign:
36 Personen, die regelmäßig Diätlimonade trinken und über eine in vorangegangenen Auswahltests nachgewiesene sensorische Diskriminierungsfähigkeit verfügen, nehmen an einem Dreieckstest teil. Die Reihenfolge der Präsentation der Produkte wird systematisch variiert.

Testperson-Nr.	Reihenfolge der Präsentation A=alte Rezeptur/N=neue Rezeptur
1 - 6	A - N - N
7 - 12	N - A - N
13 - 18	N - N - A
19 - 24	N - A - A
25 - 30	A - N - A
31 - 36	A - A - N

Ergebnis:
23 der 36 Testpersonen haben das abweichende Testprodukt identifiziert; der Geschmacksunterschied zwischen den beiden Produkten ist demnach höchst signifikant ($p \leq 0.001$).

Abb. 3: Beispiel für einen Dreieckstest

Eine Vereinfachung der Beurteilungsaufgabe läßt sich durch den Einsatz des **Duo-Trio-Tests** erreichen.[24] Die Testpersonen werden auch hier mit drei Proben konfrontiert. Die erste Probe ist jedoch als Referenzprodukt gekennzeichnet, während die anderen beiden kodiert sind. Die Aufgabe besteht darin, die codierte Probe zu identifizieren, die sensorisch mit dem Referenzreiz übereinstimmt bzw. dem Referenzreiz am ähnlichsten ist. Im Hinblick auf den Referenzreiz unterscheidet man zwei Formen des Duo-Trio-Tests: Im ersten Fall dient immer die gleiche Probe als Referenzreiz (constant reference mode). Dieses Testdesign ist geeignet, wenn die Testpersonen trainiert sind bzw. der Referenzreiz bekannt ist (z.B. ein marktgängiges Produkt aus laufender Produktion). Im zweiten Fall dienen beide Proben abwechselnd als Referenzreize (balanced reference mode). Dieses

Testdesign sollte gewählt werden, wenn die Probanden untrainiert sind bzw. das sensorische Profil beider Proben nicht kennen.[25]

Der Duo-Trio-Test ist unter statistischen Gesichtspunkten zwar nicht so effizient wie der Dreieckstest, weil die Ratewahrscheinlichkeit 50 Prozent beträgt, die Aufgabe ist jedoch für die Testpersonen einfacher und auch leichter zu verstehen. Neben dem Dreieckstest und dem Duo-Trio-Test existiert eine Vielzahl weiterer Ansätze zur Messung ganzheitlicher Unterschiede.[26]

Sollen Unterschiede zwischen Produkten analysiert werden, die sich durch einen unangenehmen bzw. stark adaptierenden Geschmack (z.B. Chilisaucen) oder Geruch (z.B. Käse) auszeichnen oder die aufgrund ihrer Komplexität das Erkennen sensorischer Unterschiede erschweren (z.B. Fertiggerichte), empfiehlt es sich, weniger als drei Stimuli gleichzeitig zu präsentieren. Beim **Paarvergleich** geben die Probanden für jeweils eine der vier möglichen Kombinationen (AA, AB, BA oder BB) an, ob die beiden Proben sensorisch identisch sind oder nicht. Eine Variante des Paarvergleichs ist die **Einprobenmethode**. Die Testperson erhält eine Probe als Standardreiz vorgelegt. Anschließend wird diese Probe entfernt und eine zweite Probe mit der Frage präsentiert, ob dieses Produkt mit dem Standard sensorisch übereinstimmt oder nicht. Dieser Ansatz ist auch dann sinnvoll, wenn der Einfluß für das Untersuchungsziel nicht relevanter Variablen auf die interessierenden Wahrnehmungsdimensionen reduziert werden soll (z.B. Einfluß von Farbunterschieden auf die Identifizierung geschmacklicher Unterschiede).

Die Ergebnisse von Unterschiedstests werden dahingehend analysiert, ob ein statistisch gesicherter Unterschied zwischen den Testprodukten besteht oder nicht. Die Auswertung basiert auf der Binomialverteilung oder auf Approximationen der Binomialverteilung (z.B. χ^2-Test). Für alle gängigen Unterschiedstests sind Tafeln entwickelt worden, aus denen man die minimale Anzahl korrekter Antworten ablesen kann, die erforderlich ist, um unter Berücksichtigung eines bestimmten Signifikanzniveaus auf einen statistisch gesicherten Unterschied zwischen zwei Testprodukten schließen zu können (vgl. Abb. 4).

3.2. Merkmalsbezogene Unterschiedstests

Im Rahmen merkmalsbezogener Unterschiedstests haben die Testpersonen die Aufgabe anzugeben, welches von zwei oder mehreren Produkten die höhere/geringere Intensität hinsichtlich eines bestimmten Merkmals (z.B. Süße) aufweist. Am häufigsten wird dieser Test in Form des **Paarvergleichs** durchgeführt,[27] wobei sich die Testpersonen für eines der beiden Produkte entscheiden müssen (forced choice model). Sollen mehr als zwei Produkte bezüglich eines sensorischen Merkmals miteinander verglichen werden, empfiehlt sich ein **Rangfolgetest**. Die Testpersonen erhalten hier die Aufgabe, die relevanten Proben nach abnehmender Intensität des relevanten sensorischen Merkmals zu ordnen.

Minimum Numbers of Correct Judgements to Establish Significance at Various Probability Levels for the *Triangle Test* (One Tailed, p=1/3)							
Number of trials	Probability levels						
	0.05	0.04	0.03	0.02	0.01	0.005	0.001
•	•	•	•	•	•	•	•
30	15	16	16	16	17	18	19
31	16	16	16	17	18	18	19
32	16	16	17	17	18	19	20
33	17	17	17	18	18	19	21
34	17	17	18	18	19	20	21
35	17	18	18	19	19	20	22
36	18	18	18	19	20	20	22
37	18	18	19	19	20	21	22
38	19	19	19	20	21	21	23
39	19	19	20	20	21	22	23
40	19	20	20	21	21	22	24
•	•	•	•	•	•	•	•

Abb. 4: Mindestanzahl korrekter Antworten, die erforderlich sind, um auf einen statistisch gesicherten Unterschied zwischen zwei Testprodukten schließen zu können[28]

Folgende Problemfelder müssen beim Einsatz merkmalsbezogener Unterschiedsprüfungen beachtet werden: Vielfach gelingt es nicht, den sensorischen Unterschied vorab eindeutig zu definieren. So ist etwa die Schärfe einer Suppe häufig ein mehrdimensionales sensorisches Phänomen. Die Veränderung der Intensität eines Rezepturbestandteils (z.B. Salzgehalt) kann außerdem zur Veränderung mehrerer sensorischer Produkteigenschaften führen, so daß es risikoreich ist, nur nach dem wahrgenommenen Unterschied bezüglich des variierten Merkmals zu fragen. Ferner besteht auch die Gefahr, daß die Befragten den spezifizierten Unterschied zwischen den Produkten nicht wahrnehmen, d.h., sie bemerken zwar, daß ein Unterschied zwischen zwei Proben besteht, können diesen Unterschied aber nicht eindeutig mit dem vorgegebenen Merkmal in Beziehung setzen.[29]

Häufig ist der kombinierte Einsatz von ganzheitlichen und merkmalsbezogenen Unterschiedstests sinnvoll. So ermittelt man z.B. zunächst mit Hilfe des Dreieckstests, ob ein statistisch gesicherter sensorischer Unterschied zwischen zwei neu entwickelten Prototypen besteht. Anschließend wird dann versucht, die Art des sensorischen Unterschieds, etwa mittels Paarvergleich, zu analysieren.[30]

3.3. Schwellenwerttests

Geschmacks- oder Geruchsstoffe lösen beim Menschen nur dann eine sensorische Empfindung aus, wenn sie in einer Mindestkonzentration im Produkt vorhanden sind, so daß eine bestimmte Reizintensität am Rezeptor überschritten wird. Diesen Wert bezeichnet man im allgemeinen als **Reizschwelle**. Beim Erreichen dieser Schwelle erkennt die Testperson eine sensorische Veränderung am Produkt, sie kann jedoch Art bzw. Richtung der Veränderung nicht angeben. Erreicht z.B. die Konzentration von in Wasser gelöster Zitronensäure die Reizschwelle einer Testperson, dann empfindet diese zwar einen Unterschied im Vergleich zu geschmacksneutralem Wasser, ohne jedoch den Geschmackseindruck sauer zu erkennen. Wird bei kontinuierlicher Erhöhung der Zitronensäurekonzentration erstmalig ein saurer Geschmack wahrgenommen, dann ist die **Erkennungsschwelle** überschritten.[31]

Schwellenwerttests verfolgen das Ziel, die geringste physikalische Intensität eines Reizes zu messen, die von einer Testperson noch erkannt wird. Die eindeutige Ermittlung von Schwellenwerten ist jedoch problematisch, weil die individuellen Wahrnehmungsschwellen erheblich voneinander abweichen.[32] Außerdem sinkt die Wahrnehmungsschwelle, wenn sich die Person mit dem relevanten sensorischen Reiz und dem Testablauf vertraut gemacht hat. Folglich kann eine Reiz- oder Erkennungsschwelle nicht als fester Punkt auf der Konzentrationsskala bestimmt werden, sondern ist vielmehr ein Bereich, der dadurch gekennzeichnet ist, daß ein bestimmter Anteil der Testpersonen (z.B. 50%) den sensorischen Reiz wahrnimmt bzw. erkennt.

Schwellenwerttests sind unter anderem in denjenigen Fällen sinnvoll, in denen man Produkten bestimmte Substanzen (z.B. Konservierungs- oder Farbstoffe) hinzufügen will, die in einer bestimmten Konzentration einen unangenehmen sensorischen Eindruck auslösen (sog. "off-flavor") und damit zur Verringerung der Akzeptanz bei den Konsumenten führen. Als Testdesign kann z.B. ein multipler Dreieckstest dienen: So beschreiben etwa *Meilgaard et al.* einen Test, in dem sie die Reizschwelle für eine unangenehme, durch UV-Strahlen der Sonne hervorgerufene Geschmackskomponente bei Bier ermittelt haben.[33] Für diesen Schwellenwerttest wurden Bier-Proben mit sechs unterschiedlichen Konzentrationen des "off-flavors" hergestellt. 25 trainierte Testpersonen erhielten insgesamt sechsmal drei Bier-Proben, wobei nur eine der drei Proben den "off-flavor" enthielt, und zwar jeweils in einer der sechs ausgewählten Konzentrationen. Jeder Proband, der die geringste Konzentration des "off-flavors" richtig erkannte (z.B. Testperson 2), wurde gebeten, zwei zusätzliche Dreieckstests mit dieser Konzentration und zwei Dreieckstests mit noch geringerer Konzentration durchzuführen (⇓⇓).

Test-person	Konzentration (ppb): off-flavor in Bier[1]								BET[2]
	⇓⇓	0,80	2,41	7,28	21,7	65,2	195	⇑⇑	ppb
1		0	0	+	+	+	+		4,19
2	0	+	+	+	+	+	+		0,46
3		0	+	+	+	+	+		1,39
4	0	+	+	+	+	+	+		0,46
5		0	+	0	+	+	+		12,6
6		0	+	+	+	+	+		1,39
7		+	0	+	+	+	+		4,19
8	0	+	+	+	+	+	+		0,46
9	0	+	+	+	+	+	+		0,46
10		0	+	0	0	+	0	+	338
11		0	+	+	+	+	+		1,39
12		0	+	+	+	+	+		1,39
13		+	0	+	+	+	+		4,19
14		0	0	+	+	+	+		4,19
15	0	+	+	+	+	+	+		0,46
16		0	+	0	+	+	+		12,6
17		0	+	+	+	+	+		1,39
18		+	+	0	0	+	+		37,7
19	0	+	+	+	+	+	+		0,46
20		+	0	+	+	+	+		4,19
21		0	+	+	+	+	+		1,39
22	0	+	+	+	+	+	+		0,46
23		+	0	0	+	+	+		12,6
24	0	+	+	+	+	+	+		0,46
25		0	0	+	+	+	+		4,19
Gruppen-BET, geometrischer Mittelwert, ppb									2,35

[1] Konzentration wird schrittweise um den Faktor 3,0 erhöht

[2] BET = Best Estimate Threshold

Abb. 5: Individuelle Schwellenwerte für eine unangenehme Geschmackskomponente in Bier

Jeder Proband, der auch die höchste Konzentration nicht richtig erkannte (Testperson 10), wurde analog dazu noch zweimal mit dieser Konzentration und mit zwei höheren konfrontiert (⇑⇑). Der geschätzte Schwellenwert für jede Testperson ist der geometrische Mittelwert aus der höchsten Konzentration, die nicht erkannt wurde, und der nächsthöheren Konzentration. Der geschätzte Schwellenwert für die Testgruppe ergibt sich dann aus dem geometrischen Mittelwert der individuellen Schwellenwerte. Die Ergebnisse des Tests sind in den Abbildungen 5 und 6 dargestellt.

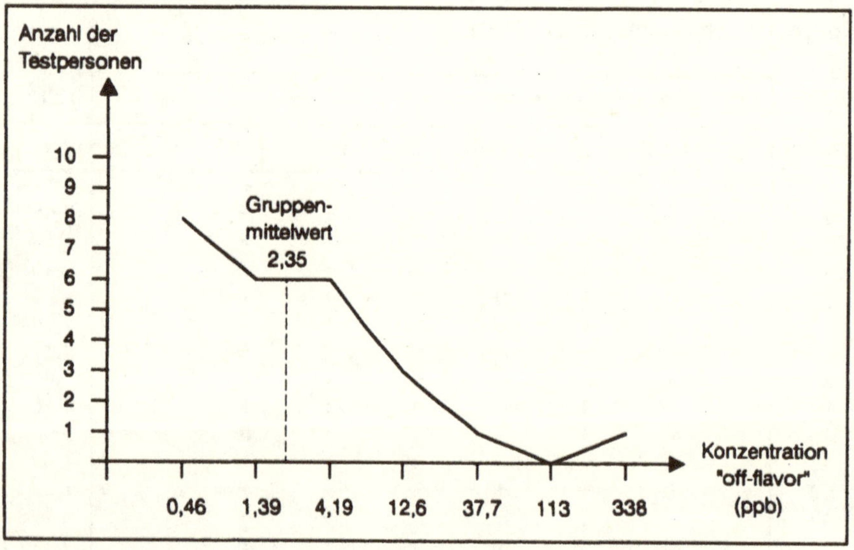

Abb. 6: Graphische Darstellung der ermittelten Schwellenwerte

4. Verfahren zur Identifizierung und Quantifizierung sensorischer Produkteigenschaften

Für die Entwicklung eines neuen bzw. die Optimierung eines bestehenden Produktes sind exakte Informationen über dessen sensorische Eigenschaften von elementarer Bedeutung. Das Ziel der sogenannten **deskriptiven Verfahren** der sensorischen Produktforschung, die zweifellos die anspruchsvollste Form der sensorischen Produktforschung darstellen, besteht in der Messung der menschlichen Wahrnehmung sensorischer Eigenschaften von Produkten. Unter professioneller Anleitung versucht eine kleine Gruppe speziell geschulter Personen, alle sensorischen Eigenschaften der relevanten Produkte zu identifizieren und zu quantifizieren. Als Ergebnis erhält man für jedes Testprodukt ein sensorisches Profil, mit dessen Hilfe es gelingt, eine Beziehung zwischen der chemisch-physikalischen Zusammensetzung (Rezeptur) des Produktes und seiner affektiven Beurteilung durch potentielle oder aktuelle Käufer bereitzustellen.

Der Einsatz instrumenteller Verfahren wie etwa gaschromatographischer oder rheologischer Analysen liefert nur Informationen über die chemisch-physikalischen Produkteigenschaften, die für das sensorische Profil verantwortlich sind. Die zuverlässige Erfassung der sensorischen Produkteigenschaften selbst ist nur mit Hilfe der objektivierten menschlichen Wahrnehmung möglich. Der Mensch dient dem Forscher demnach als "Meßinstrument". Daß man heute - trotz der zweifellos zeitraubenden und kostenintensiven Schulung - in der Regel auf Konsumenten zurückgreift und nicht auf Experten, z.B. aus der Produktentwicklung, hat verschiedene Gründe: Experten verfügen über eine langjährige Erfahrung mit der Produktart, detaillierte Rezepturkenntnisse und eine spezifische Vorstellung bezüglich der Produktqualität. Folglich weichen ihre Wahrnehmungsstrukturen von denen geschulter Konsumenten zum Teil erheblich ab.[34] Außerdem besteht die Gefahr, daß sie zur Beschreibung sensorischer Merkmale neben der rein sinnlichen Wahrnehmung - zumindest unbewußt - auch Beziehungen zu den dahinter stehenden physikalisch-chemischen Produkteigenschaften berücksichtigen.[35] Schließlich kann die Objektivität der Wahrnehmungsmessungen durch das berufliche Involvement der Experten, den sog. "Hausgeschmack", beeinträchtigt werden. Aus der Sicht der sensorischen Produktforschung besteht die Aufgabe der Experten vielmehr darin, ihr Wissen zur systematischen Analyse des Zusammenhangs zwischen den chemisch-physikalischen Produkteigenschaften einerseits und den daraus resultierenden, von einer Gruppe geschulter Konsumenten erarbeiteten sensorischen Produktprofilen andererseits herzustellen.

Vor allem wegen der Besonderheiten der menschlichen Geruchs- und Geschmackswahrnehmung ist eine intensive Schulung der als Testpersonen dienenden Konsumenten wesentlicher Bestandteil nahezu aller deskriptiver Verfahren. Die kognitive Steuerung der olfaktorischen und gustatorischen Wahrnehmung ist gering; deshalb beeinflussen Geschmacks- und Geruchseindrücke unser Verhalten häufig, bevor wir sie bewußt wahrnehmen. Außerdem unterscheiden sich die Menschen erheblich in ihrer Sensitivität bezüglich der Geruchs- und Geschmackswahrnehmung. Als Folge dieser Besonderheiten verfügen untrainierte Personen nicht über ein ausreichendes Vokabular, um ihre sensorische Wahrnehmung präzise zu beschreiben. Typisch ist auch die Inkonsistenz bezüglich der Begriffe, die sie verwenden, um ihre sensorische Wahrnehmung zu artikulieren und Gründe für ihre sensorische Präferenz anzugeben.[36]

Die Verfahren zur Beschreibung sensorischer Produkteigenschaften bestehen grundsätzlich aus zwei Analyseschritten: Im Rahmen der **qualitativen Analyse** lernen die Testpersonen zunächst durch mehr oder weniger intensive Schulung, alle sensorischen Eigenschaften der Testprodukte aufzuspüren und verbal exakt zu beschreiben. Bei der Auswahl der Testpersonen stehen deshalb auch deren sensorische Fähigkeiten im Vordergrund und nicht ihre Repräsentanz für eine bestimmte Grundgesamtheit.[37] Durch die Sensibilisierung ihrer sensorischen Wahrnehmung sind die trainierten Personen anschließend dazu in der Lage, die Testprodukte einer **quantitativen Analyse** zu unterziehen. Ziel ist es, die objektiv vorhandenen Intensitäten aller sensorischen Reize auf der Grundlage einer speziell auf die Testprodukte abgestimmten Terminologie anzugeben. Die Deskriptoren der sensorischen Wahrnehmung sollten möglichst unabhängig voneinander sein und müssen sich - trotz der eigenständigen Terminologie trainierter Konsumenten - in die Sprache der Produktentwickler übersetzen lassen.[38] Aufgrund der Zielsetzung ist ferner darauf zu achten, daß eine Beeinflussung der objektiven Wahrnehmung durch wertende Deskriptoren unterbleibt.

In mehr als 40 Jahren ist aus einigen grundlegenden Ansätzen eine Vielzahl von Verfahren zur Beschreibung sensorischer Produkteigenschaften entstanden. In zunehmendem Maße erkennt auch die Unternehmenspraxis ihren Nutzen für die systematische Optimierung des Produktkerns von Nahrungs- und Genußmitteln. Die wesentlichen Merkmale sowie Vor- und Nachteile der wichtigsten deskriptiven Verfahren sollen im folgenden kurz skizziert werden.[39]

4.1. Flavor Profile Methode (FPM)

Die Flavor Profile Methode wurde bereits in den späten vierziger Jahren bei der Arthur D. Little Company in den USA entwickelt und 1950 erstmals von *Caincross* und *Sjöström* veröffentlicht.[40] Dieser erste Ansatz zur Objektivierung der menschlichen Wahrnehmung ist zweifellos der bekannteste, und alle später entwickelten deskriptiven Verfahren beruhen mehr oder weniger auf den grundlegenden Überlegungen der Flavor Profile Methode.

In einem ersten Schritt ("screening") werden mit Hilfe standardisierter Geruchs- und Geschmackstests vier bis sechs geeignete Personen aus einer größeren Anzahl potentieller Teilnehmer ausgewählt. Die anschließende qualitative Analyse dient der Entwicklung einer exakten Terminologie zur vollständigen Verbalisierung der sensorischen Wahrnehmung. Um alle relevanten Deskriptoren aufspüren zu können, müssen die Testpersonen zunächst mehrere Produkte verkosten und anschließend ihre sensorische

Wahrnehmung so genau wie möglich beschreiben. Die Produkte werden vom Testleiter so ausgewählt, daß sie möglichst alle Geruchs- und Geschmacksmerkmale der zu unter. henden Produktart beinhalten. Die evaluierten Begriffe werden dann mit dem Ziel diskutiert, zu einer Liste einheitlich interpretierter Deskriptoren zu gelangen und die Reihenfolge ihrer Wahrnehmung festzulegen.

Erst wenn die Testpersonen alle sensorisch... Reize aufspüren und die vorhandenen Intensitätsunterschiede zwischen den Produkten angeben können, beginnt die quantitative Analyse. Die Probanden beurteilen anhand einer verbal verankerten fünfstufigen Skala zunächst die einzelnen Intensitäten, welche die Testprodukte hinsichtlich der sensorischen Merkmale aufweisen. Anschließend bewerten sie sowohl den gustatorischen als auch den olfaktorischen Gesamteindruck der Testprodukte ("amplitude"), darunter ist die Fülle ("body") und die Ausgewogenheit ("balance") des Geruchs und Geschmacks zu verstehen.

Eine wichtige Besonderheit der Flavor Profile Methode besteht darin, daß im Anschluß an die Datenerhebung Abweichungen in den individuellen Urteilen innerhalb der Gruppe analysiert werden. Diese Maßnahme soll zur Erhöhung der Qualität der Daten beitragen und eröffnet den Testpersonen eine Möglichkeit zur Selbstüberprüfung. Die Moderation der Diskussion übernimmt einer der Teilnehmmer mit dem Ziel, schließlich einen Konsens über das "endgültige" sensorische Profil für jedes Testprodukt zu erreichen.

Damit die Ergebnisse auch für Außenstehende leicht zu interpretieren sind, werden die Geruchs- und Geschmacksprofile graphisch dargestellt. Abbildung 7 enthält die Gegenüberstellung der Geschmacksprofile zweier gekochter und gewürzter Kürbisse, wobei einer Probe 0,5% einer geschmacksverstärkenden Substanz hinzugefügt wurde. Der Gesamteindruck wird durch die Fläche des Halbkreises, die Wahrnehmungsschwelle der Deskriptoren durch die Kreislinie repräsentiert. Die Länge der Strahlen entspricht der wahrgenommenen Intensität der betreffenden Merkmale.

Durch die Flavor Profile Methode hat die deskriptive Produktforschung ihren ersten und entscheidenden Impuls erhalten. Sie weist jedoch einige Schwächen auf, die durch geeignete Modifikationen im Laufe der Zeit zum Teil behoben worden sind. Ein wesentlicher Kritikpunkt bezieht sich darauf, daß aus den Einzelurteilen in der Diskussion ein konsensfähiges Gesamturteil gebildet und somit auf eine statistische Auswertung der individuellen Resultate verzichtet wird. Aussagen über die Validität und Reliabilität der sensorischen Profildaten sind also nicht möglich. Diesem Problem tragen andere Autoren dadurch Rechnung, daß sie keine Kompromißlösung anstreben, sondern ein Produktprofil aus den arithmetischen Mittelwerten der individuellen Intensitätsangaben der Testpersonen für jedes Merkmal ableiten.[41]

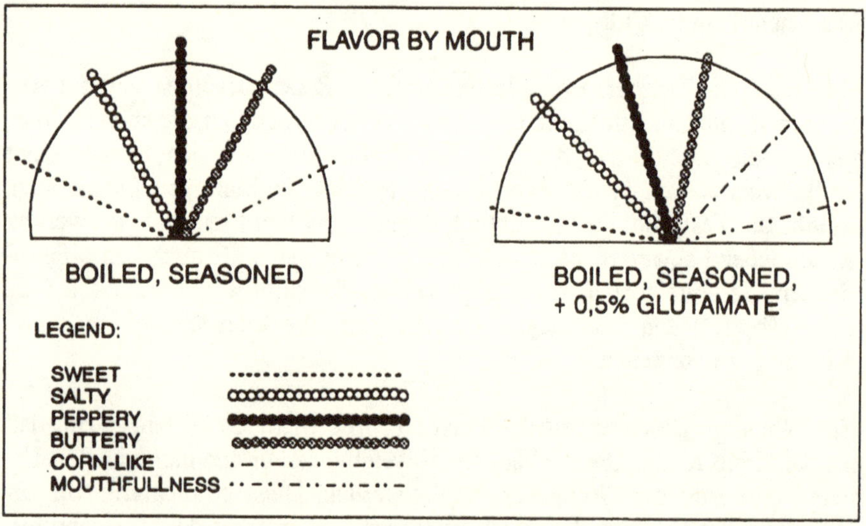

Abb. 7: Graphische Darstellung der Ergebnisse der Flavor Profile Methode (Geschmacksprofile; gekochter und gewürzter Kürbis)[42]

Problematisch ist außerdem, daß die Testpersonen eine affektive Beurteilung des olfaktorischen und gustatorischen Gesamteindrucks (amplitude) abgeben sollen. Aufgrund der intensiven Schulung sowie des ständigen sensorischen Kontakts mit der betreffenden Produktart stimmen die Wahrnehmungs- und Präferenzstrukturen der Teilnehmer nicht mehr mit denen "normaler" Konsumenten überein. Sensorisch geschulte Personen sind z.B. besser dazu in der Lage, störende Geruchs- und Geschmackseindrücke von geringer Intensität sowohl zu erkennen als auch exakt zu beschreiben, und sie neigen bisweilen dazu, kleinen Produktunterschieden eine zu hohe Bedeutung für die Beurteilung des sensorischen Gesamteindrucks beizumessen. Affektive Urteile trainierter Testpersonen liefern deshalb keine verläßlichen Hinweise auf die Präferenz-/Akzeptanzurteile der Zielgruppe.

Ein weiterer Kritikpunkt bezieht sich auf die vergleichsweise geringe Anzahl der Testpersonen. Der Beitrag jeder einzelnen Person an der Streuung in den Wahrnehmungsdaten ist zu hoch, so daß der Konsens über ein sensorisches Produktprofil von zu wenig Beurteilern abhängt.[43] Ferner ist die verwendete fünfstufige Ratingskala nicht sensitiv genug, um kleine, aber vielleicht wichtige sensorische Unterschiede zwischen den Testprodukten angemessen erfassen zu können.

4.2. Texture Profile Methode

Die Texture Profile Methode wurde zu Beginn der sechziger Jahre bei der General Foods Corporation in den USA entwickelt.[44] Mit Hilfe dieses Verfahrens läßt sich die Textur als Gesamtheit aller mechanischen, geometrischen sowie der den Fett- und Flüssigkeitsgehalt betreffenden Merkmale eines Nahrungs- und Genußmittels exakt beschreiben. Die Auswahl und Schulung der Testpersonen sowie die Auswertung der Daten erfolgt in Anlehnung an die Flavor Profile Methode. Die Besonderheit der Texture Profile Methode besteht darin, daß die intensiv geschulten Testpersonen die Produkte mit Hilfe einer bestehenden Liste kategorisierter sowie sensorisch und physikalisch exakt definierter Deskriptoren beurteilen.

MECHANICAL CHARACTERISTICS		
Primary parameters	*Secondary parameters*	*Popular terms*
Hardness		Soft⇒firm⇒hard
Cohesiveness	Brittleness	Crumbly⇒crunchy⇒brittle
	Chewiness	Tender⇒chewy⇒tough
	Gumminess	Short⇒mealy⇒pasty ⇒gummy
Viscosity		Thin⇒viscous
Elasticity		Plastic⇒elastic
Adhesiveness		Sticky⇒tacky⇒gooey
GEOMETRICAL PARAMETERS		
Class		*Examples*
Particle size and shape		Gritty, grainy, coarse etc.
Particle shape and orientation		Fibrous, cellular, crystalline, etc
OTHER CHARACTERISTICS		
Primary parameters	*Secondary parameters*	*Popular terms*
Moisture content		Dry⇒moist⇒wet⇒watery
Fat content	Oiliness	Oily
	Greasiness	Greasy

Abb. 8: Zusammenhang zwischen Parametern zur Beschreibung der Textur und umgangssprachlichen Bezeichnungen[45]

Abbildung 8 gibt einen Überblick über die drei Kategorien von Begriffen zur Beschreibung der Textur von Nahrungs- und Genußmitteln, wobei jeder Begriff exakt definiert ist. So wird z.B. die Härte eines Produktes spezifiziert als "the force required to penetrate a substance with molar teeth".[46] Zur Beurteilung jedes Deskriptors steht den Testpersonen eine standardisierte Skala zur Verfügung. Sie enthält eine bestimmte Anzahl von Abstufungen, und jede Abstufung wird durch ein spezifisches Referenzprodukt repräsentiert (vgl. Abb. 9). Mit diesen Hilfestellungen soll zum einen die Variabilität in der individuellen Wahrnehmung ausgeschaltet und zum anderen ein unmittelbarer Zusammenhang zwischen den gemessenen Intensitäten der sensorischen Merkmale und verfügbaren Daten aus der instrumentellen Analyse hergestellt werden.

Panel rating	Product	Brand or type	Manufacturer	Sample size	Temp.
1	Cream cheese	Philadelphia	Kraft Foods	1/2"	45-55°F
2	Egg white	hard-cooked 5 min	---	1/2" tip	room
3	Frankfurters	large, uncooked, skinless	Mogan David Kosher Meat Prod. Corp.	1/2"	50-65°F
4	Cheese	yellow, American pasteurized process	Kraft Foods	1/2"	50-65°F
5	Olives	exquisite giant size, stuffed	Cresca Co.	1 olive	50-65°F
6	Peanuts	cocktail type in vacuum tin	Planters Peanuts	1 nut	room
7	Carrots	uncooked, fresh	---	1/2"	room
8	Peanut brittle	candy part	Kraft Foods	---	room
9	Rocky candy	---	Dryden & Palmer	---	room

Abb. 9: Standardisierte Skala für das sensorische Merkmal "Härte"[47]

Auf der Basis vielfältiger praktischer Erfahrungen wurde die Texture Profile Methode schrittweise weiterentwickelt und kommt heute auch zur Beschreibung der sensorischen Merkmale anderer Produktarten (z.B. Stoffe, Papier) zum Einsatz. Das Verfahren weist jedoch eine Reihe von Schwachpunkten auf, die Zweifel an seiner Effizienz entstehen lassen:[48] So sind etwa die technisch geprägten Kategorien und Definitionen für Experten in der Produktentwicklung und Qualitätssicherung zweifellos hilfreich, fraglich ist jedoch, ob sie von trainierten Konsumenten konsistent gehandhabt werden können.

Aus verhaltenswissenschaftlicher Sicht ist es zudem unrealistisch anzunehmen, daß sich die personenbezogene Streuung in den Daten durch spezielle Referenzreize für jede Skalenstufe eines Deskriptors vollständig eliminieren läßt. Die durch die Testpersonen hervorgerufene Variabilität hängt auch von anderen Faktoren (z.B. Tagesform) ab, so daß es sinnvoller ist, sie mittels Varianzanalyse statistisch zu isolieren und anschließend einer genauen Analyse zu unterziehen, um ihre Ursachen besser verstehen zu können. Auch die ungewollte Streuung, welche durch die als Referenzreize dienenden Produkte hervorgerufen wird, ist zu beachten. Die Produkte weisen bisweilen minimale produktionsbedingte Unterschiede auf oder ändern im Zeitverlauf deutlich ihr sensorisches Profil aufgrund von Marketing-Entscheidungen, z.B. im Rahmen von Produktrelaunches. Darüber hinaus ist nicht auszuschließen, daß die Präferenz oder Aversion gegenüber einem Referenzreiz sowie ihr ständiger, zur sensorischen Ermüdung führender Gebrauch die sensorische Wahrnehmung beeinträchtigt.[49]

Problematisch ist ebenfalls, daß die Testpersonen die Produkte anhand einer Liste vorab festgelegter Merkmale beurteilen müssen. Dieses Vorgehen kann z.B. dazu führen, daß sie sensorische Reize wahrnehmen, die sich nicht durch die verfügbaren Deskriptoren exakt beschreiben und quantifizieren lassen. Bedenklich ist schließlich auch die strikte Trennung der Texturbeurteilung von den anderen sensorischen Dimensionen. Die sensorische Wahrnehmung ist unabhängig von der Beurteilungsaufgabe, d.h., visuelle, akustische, olfaktorische und gustatorische Reize beeinflussen die Wahrnehmung der Textur und umgekehrt. Deshalb ist es nicht sinnvoll, die Wahrnehmungsmessung auf eine sensorische Dimension zu beschränken. Vielmehr muß die Reaktion des Meßinstruments Mensch auf alle sensorischen Eigenschaften der Testprodukte erfaßt werden, um anschließend die zwischen diesen Eigenschaften bestehenden Zusammenhänge in der Wahrnehmung - z.B. mittels Faktorenanalyse - untersuchen zu können.

4.3. Quantitative Deskriptive Analyse

Dieses Verfahren wurde am Stanford Research Institute in Kalifornien entwickelt und erstmals 1974 von *Stone et al.* veröffentlicht.[50] Von allen Verfahren zur Identifizierung und Quantifizierung sensorischer Produkteigenschaften besitzt die Quantitative Deskriptive Analyse heute die größte praktische Relevanz. Sie kann als konsequenteste Weiterentwicklung der Flavor Profile Methode aufgefaßt werden, da sie versucht, alle Schwachpunkte dieses Verfahrens durch geeignete Maßnahmen bei der Auswahl und Schulung der Testpersonen sowie im Rahmen der Datenerhebung und

-analyse auszuschalten. Die Grundidee der Quantitativen Deskriptiven Analyse beruht darauf, die menschliche Wahrnehmung möglichst vollständig zu objektivieren, um die Intensitäten der sensorischen Produkteigenschaften statistisch gesichert erfassen zu können.

Analog zu den beiden bereits dargestellten Verfahren wird eine kleine Gruppe von Testpersonen gebildet, die neben verschiedenen persönlichen Voraussetzungen über bestimmte sensorische Fähigkeiten verfügen müssen (z.B. Unterscheidung gängiger Geruchs- und Geschmacksstoffe). Im Rahmen eines langwierigen mehrstufigen Trainingsprozesses lernen die zehn bis sechzehn ausgewählten Testpersonen anschließend unter fachmännischer Anleitung, alle wahrnehmbaren sensorischen Qualitäten der Testprodukte zu identifizieren und die eruierten Merkmale verbal exakt zu beschreiben. Am Ende der Schulungsphase steht die Einigung auf eine gemeinsame Liste sensorischer Merkmale, deren Bedeutungsinhalte und Intensitätsabstufungen alle Testpersonen einheitlich interpretieren müssen.

In der Erhebungsphase beurteilen die Testpersonen unter kontrollierten Bedingungen alle Produkte mit Hilfe der erstellten Deskriptorenliste und auf der Basis verbal verankerter Linienskalen (vgl. Abb. 10), die erheblich sensitiver sind als die bis dahin verwendeten Ratingskalen. Die Testpersonen geben Auskunft über die wahrgenommene Intensität des betreffenden Merkmals, indem sie eine vertikale Markierung auf der horizontalen Linie anbringen. Wird das betreffende Merkmal nicht wahrgenommen, setzen die Testpersonen die Markierung links vom linken Wortanker. Weist das betreffende Merkmal die höchstmögliche Intensität auf, setzen sie die Markierung rechts vom rechten Wortanker.[51] Für die anschließende statistische Überprüfung der Reliabilität der Wahrnehmungsmessungen ist es wichtig, daß jedes Testprodukt von jedem Teilnehmer im Rahmen eines ausbalancierten Testdesigns mehrmals beurteilt wird. Die Anzahl der Replikationen ist zwar abhängig von der zu beurteilenden Produktart, im allgemeinen reichen jedoch drei bis sechs Messungen für jedes Testprodukt aus.

Ein wesentlicher Vorteil der Quantitativen Deskriptiven Analyse beruht darin, daß sie die vielfältigen Möglichkeiten der statistischen Analyse konsequent nutzt, damit die Validität und Reliabilität der Wahrnehmungsmessungen exakt beurteilt werden können. Hierin liegt zweifellos auch ein Grund für die große Bedeutung dieses Verfahrens in der Praxis. Insbesondere mit Hilfe multivariater Methoden kann der Testleiter die Leistungsfähigkeit jeder Testperson überprüfen sowie Probleme bei der Wahrnehmung bestimmter Deskriptoren oder bei der Handhabung der verwendeten Skala erkennen. Nach der Überprüfung ihrer Reliabilität werden die individuellen

Ergebnisse gegebenenfalls gewichtet und dann alle Werte für jedes Testprodukt und jeden Deskriptor gemittelt. Auf diese Weise erhält man für jedes Produkt ein exaktes sensorisches Profil, welches die objektiv vorhandenen Intensitäten aller sensorischen Merkmale offenlegt und jederzeit reproduzierbar ist. Die Visualisierung der Ergebnisse erfolgt anhand von "spider webs". Diese Diagramme bestehen aus mehreren gleichwinklig und kreisförmig angeordneten Strahlen, welche die sensorischen Eigenschaften repräsentieren. Die Mittelwerte der Merkmalsintensitäten werden auf diesen Strahlen so abgetragen, daß die Abstände zum Ursprung jeweils den gemessenen Intensitäten entsprechen. Das sensorische Profil des Testprodukts erhält man durch die Verbindung der einzelnen Intensitätspunkte zu einem geschlossenen Polygon (vgl. Abb. 10).

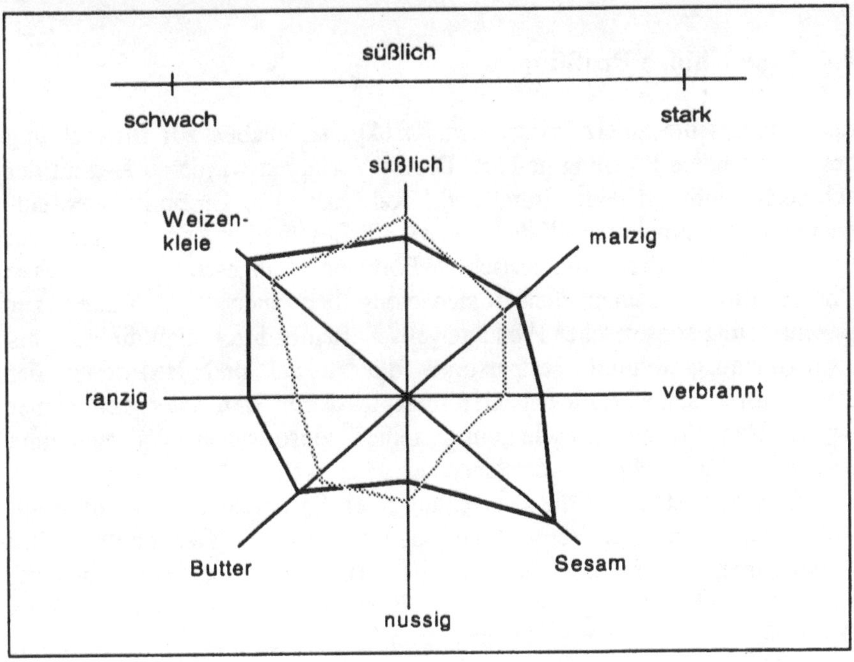

Abb. 10: Linienskala für einen Deskriptor (oben) und Geruchsprofile zweier Knäckebrotsorten

Die an der Quantitativen Deskriptiven Analyse geübte Kritik bezieht sich insbesondere auf die hohen Kosten sowie den vergleichsweise großen Zeitbedarf für die intensive Schulung der Testpersonen und die umfangreiche Datenerhebung. Als problematisch erweist sich bisweilen auch das in Anlehnung an die Flavor Profile Methode gewählte Vorgehen zur Auswahl der relevanten Deskriptoren. Die individuelle Wahrnehmung kann durch die

Diskussion und Einigung über Art, Anzahl und Definition der sensorischen Merkmale negativ beeinflußt werden. So ist es möglich, daß z.B. Teilnehmer mit starkem Durchsetzungsvermögen oder langjähriger Erfahrung mit der sensorischen Produktbeurteilung die Entwicklung der sensorischen Terminologie so nachhaltig prägen, daß andere Testpersonen darauf verzichten, ihre sensorische Wahrnehmung vorbehaltlos zu artikulieren und folglich bestimmte Begriffe und deren Präzisierung in der Meßphase nicht konsistent handhaben können. Ob die endgültige Deskriptorenliste, auf die sich die Teilnehmer am Ende der Schulungsphase einigen müssen, die sensorischen Wahrnehmungen aller Teilnehmer angemessen repräsentiert, hängt entscheidend vom Geschick des Testleiters ab, der alle Diskussionsbeiträge zu koordinieren hat.

4.4. Free Choice Profiling

Insbesonders die zuletzt skizzierten Kritikpunkte haben zur Entwicklung des Free Choice Profiling geführt. Dieses Verfahren wurde zu Beginn der achtziger Jahre am Agricultural and Food Council in Großbritannien entwickelt und erstmals von *Williams et al.* zur Beschreibung der sensorischen Produkteigenschaften französischer Portweine eingesetzt.[52] Das Free Choice Profiling unterscheidet sich von allen anderen Verfahren zur Beschreibung sensorischer Produkteigenschaften dadurch, daß die acht bis zwanzig ausgewählten Testpersonen die Anzahl und Bedeutung der Deskriptoren selbst festlegen. Gefordert wird nur, daß jeder Teilnehmer eigene Begriffe zur Beschreibung seiner sensorischen Wahrnehmung entwickelt, sie nach den verschiedenen sensorischen Dimensionen ordnet und dann konsistent auf die Beurteilung aller Testprodukte anwendet (vgl. Abb. 11). Durch den Verzicht auf die sonst übliche Generierung einer gemeinsamen sensorischen Terminologie verringert sich der Schulungsaufwand erheblich, eine gegenseitige Beeinflussung der Testpersonen durch die Diskussion über geeignete Deskriptoren ist ausgeschlossen, und individuelle Unterschiede in der sensorischen Wahrnehmung bzw. ihrer Verbalisierung werden berücksichtigt.

Bezüglich der Auswahl und Schulung der Testpersonen sowie der Vorgehensweise im Rahmen der Datenerhebung haben sich bis heute keine einheitlichen Standards für das Free Choice Profiling herausgebildet. Während einige Autoren geeignete Personen anhand von Kriterien auswählen, die auch sonst üblich sind, reicht es für andere Autoren aus, daß die Probanden bereits über Erfahrungen mit der sensorischen Produktbeurteilung verfügen. In einigen Untersuchungen kommen - trotz der bereits dargestellten

Probleme - auch Experten zum Einsatz. Hinsichtlich der Dauer und des Ziels der Schulung besteht ebenfalls keine Einigkeit. In manchen Untersuchungen wird auf das Training ganz verzichtet, obwohl es sich bei den Testpersonen zum Teil um "normale" Konsumenten handelt. In anderen Studien werden hingegen mehrere Sitzungen benötigt, um die Probanden mit ihrer Aufgabe vertraut zu machen. Schließlich kommen zur Messung der sensorischen Wahrnehmung unterschiedliche Rating- und Linienskalen zum Einsatz. Die Beurteilung der Testprodukte kann sowohl monadisch als auch simultan erfolgen.

Expert	Appearance	Aroma	Flavor
Taster 1	Depth, fresh, brightness	Cleanness, freshness, fruitiness, richness, smoothness, concentration	Cleanness, fresh, body, grip, round, aftertaste
Taster 2	Tawny, ruby, purple, cloudy	Clean, fruity, green	Body, firmness, coarse, tannin, hard, crisp, sour
Nonexpert	**Appearance**	**Aroma**	**Flavor**
Taster 1	Clarity, intensity, redness, yellowness	Volatile acidity, fruitiness, woodiness, alcoholic, strength, overall intensity	Acid, sweetness, smoothness, body, aftertaste
Taster 2	Intensity, red, brown	Burnt	Astringent, acidy

Abb. 11: Von zwei Experten und zwei sensorischen Laien generierte Deskriptoren zur Beurteilung französischer Portweine[53]

Dadurch, daß jede Testperson zur Beurteilung der relevanten Produkte eine eigene Begriffssystematik verwendet, ergeben sich im Rahmen der Datenanalyse besondere Probleme, die jedoch durch den Einsatz der **Procrustes Analyse** weitgehend gelöst werden können:[54] Benutzt eine Testperson n Merkmale, um die Testprodukte zu beschreiben, dann ist es möglich, diese Produkte auf der Basis der ihnen zugeordneten Intensitätswerte als Punkte in einem n-dimensionalen Wahrnehmungsraum darzustellen, wobei jedes der n sensorischen Merkmale eine der n Dimensionen repräsentiert. Die räumlichen Distanzen zwischen den als Punkte dargestellten Testprodukten geben dann Auskunft über ihre sensorischen Gemeinsamkeiten und Unterschiede. Auf diese Weise läßt sich für jede Testperson ein individueller Wahrnehmungsraum erzeugen. Durch zulässige Transformationen wird dann versucht, die individuellen Wahrnehmungsräume so weit wie möglich zur Deckung zu bringen und in einer einzigen räumlichen Darstellung zusammenzufassen, wobei es gleichzeitig gilt, die Anzahl der relevanten Dimensionen zu verringern. Die Abbildung 12 visualisiert die Positionen von acht bezüglich ihres Aussehens beurteilten Portweinen im zweidimensionalen aggregierten Wahrnehmungsraum.

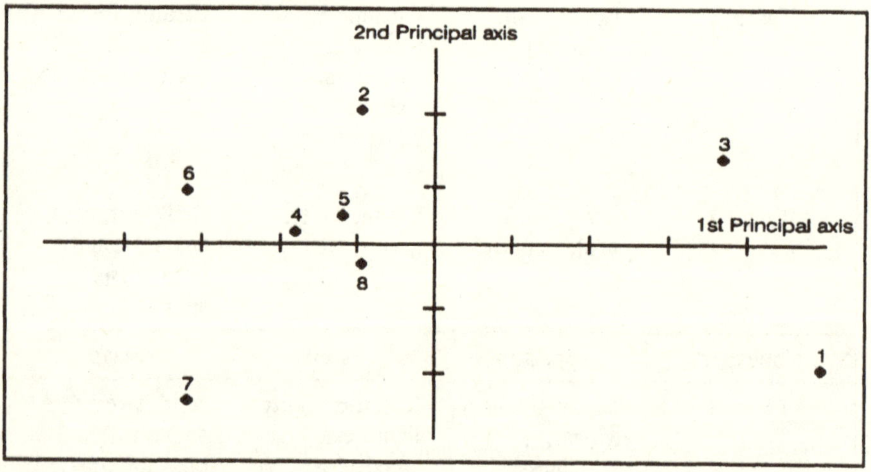

Abb. 12: Aggregierter Wahrnehmungsraum; Aussehen der acht Portweine[55]

Vorteilhaft ist der Einsatz des Free Choice Profiling zweifellos aufgrund des vergleichsweise geringen Schulungsaufwands und der damit verbundenen Einsparung an Kosten und Zeit. Da jede Testperson ihre eigene Terminologie zur sensorischen Produktbeurteilung verwendet, werden außerdem Probleme vermieden, die durch Diskussion und Einigung über die relevanten Deskriptoren entstehen können. Ein weiterer Vorteil ist darin zu sehen, daß problemlos auch eine größere Anzahl von Testpersonen die sensorische Beurteilung durchführen kann.[56] Da die Probanden - sofern es sich um Konsumenten handelt - sensorisch nicht geschult sind, können sie neben der Beschreibung ihrer Wahrnehmung auch affektive Urteile abgeben.

Assessor	Principal axis 1	Principal axis 2
1	Depth of redness (0.9)	- Brightness (0.93)
2	Ruby (0.59) + purple (0.47) - tawny (0.63)	Ruby (0.71) + clarity (0.40) - purple (0.51)
3	Red (0.63) + blue (0.60)	Intensity (0.75) + brown (0.65)
4	Mauve (0.60) + red (0.20) + plum (0.36) - brown (0.56) - soft (0.39)	- Soft (0.83)
5	- Tawny (0.80)	Depth (0.89)
6	Red (0.44) + purple (0.77) - brown (0.46)	Red (0.72) + brown (0.68)
7	Ruby (0.49) + intensity (0.49) - tawny (0.71)	Intensity (0.71) + tawny ((0.61)
8	Red (0.81) + intensity (0.30) - yellow (0.48)	Intensity (0.71) + yellow (0.60)
9	Intensity (0.47) + purple (0.68) - brown (0.54)	Intensity (0.86) + brown (0.44)
10	Red (0.83) - brown (0.53)	Colour (0.69) + brown (0.28)

Abb. 13: Definition der ersten beiden Dimensionen des aggregierten Wahrnehmungsraums mittels individuell verwendeter Begriffe (die Zahlen in Klammern entsprechen den Faktorladungen der Merkmale)[57]

Ein Schwachpunkt des Free Choice Profiling besteht darin, daß die Testpersonen im allgemeinen individuelle Unterschiede bezüglich ihrer sensorischen Sensitivität sowie ihrer Verbalisierungsfähigkeit aufweisen. Da es zwischen ihnen keinen Austausch gibt, besteht die Gefahr, daß nicht alle relevanten Produkteigenschaften identifiziert und die verwendeten Deskriptoren nicht konsistent gehandhabt werden. Ein weiterer Kritikpunkt betrifft die Interpretation der Ergebnisse. Der Testleiter hat die Aufgabe, die Bedeutung der verschiedenen Dimensionen des aggregierten Wahrnehmungsraums zu analysieren. Um die Resultate für Entscheidungsträger in Produktentwicklung und Marketing verständlich zu machen, verdichtet er die vielen individuell verwendeten Deskriptoren zu geeigneten Begriffen, anhand derer die sensorischen Produktprofile anschließend beschrieben werden. Es besteht also die Gefahr, daß die mittels Free Choice Profiling gewonnenen Informationen durch die Sichtweise des Testleiters verzerrt werden. Schließlich weisen einige Autoren darauf hin, daß die Procrustes Analyse zwar eine nützliche multivariate Methode zur Analyse mittels Free Choice Profiling erzeugter Daten darstellt, ihr Einsatz aber bisweilen zu Fehlinterpretationen führt, weil die ihr zugrundeliegenden mathematisch-statistischen Überlegungen nicht angemessen berücksichtigt werden.[58]

5. Verfahren zur Ermittlung affektiver Urteile

Das Ziel affektiver Tests im Rahmen der sensorischen Produktforschung besteht darin, die gefühlsmäßigen Wertschätzungen relevanter Zielpersonen gegenüber Nahrungs- und Genußmitteln zu messen. Die Ergebnisse werden vor allem benötigt, um erfolgversprechende neue oder modifizierte Produkte zu identifizieren bzw. sensorisch nicht überzeugende Varianten aus dem weiteren Innovationsprozeß zu eliminieren. Im Laufe der Zeit ist eine kaum mehr überschaubare Anzahl unterschiedlicher Ansätze entwickelt worden, die sich im Hinblick auf das Untersuchungsziel, die Dauer und den Ort der Durchführung, die Art der Beurteilungsaufgabe, das verwendete Skalierungsverfahren, die Anzahl und Präsentation der Stimuli sowie die Auswahl und Größe der Stichprobe unterscheiden. Die Abbildung 14 enthält eine Übersicht über ausgewählte Dimensionen affektiver Tests im Rahmen der sensorischen Produktforschung.[59] Die wichtigsten Dimensionen werden im folgenden erläutert.

Anlaß	Entwicklung neuer Produkte Optimierung bestehender Produkte Qualitätssicherung für bestehende Produkte
Beurteilungsaufgabe	Präferenztest Akzeptanztest
Dauer	Kurzzeittest Langzeittest
Ort	Labortest Studiotest Haushaltstest
Stimuluspräsentation	Monadischer Test Vergleichstest
Testpersonen	untrainierte Konsumenten der Zielgruppe Mitarbeiter des Unternehmens

Abb. 14: Ausgewählte Dimensionen affektiver Tests im Rahmen der sensorischen Produktforschung

5.1. Beurteilungsaufgabe

In der Literatur existieren verschiedene Ansätze zur Strukturierung affektiver Tests in Abhängigkeit von der Beurteilungsaufgabe. Eine Möglichkeit besteht in der Unterscheidung zwischen Präferenztests und Akzeptanztests als Grundformen affektiver Tests.[60]

• **Präferenztest**

In einem Präferenztest müssen die Testpersonen eine ganzheitliche Wahlentscheidung zwischen zwei oder mehreren Produkten treffen. Als Ergebnis erhält man Informationen darüber, ob ein bestimmtes Produkt einem anderen (bzw. mehreren anderen) vorgezogen wird oder nicht. In welchem Maße die Testpersonen das sensorische Profil eines Produktes mögen, läßt sich mit Hilfe eines Präferenztests nicht ermitteln. So ist es beispielsweise denkbar, daß die Probanden ein Produkt einem anderen zwar vorziehen, jedoch beide Produkte als sensorisch inakzeptabel einstufen.[61]

Sensorische Präferenztests werden etwa durchgeführt, um die sensorische Präferenzwirkung eigener Produktmodifikationen gegenüber dem aktuellen Marktprodukt bzw. die Präferenzwirkung eigener Produktinnovationen gegenüber bereits erfolgreich eingeführten Konkurrenzprodukten zu ermitteln, wobei die Beliebtheit der Marktstandards, gegen die getestet werden soll, vorab bekannt sein muß. Die Abbildung 15 gibt einen Überblick über gängige Varianten sensorischer Präferenztests.

Bezeichnung	**Anzahl der Testprodukte**	**Beurteilungs-aufgabe**	**Art der Stimulus-Präsentation**
Paarvergleich	2	Welche Probe bevorzugen Sie?	(A-B)
Multipler Paarvergleich	≥ 3	Welche Probe bevorzugen Sie jeweils?	(A-B) (A-C) (B-C)
Ranking	≥ 3	Welche Probe bevorzugen Sie am stärksten, welche kommt an zweiter, dritter Stelle?	(A-B-C)

Abb. 15: Gängige Varianten sensorischer Präferenztests

Die einfachste Form der Messung sensorischer Präferenzen ist der **Paarvergleichstest**.[62] Hier erhält jede Testperson die Aufgabe anzugeben, welche von zwei codierten Proben sie bevorzugt, d.h., sie wird dazu gezwungen, sich für eine Probe zu entscheiden ("forced-choice-model"). Die Anforderungen an die Teilnehmer sind gering, außerdem ist das Testdesign einfach zu realisieren, da es nur zwei Möglichkeiten der Stimuluspräsentation gibt (A-B und B-A). Die Datenanalyse erfolgt analog zu dem im Rahmen von Unterschiedstests skizzierten Vorgehen: Man zählt zunächst aus, wie häufig jedes Produkt bevorzugt wurde, und ermittelt anschließend auf der Basis der Binomialverteilung, ob unter Berücksichtigung eines bestimmten Signifikanzniveaus zwischen beiden Produkten ein gesicherter Präferenzunterschied besteht.

Bisweilen wird der Paarvergleichstest dadurch modifiziert, daß sich die Testpersonen nicht für eines der beiden Produkte entscheiden müssen, sondern eine dritte Option, nämlich "bevorzuge keines der beiden Produkte", wählen können. Um zusätzliche Informationen über die Beliebtheit der Testprodukte zu gewinnen, eignet sich die Option "beide Produkte sind gleich gut" bzw. "beide Produkte sind gleich schlecht". Diese zusätzlichen Antwortmöglichkeiten liefern zwar weitergehende Informationen über die affektive Reaktion der Testpersonen auf die beiden Produkte, können aber die Aussagekraft der Ergebnisse erheblich beeinträchtigen, da in die statistische Präferenzanalyse nur diejenigen Fälle einfließen, in denen eine Wahl getroffen wurde.[63] Deshalb sollten derartige Optionen nur bei größeren Stichproben ($n > 100$) bzw. bei sensorisch deutlich unterscheidbaren Produkten Berücksichtigung finden.

Sind in einer Testsitzung mehr als zwei Produkte zu beurteilen, dann kommt ein **multipler Paarvergleich** in Frage. Zu beachten ist jedoch, daß der Testaufwand mit der Anzahl der Proben überproportional ansteigt. So müssen etwa bei sechs Produkten bereits 15 Paarvergleiche durchgeführt werden. Die Ergebnisse multipler Paarvergleichstests können in Rangdaten und sogar in metrische Daten transformiert werden, so daß verschiedene multivariate Analysen durchführbar sind.[64] Im Vergleich zu einer direkten Erfassung affektiver Urteile, z.B. mittels Ratingskalen, sind einfache und multiple Paarvergleichstests jedoch weniger informativ, da sie keine absoluten Präferenzwerte für jedes Produkt liefern, man erhält für jedes Produktpaar nur ein relativiertes affektives Urteil.

Beim **Ranking** müssen die Testpersonen drei oder mehr Proben nach abnehmender Präferenz ordnen. Strenggenommen handelt es sich hierbei um eine Erweiterung des einfachen Paarvergleichs. Das Ranking ist vor allem dann zur Messung sensorischer Präferenzen geeignet, wenn sich die Proben deutlich unterscheiden bzw. wenn die Testpersonen in der Lage sind, vergleichsweise viele Proben in kurzer Zeit zu beurteilen (z.B. Beurteilung des Aussehens mehrerer Testprodukte).[65] Zur Analyse der Rangdaten eignen sich z.B. der Wilcoxon-Vorzeichenrangtest sowie die sog. Friedman-Analyse.[66] Der Vorteil des Präferenzranking beruht darauf, daß die Testpersonen nicht lernen müssen, eine vorgegebene Skala zu benutzen, um ihre affektive Haltung gegenüber den Testprodukten zu artikulieren. Nachteilig ist wiederum der - im Vergleich zur direkten Messung des "affektiven Status" der Proben - geringere Informationsgehalt von Rangdaten.

- **Akzeptanztest**

Im Unterschied zum Präferenztest besteht das Ziel eines Akzeptanztests in der direkten Messung der gefühlsmäßigen Wertschätzung von Konsumenten gegenüber einem oder mehreren Testprodukten auf der Basis einer metrischen Skala. Folglich ist der Akzeptanztest ein monadischer bzw. ein sequenziell monadischer Testansatz, d.h., in einem Test wird entweder nur ein Produkt beurteilt oder mehrere Produkte nacheinander.

Zur Erfassung sensorischer Akzeptanzurteile sind verschiedene Skalen entwickelt worden, von denen die in der Abbildung 16 dargestellte **9-Punkte-Hedonik-Skala** die größte empirische Relevanz besitzt.[67] Hierbei handelt es sich um eine bipolare Skala mit neutraler Antwortmöglichkeit ("neither like nor dislike"). Sie ist balanciert, d.h., die Anzahl positiver und negativer Antwortmöglichkeiten ist gleich groß. Außerdem basieren die verbal verankerten Stufen auf einem einzigen Wortstamm und die zur Abstufung verwendeten Adjektive im positiven und negativen Bereich sind identisch. Im Rahmen der Datenanalyse werden im allgemeinen Mittelwerte, Varianzen und Häufigkeitsverteilungen für die getesteten Produkte betrachtet. Die Akzeptanzurteile können außerdem in Rangdaten bzw. Paarvergleichsdaten transformiert werden, so daß Aussagen bezüglich der Präferenzwirkung der Produkte möglich sind.[68]

Ein Vorteil der 9-Punkte-Hedonik-Skala besteht in ihrer vergleichsweise einfachen Handhabung auch durch untrainierte Testpersonen. Hinzu kommt, daß zahlenbedingte Verzerrungseffekte durch die verbalen Abstufungen vermieden werden. Die Reliabilität und Validität der 9-Punkte-Hedonik-Skala ist durch eine Vielzahl affektiver Tests belegt. Aufgrund der hohen Stabilität der Antworten eignen sich die mittels dieser Skala gewonnenen Daten als sensorische "benchmarks".[69] Unternehmen, die über genügend Akzeptanzdaten für ihre Produkte verfügen, können z.B. Mindestwerte vorgeben, die neuentwickelte Varianten in einem sensorischen Akzeptanztest erreichen müssen, um im Innovationsprozeß weiterhin berücksichtigt zu werden. Kritiker der 9-Punkte-Hedonik-Skala führen vor allem die für Ratingskalen typischen Schwächen an. Hierzu zählen etwa die Anwendung parametrischer Analysemethoden auf eine bipolare Skala sowie die fehlende Gewißheit, daß die Auskunftspersonen die Abstände zwischen den Antwortmöglichkeiten als gleich große Intervalle interpretieren. Bei länderübergreifend angelegten Akzeptanztests können sich ferner Schwierigkeiten bei der adäquaten Übersetzung der verbal formulierten Abstufungen der Skala ergeben. In derartigen Fällen sind eher zahlengestützte Ratings zur Abstufung geeignet (z.B. Schulnoten) oder stufenlose Skalen, die nur an den Polen verbal verankert sind (vgl. Abb. 16).

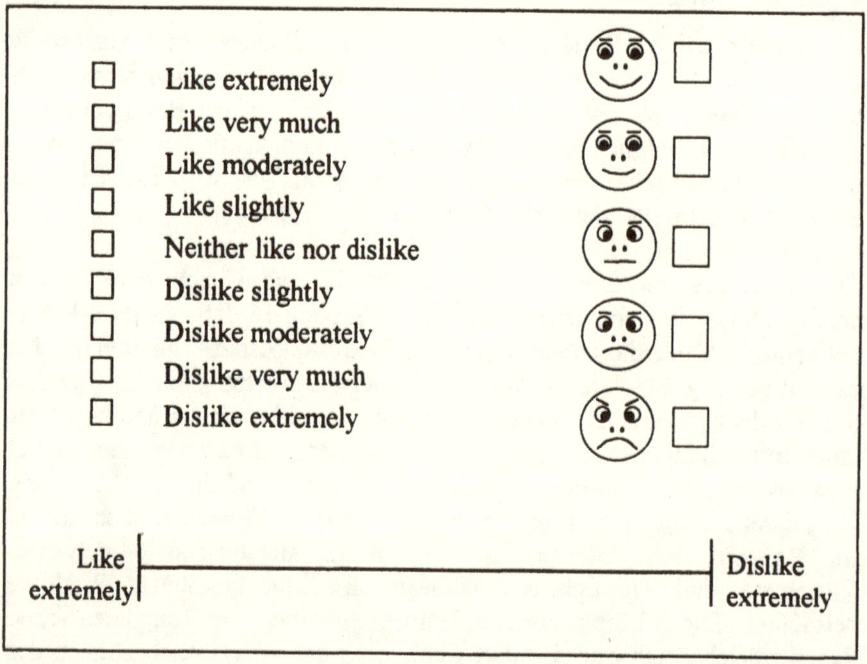

Abb. 16: 9-Punkte-Hedonik-Skala, Gesichterskala und Linienskala zur Messung von Akzeptanzurteilen

Aufgrund der zunehmenden Bedeutung der Zielgruppe der Kinder für viele Unternehmen der Nahrungs- und Genußmittelindustrie sind für Kinder spezielle **Symbol- oder Gesichterskalen** entwickelt worden, um die Beurteilungsaufgabe zu vereinfachen. Die Abbildung 16 enthält als Beispiel eine fünfstufige Gesichterskala. Fraglich ist aber, ob bzw. in welchem Alter Kinder über die intellektuellen Fähigkeiten verfügen, um ihre Wertschätzung für ein Produkt durch ein spezielles Symbol oder Gesicht auszudrücken. Ferner kann man nicht davon ausgehen, daß es sich um echte Intervallskalen handelt. Aufgrund dieser und weiterer Nachteile erscheint es sinnvoller, bei Kindern und anderen Personen, die nicht lesen können bzw. verbale Informationen intellektuell nicht verarbeiten können, mittels Paarvergleichstests Präferenzurteile zu gewinnen.[70] Neben der 9-Punkte-Hedonik-Skala und den speziell für Kinder entwickelten Ratingskalen existiert eine Vielzahl weiterer Meßinstrumente zur Ermittlung sensorischer Akzeptanzurteile, auf die im Rahmen dieses Beitrags jedoch mit dem Hinweis auf die einschlägige Literatur nicht weiter eingegangen werden soll.[71]

5.2. Ort der Durchführung

Affektive Tests können als Labortest, Studiotest oder Haushaltstest angelegt sein. Welche Variante jeweils geeignet ist, hängt vom konkreten Untersuchungsziel ab. Der Ort, an dem ein affektiver Test durchgeführt wird, beeinflußt die Ergebnisse in vielfältiger Hinsicht. In einigen Fällen erhält man in Abhängigkeit vom Testort für identische Stichproben und Produkte unterschiedliche Urteile, da die Dauer bzw. Art des Produktkontaktes sowie die Kontrolle äußerer Einflüsse von Testort zu Testort stark variieren.

- **Labortest**

Die Ermittlung affektiver Urteile im Labor ist in den meisten Unternehmen der Nahrungs- und Genußmittelindustrie ein zentraler Bestandteil der innovationsbezogenen Informationsbeschaffung. Geeignete Räumlichkeiten, die auch zur Durchführung von Unterschiedstests und deskriptiven Analysen genutzt werden, weisen unter anderem konstante Bedingungen hinsichtlich Lufttemperatur, Beleuchtung und Geräuschpegel auf, ermöglichen eine schnelle und reibungslose Vorbereitung und Präsentation der Proben und stellen außerdem sicher, daß sich die Testpersonen nur auf ihre Beurteilungsaufgabe konzentrieren.[72] Da der Test unter weitgehender Kontrolle äußerer Einflüsse durchgeführt wird, lassen sich signifikante Ergebnisse im allgemeinen bereits mit einer relativ kleinen Stichprobe von ca. 50 Personen erzielen. Man benötigt jedoch mehr Urteile, wenn die Testprodukte ungewollten Schwankungen unterliegen (z.B. Naturprodukte, von Hand erstellte Prototypen) oder die Testpersonen unterschiedliche Beurteilungsstrukturen aufweisen (ex ante nicht bekannte Präferenzsegmente).

Testpersonen sind im allgemeinen untrainierte Konsumenten, die gemäß der vom Marketing definierten Zielgruppe anhand soziodemographischer (z.B. Alter), psychographischer (z.B. Innovatoren) und verhaltensbezogener Kriterien (z.B. Intensivverwender) ausgewählt werden.[73] Ungeeignet für die affektive Produktbeurteilung sind hingegen Personen, die bereits an Unterschiedstests oder deskriptiven Analysen teilgenommen haben und deren sensorische Wahrnehmung für diese Aufgabe intensiv geschult wurde. Aufgrund ihrer Fähigkeit zur analytischen Produktbeurteilung weichen ihre Präferenzstrukturen zum Teil erheblich von denen untrainierter Testpersonen ab, wodurch sich die Validität der Ergebnisse verringert.

In der Nahrungs- und Genußmittelindustrie ist es durchaus üblich, affektive Tests im Labor mit eigenen Mitarbeitern durchzuführen. Auf diese Weise können Kosten und Zeit eingespart werden, außerdem lassen sich innovative Vorhaben besser geheim halten. Nachteile ergeben sich jedoch in denjenigen Fällen, in denen die Mitarbeiter die Rezepturen oder Herstellungsparameter der betreffenden Produktart kennen oder die zu beurteilenden Proben (z.B. Marktstandards, Konkurrenzprodukte) identifizieren können, so daß die affektiven Urteile durch nicht-sensorische Faktoren beeinflußt werden. Deshalb sollte die Validität affektiver Urteile von Mitarbeitern in jedem Fall regelmäßig durch einen Vergleich mit den Urteilen unternehmensfremder Testpersonen überprüft werden.[74]

Der wesentliche Vorteil eines Labortests beruht darin, daß die sensorische Bewertung der Testprodukte unter kontrollierten Bedingungen erfolgt. Ziel ist es, möglichst alle Einflußfaktoren, deren Variabilität das affektive Urteil verzerren könnte, konstant zu halten. Besteht das Ziel eines affektiven Tests etwa in der Beurteilung des Geschmacks von Prototypen, die sich produktionsbedingt im Aussehen unterscheiden, dann können visuelle Einflüsse im Labor durch entsprechende Beleuchtung der Produkte ausgeschaltet werden. Ein Test im unternehmenseigenen Labor bietet sich vor allem dann an, wenn Mitarbeiter der Unternehmung als Testpersonen fungieren. Weitere Vorteile sind die vergleichsweise kostengünstige Durchführung sowie die schnelle Verfügbarkeit der Ergebnisse.

Problematisch ist vor allem die künstliche Beurteilungssituation im Labor. Die Testpersonen sitzen in der Regel isoliert in engen, steril wirkenden Kabinen und verkosten Mengen, die von den "normalen" Portionen abweichen. Hinzu kommt, daß die Zubereitung und Präsentation der Proben häufig anders erfolgt, als es die Testpersonen gewohnt sind. Schließlich kann sich der - im Gegensatz zum Haushaltstest - sehr kurze Kontakt mit dem Produkt negativ auf die Validität der Ergebnisse auswirken.

- **Studiotest**

Bei dieser auch als Central-Location-Test bezeichneten Variante findet die Beurteilung an einem Ort statt, an dem genügend Testpersonen verfügbar sind. Die Akquisition der Teilnehmer erfolgt in unmittelbarer Nähe des Studios. Dabei kann es sich um stationäre Räumlichkeiten z.B. in einer Einkaufspassage, auf einer Messe, in einer Schule oder in einem Bürohaus, aber auch um mobile Vorrichtungen (z.B. Caravan-Test) handeln.

Der wesentliche Vorteil eines Studiotests beruht darin, daß man - bei optimalem Standort - die Testprodukte in kurzer Zeit von vielen Personen der

Zielgruppe unter weitgehend kontrollierten Bedingungen beurteilen lassen kann. Üblich sind 100 bis 300 Tests je Produkt. Durch die Art der Auswahl von Testpersonen (sog. "Baggern") kann jedoch häufig die Repräsentanz der Stichprobe nicht sichergestellt werden. Außerdem ist die Beurteilungssituation analog zum Labortest unrealistisch, und der direkte Kontakt der Probanden mit den Testprodukten ist ebenfalls extrem kurz.

- **Haushaltstest**

Haushaltstests (Home-Use-Tests) kommen vor allem in den späteren Phasen der Produktentwicklung zum Einsatz, wenn die Anzahl erfolgversprechender Varianten eines neuen bzw. modifizierten Produktes durch Labor- oder Studiotests bereits reduziert wurde. Die repräsentativ ausgewählten Zielhaushalte testen die Produkte in ihrer häuslichen Umgebung in der gewohnten Art und Weise über einen längeren Zeitraum, so daß die Ergebnisse eines Haushaltstests im Vergleich zum Labor- bzw. Studiotest eine höhere Validität aufweisen. Neben affektiven "ad-hoc"-Urteilen kann in einem Haushaltstest auch der Einfluß großer Verzehrmengen bzw. intensiver Produktkontakte auf die Akzeptanz bzw. Präferenz der Konsumenten ermittelt werden. Außerdem lassen sich Probleme bei der Zubereitung, Dosierung, Haltbarkeit etc. aufdecken sowie mögliche Verwendungsanlässe für neue Produkte ermitteln. Schließlich erhält der Auftraggeber Informationen über die affektiven Urteile aller im Haushalt lebenden Produktverwender.

Aus Zeitgründen und um die Auskunftsbereitschaft nicht zu gefährden, erhalten die Haushalte per Post oder durch einen Interviewer im allgemeinen zwei, in Ausnahmefällen drei Produkte, die sie nacheinander jeweils für mehrere Tage testen müssen. Die Proben sind neutral verpackt, d.h., die Packung enthält zwar alle erforderlichen Informationen über Inhalt und Zubereitung des Produkts, es fehlen jedoch die typischen Markenzeichen sowie alle übrigen gestalterischen Elemente der Verpackung, durch welche die sensorische Beurteilung beeinflußt werden könnte.

Schwerwiegendster Nachteil von Haushaltstests ist die unkontrollierte Testsituation. Die Ergebnisse weisen eine vergleichsweise geringe Reliabilität auf, da z.B. die Art der Zubereitung, der Zeitpunkt des Verzehrs, die Kombination mit anderen Produkten etc. variieren. Folglich muß die Stichprobe groß genug gewählt werden. In der Regel werden in drei bis vier Städten bzw. Regionen jeweils 100 bis 300 Testhaushalte ausgewählt.[75] Problematisch ist die Durchführung eines Haushaltstests für mehr als zwei bzw. drei Produkte. Zum einen verlängert sich in einem derartigen Fall die Feldphase erheblich, zum anderen nimmt die Rücklaufquote stark ab. In der

Praxis löst man dieses Problem häufig dadurch, daß die Gesamtheit der Testhaushalte in mehrere Gruppen unterteilt wird, die - gemäß eines geeigneten experimentellen Testdesigns (vgl. hierzu Abschnitt 5.3.) - jeweils nur einen Teil der Testprodukte beurteilen müssen.

5.3. Fehlerquellen bei der Anlage affektiver Tests

Die menschliche Wahrnehmung von Nahrungs- und Genußmitteln weist eine Reihe von physiologischen und psychologischen Besonderheiten auf,[76] die bei der Anlage affektiver Tests nicht immer angemessen berücksichtigt werden. Einige Probleme werden im folgenden kurz dargestellt und Lösungsansätze skizziert.

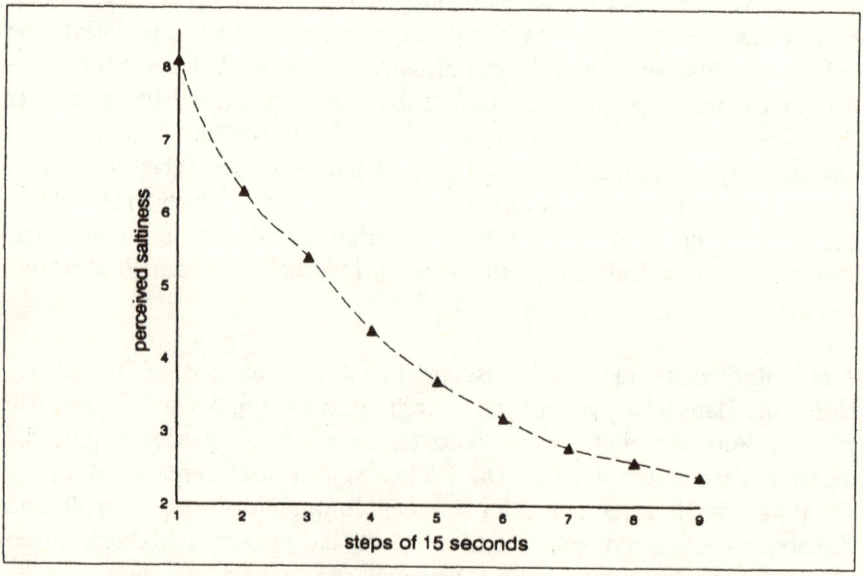

Abb. 17: Beurteilung der Salzigkeit einer Natriumchlorid-Lösung in Abständen von 15 Sekunden[77]

Die interne Validität affektiver Tests wird durch Adaptations- und Habituationseffekte negativ beeinflußt. **Adaptation** ist ein physischer Vorgang, der darin besteht, daß Sinneszellen bei länger anhaltender oder sich in kurzen Abständen wiederholender Reizung ihren Empfindungsbereich ändern.[78] Während die Reizschwelle bei niedriger Reizintensität gesenkt wird, erhöht sie sich bei intensiven Reizen, d.h., die Empfindlichkeit der Sinneszellen nimmt ab. Der zeitliche Ablauf und die Stärke der Adaptation sind für die einzelnen Sinne unterschiedlich ausgeprägt.

Beispielsweise nimmt die Empfindlichkeit der Geschmacksnerven gegenüber salzigen Substanzen kontinuierlich ab, wenn Testpersonen mehrmals in kurzen Abständen die Salzigkeit einer Natriumchlorid-Lösung beurteilen müssen (vgl. Abb. 17).

Demgegenüber versteht man unter dem psychologischen Phänomen der **Habituation** die Abnahme der auf monotone Reize gerichteten Aufmerksamkeit aufgrund der Gewöhnung an diese Reize.[79] Neue wahrnehmbare sensorische Reize erwecken zunächst das Interesse der Testpersonen, nach kurzer Zeit läßt die Aufmerksamkeit jedoch nach, so daß im Extremfall mehrere Produkte identisch beurteilt werden, obwohl sie sich bezüglich des relevanten sensorischen Reizes in ihrer Intensität wahrnehmbar unterscheiden. Der Habituationseffekt tritt insbesondere bei Testpersonen auf, die über keine oder nur geringe Erfahrungen bezüglich der sensorischen Produktbeurteilung verfügen.

Die normale Empfindlichkeit der Sinneszellen ist in der Regel nach kurzer Zeit wiederhergestellt. Die Zeitspanne vollständiger Deadaptation beträgt z.B. bei den meisten wasserlöslichen Substanzen weniger als eine Minute.[80] Bei der Anlage affektiver Tests müssen Adaptations- und Habituationseffekte unbedingt berücksichtigt, d.h., ihre Wirkung durch geeignete Maßnahmen eingeschränkt werden. Zunächst empfiehlt es sich, zwischen der Beurteilung zweier Testprodukte eine Pause einzuhalten, deren Länge von der Art und Intensität der sensorischen Reize abhängt. Die Deadaptation der Geruchs- und Geschmacksnerven läßt sich außerdem duch geeignete Neutralisationsmittel (z.B. stilles Wasser) beschleunigen. Schließlich ist darauf zu achten, daß die Anzahl der in einer Sitzung zu beurteilenden Produkte nicht zu groß gewählt wird, wobei das vertretbare Maximum wiederum von der Art und Intensität der sensorischen Stimuli abhängt.

Insbesondere in denjenigen Fällen, in denen sich die Testprodukte sensorisch deutlich unterscheiden, sind **Kontexteffekte** zu beachten, d.h., die affektive Beurteilung eines Testproduktes wird durch die Reihenfolge beeinflußt, in der die Gesamtheit der Testprodukte präsentiert werden.[81] Ein **Kontrasteffekt** liegt vor, wenn den Testpersonen der Präferenz- bzw. Akzeptanzunterschied zwischen zwei Produkten größer erscheint, als er tatsächlich ist, weil die Eindrucksintensität des sensorischen Reizes bei starker Abweichung vom Reizhintergrund erhöht wird. Folgt z.B. auf eine Probe A, die sehr gut beurteilt wird, unmittelbar eine Probe B mittlerer Akzeptanz, dann muß man damit rechnen, daß B schlechter eingestuft wird als in demjenigen Fall, in dem B vor A beurteilt wird. Zu beachten ist weiterhin, daß der Kontrasteffekt zwischen den ersten beiden Produkten am größten ist und dann kontinuierlich abnimmt.[82]

Der **Konvergenzeffekt** bewirkt, daß Beurteilungsunterschiede geringer ausfallen als erwartet. Häufig wird diese Fehlerquelle durch einen Kontrasteffekt zwischen zwei oder mehreren Produkten ausgelöst. Erweitert man das obige Beispiel etwa um eine Probe C, die deutlich schlechter ist als B, dann muß damit gerechnet werden, daß der große Akzeptanzunterschied zwischen A und B den Unterschied zwischen B und C maskiert, d.h., der Unterschied zwischen B und C fällt nur deshalb so gering aus, weil vorher die Probe A sehr gut beurteilt wurde (vgl. Abb. 18).

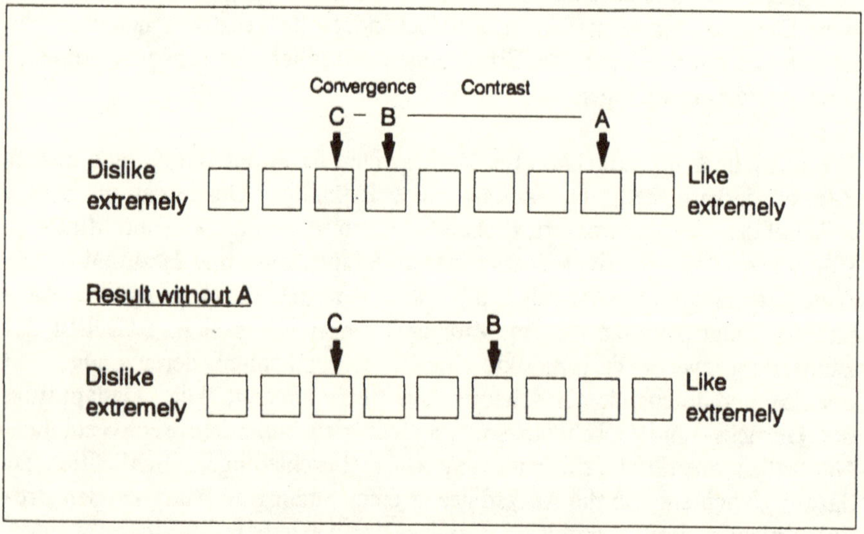

Abb. 18: Kontrast- und Konvergenzeffekt[83]

Die skizzierten Effekte können durch ein geeignetes **experimentelles Design** ausgeschaltet bzw. zumindest in ihrer Wirkung eingeschränkt werden. Durch das experimentelle Design wird die Reihenfolge festgelegt, in der die Proben den Testpersonen präsentiert werden.[84] Soll jeder Proband alle Testprodukte beurteilen, sollte der Testleiter versuchen, in Abhängigkeit von der Anzahl der Testprodukte und der Stichprobengröße ein balanciertes Testdesign zu erstellen. Das experimentelle Design bezeichnet man als balanciert, wenn sowohl jedes Produkt an jeder Position als auch jedes Produktpaar zusammen gleich häufig bewertet wird. Dadurch läßt sich erreichen, daß die Berechnung der Mittelwerte für alle Testprodukte die gleiche Präzision und alle Vergleiche zwischen zwei Mittelwerten die gleiche Sensitivität aufweisen. So sind etwa bei einem affektiven Test mit vier Produkten 24 (4!) unterschiedliche Präsentationsreihenfolgen möglich (vollständige Permutation). Die Stichprobegröße im vorliegenden Beispiel sollte deshalb 24 oder ein Vielfaches davon betragen.

Es existieren auch balancierte Designs für diejenigen Fälle, in denen es nicht möglich ist, daß jede Testperson alle Proben in nur einer Sitzung beurteilt bzw. in denen die Stichprobengröße nicht ausreicht, um ein balanciertes Testdesign zu konstruieren. Die beste Lösung für dieses Problem besteht in einem auf mehrere Sitzungen verteilten Test, in dem die Reihenfolge der Probendarbietung über alle Sitzungen ausbalanciert ist. Die Abbildung 19 enthält als Beispiel das balancierte experimentelle Design für einen affektiven Test, in dem 10 Testpersonen vier Produkte in vier aufeinander folgenden Sitzungen beurteilen. Jedes Produkt erscheint gleich häufig an jeder Position, und auch jedes Produktpaar wird über alle Testpersonen und Sitzungen gleich häufig (zehnmal) beurteilt. Kommt dieses Vorgehen aufgrund der Art bzw. Anzahl der Testprodukte nicht in Betracht, sollte zumindest ein unvollständiges balanciertes Design gewählt werden, bei dem die Testpersonen nur einen Teil (split) aller Testprodukte beurteilen, wobei die splits so gewählt sind, daß insgesamt über alle Testpersonen und alle splits jedes Produkt und auch jedes Produktpaar zusammen gleich häufig beurteilt werden.

Resp.	Serving orders within and across the sessions			
	First session	Second session	Third session	Fourth session
1	1 2 3 4	3 2 4 1	2 3 1 4	4 2 1 3
2	2 4 1 3	2 1 3 4	3 4 2 1	1 4 3 2
3	3 1 4 2	4 3 1 2	1 2 4 3	3 4 1 2
4	4 3 2 1	1 4 2 3	4 1 3 2	4 2 3 1
5	2 3 4 1	3 2 1 4	1 2 3 4	1 3 2 4
6	3 1 2 4	2 4 3 1	2 4 1 3	2 1 4 3
7	4 2 1 3	1 3 4 2	3 1 4 2	4 1 2 3
8	1 4 3 2	4 1 2 3	4 3 2 1	1 3 4 2
9	3 4 1 2	2 1 4 3	2 3 4 1	2 4 3 1
10	4 2 3 1	1 3 2 4	3 1 2 4	3 2 1 4

Abb. 19: Balanciertes Testdesign für vier Produkte und vier Replikationen[85]

Ein bisher wenig beachtetes Problem bei der Anlage affektiver Tests in der Marktforschung ist der Umstand, daß die affektive Beurteilung von Nahrungs- und Genußmitteln vielfach von der Verzehrmenge und der Verzehrdauer abhängt. Im Vordergrund stehen zu oft ad-hoc-Messungen, die nur den ersten sensorischen Eindruck der Testpersonen von einem neuen Produkt festhalten. Nur selten wird systematisch untersucht, ob und in welche Richtung sich das affektive Urteil durch einen intensiveren Produktkontakt verändert. Haushaltstests allein reichen in diesem Zusammenhang nicht aus, da sie unter mehr oder weniger unkontrollierten Bedingungen durchgeführt werden. Deshalb ist es häufig nicht möglich, einen direkten Zusammenhang zwischen dem negativen Trend der affektiven Urteile einerseits und einzelnen, dafür verantwortlichen sensorischen Produkteigenschaften andererseits herzustellen. Außerdem sind Haushaltstests vergleichsweise teuer und zeitraubend, so daß sie vor allem in späteren Phasen zur Beurteilung einer eng begrenzten Anzahl sensorisch bereits optimierter neuer Varianten in Frage kommen.

Deshalb werden zusätzlich geeignete Labor- bzw. Studiotests benötigt, mit denen man in frühen Phasen der Produktentwicklung in vergleichsweise kurzer Zeit und mit geringem finanziellen Aufwand viele Testprodukte im Hinblick auf ihre Präferenzwirkung im Zeitablauf überprüfen kann. Die Abbildung 20 enthält ein anschauliches Beispiel für das Phänomen **dynamischer Präferenzen**: 30 Testpersonen wurden acht Wochen lang in jeder Woche zu fünf Testsitzungen eingeladen, um jeweils fünf unterschiedlich stark gesüßte Kaffeeproben zu beurteilen. Die Graphik zeigt die Akzeptanzurteile einer Testperson für die erste und letzte Woche (jeder Punkt repräsentiert den Mittelwert aus fünf Replikationen). Während der Proband den Kaffee in der ersten Woche mit zunehmender Süße immer besser beurteilte, ergibt sich in der achten Woche ein umgekehrtes Bild.

Ein vielversprechender Ansatz zur Ermittlung von Präferenzveränderungen im Zeitverlauf ist der sog. **Aversionstest**, eine Kombination aus der Befragung und Beobachtung von Testpersonen. Der Aversionstest besteht aus vier Schritten:[86] Zunächst erhält der Proband eine kleine Portion des betreffenden Produktes und muß sein Akzeptanzurteil mittels einer Linienskala angeben. Im zweiten Schritt erhält der Proband eine große Portion des Produktes, die er aufessen muß, bevor er wiederum sein Urteil abgibt. Die Verzehrzeit wird vom Testleiter gemessen. Im dritten Schritt erhält die Testperson eine zweite große Portion und wird gebeten, in einer bestimmten Zeit davon so viel zu essen, wie sie möchte und danach ihr Urteil abzugeben. Die verzehrte Menge wird anschließend durch Wiegen des Restes gemessen. Im letzten Schritt wird der Testperson wieder eine kleine Portion zur Beurteilung präsentiert. Zum Abschluß muß die Testperson die Menge schätzen, die sie während des gesamten Tests verzehrt hat.

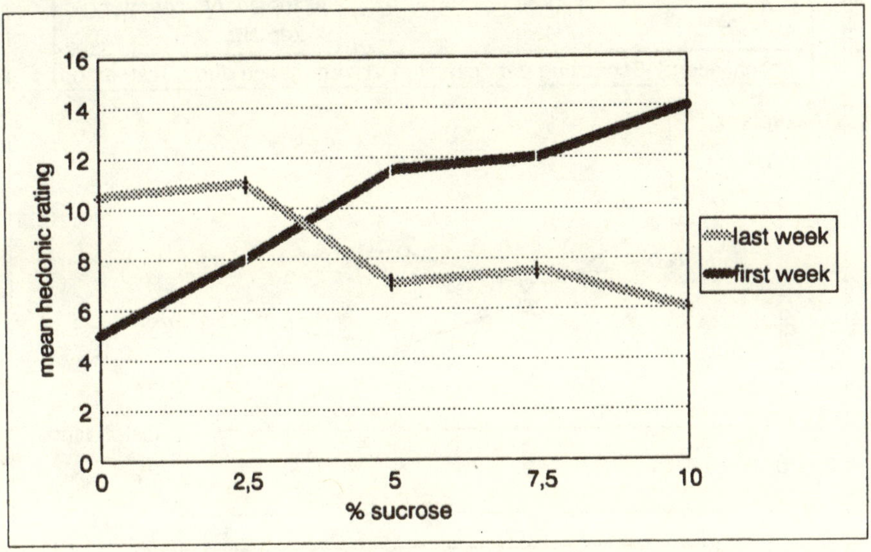

Abb. 20: Mittelwerte der Akzeptanzwerte einer Testperson für fünf unterschiedlich stark gezuckerte Kaffeeproben[87]

Das Ergebnis eines Aversionstests für zwei Schokokeksrezepturen ist in der Abbildung 21 zu sehen. Die Gesamtmenge (Summe aus allen vier Phasen) betrug in diesem Test das Vierfache von der durch Pretests ermittelten durchschnittlichen Verzehrmenge. Produkt B schneidet in der ersten Phase etwas besser und in der zweiten Phase etwas schlechter ab als A, wobei die Unterschiede nicht signifikant sind. Interessant ist jedoch, daß die Testpersonen im Durchschnitt länger brauchen, um die große Portion von B zu verzehren als die von A. Die Ergebnisse der dritten und vierten Phase verstärken die negative Entwicklung von B. Diese Variante wird nicht nur signifikant schlechter beurteilt als A, sondern die Testpersonen essen in der dritten Phase auch weniger von B als von A und glauben im nachhinein, von B insgesamt mehr gegessen zu haben.

Phase	Portion	Messung
1	klein	Akzeptanz
2	groß (gezwungen)	Akzeptanz/Verzehrzeit
3	groß	Akzeptanz/Verzehrmenge
4	klein	Akzeptanz
Abschließend: Schätzung der gesamten Verzehrmenge durch Testperson		

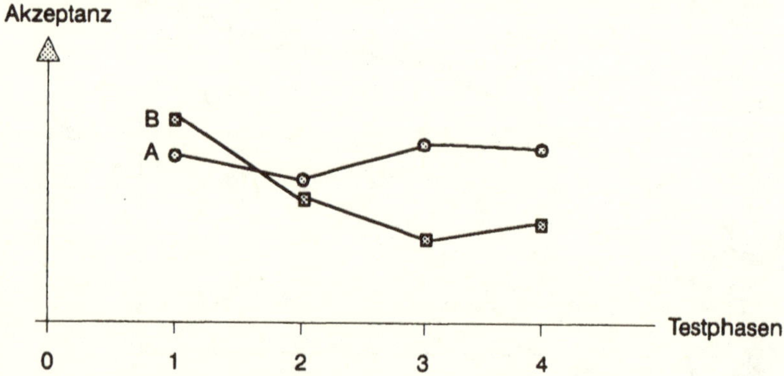

	A	B
Verzehrzeit (Phase 2)	3.46	4.05
Verzehrmenge (Phase 3)	130g	85g
Verzehrmenge insgesamt (geschätzt/gemessen)	0,97	1,23

Abb. 21: Ergebnisse eines Aversionstests für zwei Schokokeksrezepturen

Das Ziel eines **Langeweiletests** besteht darin, Unterschiede zwischen verschiedenen Produktvarianten hinsichtlich der durch sie verursachten Produktlangeweile zu ermitteln.[88] Dieser Test ist so angelegt, daß die Probanden in mehreren Sitzungen jeweils 15 Proben beurteilen müssen, wobei sie davon ausgehen, daß es sich zwar um ähnliche, aber nicht um identische Produkte handelt. Die Gesamtmenge, die den Testpersonen in jeder Sitzung angeboten wird, ist so bemessen, daß Sättigungs- bzw. Aversionseffekte nur in Ausnahmefällen auftreten können. In einigen Sitzungen werden den Testpersonen identische Proben (15 mal die gleiche Produkvariante), in anderen Sitzungen unterschiedliche Proben (systematische Kombinationen aller Produktvarianten) präsentiert. Außerdem ermittelt der Testleiter für jede Probe die verzehrte Menge. Ein Vergleich der Akzeptanzurteile und Verzehrmengen über die 15 Positionen liefert Hinweise darauf, welche Produktvarianten eine relative Langeweile verursachen. Abbildung 22 veranschaulicht den Verlauf der Akzeptanz (9=sehr angenehm; 1=sehr unangenehm) und der konsumierten Menge (Prozentsatz der angebotenen Portion) über die 15 Darbietungen für zwei Testprodukte.

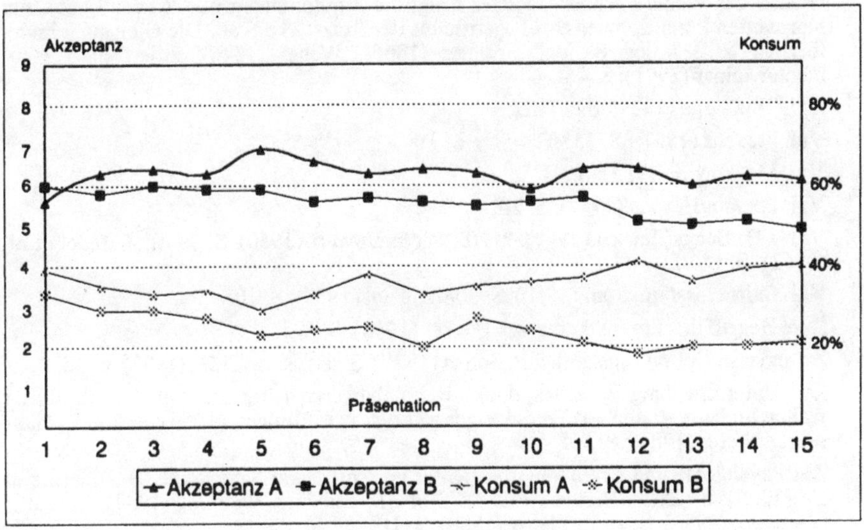

Abb. 22: Ergebnisse eines Langeweiletests

1 Zur Physiologie der Sinne vgl. Amerine et al. (1965): S. 30ff.; Burdach (1988): S. 14ff.; Meilgaard et al. (1991): S. 8ff.

2 Gemäß des Weber-Fechner-Gesetzes hängt die Empfindungsgröße R vom - mit einer Konstanten k multiplizierten - Logarithmus der Reizstärke S ab. Die Gleichung lautet folglich R = k log S. Vgl. Fechner (1860); Weber (1846); zitiert nach Neumann/Molnár (1991): S. 46f.

3 Vgl. Thurstone (1927): S. 273ff.

4 Vgl. Stevens (1957): S. 153ff.

5 Vgl. Moskowitz (1983): S. 91.

6 Vgl. Peryam/Haynes (1957): S. 2ff.

7 Vgl. z.B. Boggs/Hansen (1949): 219ff.; Peryam/Swarz (1950): S. 390ff.; Giradot et al. (1952): S. 140ff.

8 Vgl. Cairncross/Sjöström (1950): S. 308ff.; Caul (1957): S. 1ff.

9 Zum Begriff des Produktkerns vgl. Böcker (1994): S. 192.

10 Zu anderen Definitionen vgl. z.B. Solms (1977): S. 11; Stone/Sidel (1993): S. 12.

11 Zur Unterscheidung zwischen direkt wahrnehmbaren (evidenten) und nicht direkt wahrnehmbaren (latenten) Produkteigenschaften vgl. Ellinger, (1966): S. 265ff.; Hansen/Leitherer (1984): S. 36f.

12 Zur Physiologie und Psychophysiologie der verschiedenen Sinne vgl. z.B. Amerine et al. (1965): S. 28ff.; Burdach (1988): S. 14ff.; Fliedner/Wilhelmi (1989): S. 13ff.; Maruniak (1988): S. 25ff.; Plattig (1988): S. 1ff.

13 Scharf (1995): S. 7.

14 vgl. Burdach (1988): S. 140.

15 Vgl. Buchanan et al. (1987): S. 157.

16 Vgl. Stone/Sidel (1993): S. 161.

17 Vgl. z.B. Fritjers et al. (1982): 63ff.; O'Mahony et al. (1988): 1848ff.

18 Vgl. Engen (1960): S. 195ff.

19 Vgl. Meilgaard et al. (1991): S. 60.

20 Vgl. Helm/Trolle (1946): S. 181ff.

21 Vgl. Stone/Sidel (1993): S. 152f.

22 Vgl. Fritjers (1980): S. 390ff.

23 Vgl. Neumann/Molnár (1991): S. 128.

24 Vgl. Peryam/Swartz (1950): S. 390ff.

25 Vgl. Meilgaard et al. (1991): S. 71.

26 Vgl. z.B. Basker (1980): S. 1ff..

27 Der Paarvergleichstest ist der älteste Unterschiedstest. Er wurde erstmals 1936 von Cover zur Beurteilung von Fleisch beschrieben. Vgl. Cover (1936): S. 287ff.

28 Vgl. o.V.: Journal of Food Science 1978, S. 940.

29 Vgl. Stone/Sidel (1993): S. 147f.

30 Vgl. Neumann/Molnár (1991): S. 122.

31 Vgl. Neumann/Molnar (1991): S. 27.

32 Marin et al. (1988): S. 435ff.; Moskowitz (1983): S. 173f.

33 Vgl. Meilgaard et al. (1991): S. 128f.

34 Stone/Sidel berichten von einem Vergleich deskriptiver Urteile von Experten und geschulten Konsumenten, der ergab, daß sich deren Wahrnehmungsstrukturen grundle-

gend unterschieden. Die Experten bildeten zwei Gruppen von Testprodukten, Produkte des eigenen Unternehmens und (unbekannte) Produkte der Wettbewerber. Demgegenüber identifizierten die Konsumenten - unabhängig vom Hersteller - mehrere Produktgruppen, die Unterschiede bezüglich ihrer sensorischen Profile aufwiesen. Vgl. Stone/Sidel (1993): S. 278.

35 Vgl. Köster (1990;a): S. 10.

36 Zu diesen Aspekten vgl. z.B. O'Mahony (1991): S. 223f.; Shalofsky (1989): S. 94ff.; Wilton (1993): S. 125.

37 Strenggenommen ist der in der einschlägigen Sensorikliteratur verwendete Begriff des "deskriptiven Panels" nicht passend, da es sich im vorliegenden Fall nicht um einen repräsentativ ausgewählten Kreis von Auskunftspersonen handelt.

38 Vgl. Civille/Lawless (1986): S. 203.

39 Einen Überblick über die deskriptiven Verfahren der sensorischen Produktforschung liefern z.B. Hootman (1992) S. 1 ff.; Meilgaard et al (1991): S.192ff.; Powers (1988): S. 189ff.; Stone/Sidel (1993): S. 211ff.

40 Vgl. Caincross/Sjöström (1950): S. 308ff.; zu Weiterentwicklungen vgl. Caul (1957): S. 1ff.

41 Vgl. z.B. Rothe (1978): S. 36ff.

42 Caincross/Sjöström (1950): S. 310.

43 Stone/Sidel sind der Aufasssung, daß eine Gruppe zur Beschreibung sensorischer Produkteigenschaften aus mindestens zehn Personen bestehen sollte. Vgl. Stone/Sidel (1993): S. 218.

44 Vgl. Brandt et al. (1963): S. 404ff.; Szczesniak (1963): S. 385ff.; Szczesniak et al. (1963): S. 397ff.

45 Szczesniak (1963): S. 388.

46 Vgl. Szczesniak et al. (1963): S. 398.

47 Szczesniak et al. (1963): S. 398.

48 Vgl. Stone/Sidel (1993): S. 215f.

49 Bezüglich der Frage, wie intensiv im Rahmen der Schulungs- und Datenerhebungsphase mit Referenzreizen gearbeitet werden sollte, herrscht auch in der neueren Literatur keineswegs Einigkeit. Vgl. z.B. Stone/Sidel (1993): S. 215; Munoz et. al. (1992): S. 37; Munoz/Civille (1992): S. 25.

50 Vgl. Stone/Sidel (1974): S. 24ff.

51 Vgl. Stone/Sidel (1993): S. 221f.

52 Vgl. Williams/Arnold (1984): S. 35ff.; Williams/Langron (1984): S. 558ff.

53 Williams/Langron (1984): S. 561.

54 Zur Generalized Procrustes Analysis vgl. z.B. Oreskovich (1991): S. 363ff.

55 Williams/Langron (1984): S. 562.

56 Guy et al. beschreiben hingegen den Einsatz des Free Choice Profiling zur sensorischen Beschreibung von 8 schottischen Whisky-Sorten durch 100 Konsumenten. Vgl. Guy et al. (1989): S. 69ff.

57 Williams/Langron (1984): S. 562.

58 Vgl. z.B. Huitson (1989): S. 39ff.

59 Vgl hierzu auch Bauer (1981): S. 26ff.

60 Vgl. z.B. Amerine et al. (1965): S. 388ff.; Meilgaard et al. (1991): S. 211ff.

61 Vgl. Lyon et al. (1992): S. 31; Moskowitz (1983): S. 302.

62 Zu Testdesign, statistischer Analyse und mathematischen Modellen des Paarvergleichstest vgl. z.B. Bradley (1953): S. 22ff.; Bradley/Terry (1952): S. 324ff.; Day (1974): S. 3ff.; Gridgeman (1959): S. 382ff.

63 Vgl. Gridgeman (1959): S. 382ff.

64 Stone/Sidel (1993): S. 250.

65 Vgl. ASTM (1968); Land/Sheperd (1989): S.176f.

66 Vgl. hierzu ausführlich Joanes (1985): S. 1442ff.; Newell/MacFarlane (1987): S. 1721ff.; O'Mahony (1986): S. 303ff.

67 Die 9-Punkte-Hedonik-Skala wurde entwickelt von Jones et al. (1955): S. 512ff.; Peryam/Pilgrim (1957): S. 9ff. Zur Diskussion vgl. z.B. Day (1974): S. 3ff.; Meiselman (1988): S. 273ff.; Stone/Sidel (1993): S. 84ff. und 251f.

68 Vgl. z.B. Vie et al. (1991): S. 1ff.

69 Vgl. Stone/Sidel (1993): S. 84.

70 Zur Problematik von Akzeptanztests mit Kindern z.B. vgl. Kroll (1990): S. 78ff.; Moskowitz (1985): S. 147ff.; Roper (1989): S. 16ff.

71 Vgl. z.B. Land/Shepherd (1988): S. 155ff.; Stone/Sidel (1993): S. 66ff. und 246ff.

72 Zu den Anforderungen an Räume für sensorische Prüfungen vgl. z.B. Eggert/Zook (1986); Jellinek (1981): S. 452ff.; Neumann/Molnár (1991): S. 249ff.; Watts et al. (1989): S. 7ff.

73 Vgl. z.B. Carter/Riskey (1990): S. 160ff.

74 Vgl. Stone/Sidel (1993): S. 255.

75 Vgl. Meilgaard et al. (1991): S. 208f.; im Gegensatz dazu Stone/Sidel (1993): S. 261.

76 Vgl hierzu ausführlich z.B. Amerine et al. (1965): S. 45ff.; Amerine/Roessler (1976): S. 48ff.; Kroeze (1990): S. 41ff.

77 Kroeze (1990): S. 47.

78 Vgl. Neuman/Molnár (1991): S. 37; Spreng, M. (1993): S. 18f.

79 Vgl. Köster (1981): S. 243ff.; Richter (1993): S. 838.

80 Vgl. Kroeze (1990): S. 55.

81 Vgl. Kammenetzky (1959): S. 47ff.

82 Vgl. Amerine/Roessler (1976): S. 52.

83 Stone/Sidel (1993): S. 105.

84 Zu experimentellen Designs vgl. insbesondere Cochran/Cox (1957); Winer (1971).

85 Stone/Sidel (1993): S. 138.

86 Vgl. zum folgenden Köster (1990;b): S. 35f.

87 Sonntag (1978); zitiert nach Pangborn (1981): S. 177.

88 Vgl. zum folgenden Köster (1991): S. 145f.

Literaturverzeichnis

Amerine, M.A./Pangborn, R.M./Roessler, E.B.: Principles of sensory evaluation of food, New York u.a. 1965.

Amerine, M.A./Roessler, E.B.: Wines. Their sensory evaluation, New York 1976.

ASTM: Manual of sensory testing methods, American Society for Testing and Materials, Philadelphia 1968.

Basker, D.: Polygonal and polyhedral taste-testing; in: Journal of Food Quality 1980, S. 1-10.

Bauer, E.: Produkttests in der Marketingforschung, Göttingen 1981.

Böcker, F.: Marketing, 5. Auflage, Stuttgart 1994.

Boggs, M.M./Hansen, H.L.: Analysis of foods by sensory difference test; in: Advances in Food Research 1949, S. 219-258.

Bradley, R.A.: Some statistical methods in taste testing and quality evaluation; in: Biometrica 1953, S. 22-38.

Bradley, R.A./Terry, M.E.: The rank analysis of incomplete block designs. I. The method of paired comparison; in: Biometrica 1952, S. 324-345.

Brandt, M.A./Skinner, E.Z./Colemann, J.A.: Texture profile method; in: Journal of Food Science 1963, S. 404-410.

Buchanan, B./Givon, M./Goldman, A.: Measurement of discrimination ability in taste tests: an empirical investigation; in: Journal of Marketing Research 1987, S. 154-163.

Burdach, K.J.: Geschmack und Geruch. Gustatorische, olfaktorische und trigeminale Wahrnehmung, Bern u.a. 1988.

Cairncross, S.E./Sjöström, L.B.: Flavor profiles - A new approach to flavor problems; in: Food Technology 1950, S. 308-311.

Carter, C./Riskey, D.: The roles of sensory research and marketing research in bringing a product to market; in: Food Technology 1990, S. 160-162.

Caul, J.F.: The profile method of flavor analysis; in: Advances in Food Research 1957, S. 1-40.

Civille, G.V./Lawless, H.T.: The importance of language in describing perceptions; in: Journal of Sensory Studies 1986, S. 203-215.

Cochran, W.G./Cox, G.M.: Experimental design, New York u.a. 1957.

Cover, S.: A new subjective method of testing tenderness in meat - The paired-eating method; in: Food Research 1936, S. 287-295.

Day, R.L.: Measurement of preferences; in: *Ferber, R. (ed.)*: Handbook of Marketing Research, New York 1974, S. 3-101.

Eggert, J./Zook,K. (eds.): Physical requirement guidelines for sensory evaluation laboratories; ASTM STP 913, American Society for Testing and Materials, Philadelphia 1986.

Ellinger, T.: Die Informationsfunktion des Produktes; in: *Moxter, A./Schneider, D./Wittmann, W. (Hrsg.):* Produktionstheorie und Produktionsplanung, Köln Opladen 1966, S. 18-23.

Engen, T.: Effect of practice and instruction on olfactory threshold; in: Perceptual and Motor Skills 1960, S. 195-198.

Fechner, G.T.: Elemente der Psychophysik, Leipzig 1860.

Fliedner, I./Wilhelmi, F.: Grundlagen und Prüfverfahren der Lebensmittelsensorik, Hamburg 1989.

Fritjers, J.E.R.: Three-stimulus procedures in olfactory psychophysics: An experimental comparison of Thurstone-Ura and three-alternative forced choice models of signal detection theory; in: Perception and Psychophysics 1980, S. 390-397.

Fritjers, J.E.R./Blauw, Y.H./Vermoaat, S.H.: Incidental training in the triangular method; in: Chemical Senses, 1982, S. 63-69.

Giradot, N.E./Peryam, D.R./Shapiro, R.: Selection of sensory testing panels; in: Food Technology 1952, S. 140-143.

Gridgeman, N.T.: Pair comparison, with and without ties; in: Biometrics 1959, S. 382-388.

Guy, C./Piggot, J.R./Marie,S.: Consumer profiling of Scotch whisky; in: Food Quality and Preference 1989, S. 69-73.

Hansen, U./Leitherer, E.: Produktpolitik, 2. Auflage, Stuttgart 1984.

Helm, E./Trolle, B.: Selection of a taste panel; in: Wallerstein Lab. Comm. 1946, S. 181-194.

Hootman, R.C. (ed.): Manual on descriptive analysis testing for sensory evaluation, ASTM manual series: MNL 13, Baltimore 1992.

Huitson, A.: Problems with procrustes analysis; in: Journal of Applied Statistics 1989, S. 39-45.

Jellinek, G.: Sensorische Lebensmittelprüfung, Pattensen 1981.

Joanes, D.: On a rank sum test due to Kramer; in: Journal of Food Science 1985, S. 1442-1444.

Jones, L.V./Peryam, D.R./Thurstone, L.L.: Development of a scale for measuring soldiers' food preferences; in: Food Research 1955, S. 512-520.

Köster, E.P.: Time and frequency analysis: a new approach to the measurement of some less-well-known aspects of food preferences? In: *Solms, J./Hall, R.L. (eds.):* Criteria of food acceptance, Zürich 1981, S. 240-252.

Köster, E.P.: Recent developments in the study of perception: taste and smell; in: Perfumer & Flavorist 1990(a), S. 1-12.

Köster, E.P.: Nutrition psychology, Conference Proceedings, Düsseldorf 1990(b), S. 32-37.

Köster, E.P.: Ernährungstrends in Europa; in: Deutsche Landwirtschaftsgesellschaft (Hrsg.): Perspektiven und Ernährungstrends in den 90er Jahren, Frankfurt 1991, S. 127-156.

Kroeze, J.H.A.: The perception of complex taste stimuli; in: *McBride, R.L./MacFie, H.J.H. (eds.)*: Psychological basis of sensory evaluation, London - New York 1990.

Kroll, B.J.: Evaluating rating scales for sensory testing with children; in: Food Technology 1990, S. 78-86.

Land, D.G./Shepherd, R.: Scaling and ranking methods; in: *Piggott, J.R. (ed.):* Sensory analysis of foods, London - New York 1988.

Lyon, D.H./Francombe, M.A./Hasdell, T.A./Lawson, K.: Guidelines for sensory analysis in food product development and quality control, London u.a. 1992.

Marin, A.B./Acree, T.E./Barnard, J.: Variation in odor detection thresholds determined by charm analysis; in: Chemical senses 1988, S. 435-441.

Maruniak J.A.: The sense of smell; in: *Piggott, J.R. (ed.):* Sensory analysis of food, London - New York 1988.

Meilgaard, M./Civille, G.V./Carr, B.T.: Sensory evaluation techniques, 2nd ed., Boca Raton u.a. 1991.

Meiselman, H.L.: Consumer studies of food habits; in: *Piggott, J.R. (ed.):* Sensory analysis of foods, London - New York 1988, S. 267-334.

Moskowitz, H.R.: Product testing and evaluation of foods. Marketing and R & D approaches, West Port 1983.

Moskowitz, H.R.: New directions for product testing and sensory analysis of foods, Westport 1985.

Munoz, A.M./Civille, G.V.: The spectrum descriptive analysis; in: *Hootman, R.C. (ed.):* Manual on descriptive analysis testing for sensory evaluation, ASTM manual series: MNL 13, Baltimore 1992, S. 35-50.

Munoz, A.M./Szczniak, A.S./Einstein, M.A./Schwartz, N.O.: The texture profile; in: *Hootman, R.C. (Ed.):* Manual on descriptive analysis testing for sensory evaluation, ASTM manual series: MNL 13, Baltimore 1992, S. 35-50.

Neumann, R./Molnár, P.: Sensorische Lebensmitteluntersuchung, Leipzig 1991.

Newell, G.J./Mc Farlane, J.D.: Expanded tables for multiple comparison procedures in the analysis of ranked data; in: Journal of Food Science 1987, S. 1721-1725.

O'Mahony, M.: Sensory evaluation of food. Statistical methods and procedures, New York - Basel 1986.

O'Mahony, M.: Descriptive Analysis and concept alignment; in: *Lawless, H.T./Klein, B.P. (Ed.)*: Sensory science theory and applications in foods, New York u.a. 1991, S. 223-267.

O'Mahony, M./Thieme, V./Goldstein, L.R.: The warm-up effect as a means of increasing the discriminability of sensory difference tests; in: Journal of Food Science 1988, S. 1848-1850.

Oreskowich, D.C./Klein, B.P./Sutherland, J.W.: Procrustes analysis and its application to free-choice and other sensory profiling; in: *Lawless, H.T./Klein, B.P. (Ed.):* Sensory science theory and applications in foods, New York u.a. 1991, S. 223-267.

Pangborn, R.: Individuality in responses to sensory stimuli; in: *Solms, J./Hall, R.L. (eds.):* Criteria of food acceptance, Zürich 1981.

Peryam, D.R./Haynes, J.H.: Prediction of soldiers' food preferences by laboratory methods; in: Journal of Applied Psychology 1957, S. 2-6.

Peryam, D.R./Pilgrim, F.J.: Hedonic scale method of measuring food preferences; in: Food Technology 1957, S. 9-14.

Peryam, D.R./Swarz, V.W.: Measurement of sensory differences; in: Food Technology 1950, S. 390- 395.

Plattig, K.-H.: The sense of taste; in: *Piggott, J.R. (ed.):* Sensory analysis of foods, London - New York 1988.

Powers, J.J.: Current practices and applications of descriptive methods; in: *Piggott, J.R. (ed.):* Sensory analysis of foods, London - New York 1988, S. 1-24.

Renner, E./Römer, G.: Der Tetraden-Test als aussagefähige sensorische Methode, I. Methode und Anwendung; in: Zeitschrift für Lebensmitteluntersuchung und Forschung 1973, S. 326-330.

Richter, R.: Habituation; in: *Arnold, W./Eysenck, H.J./Meili, R. (Hrsg.):* Lexikon der Psychologie, 11. Auflage, Band 2, Freiburg 1993, S. 838.

Roper, G.: Research with marketing's paradoxical subjects: children; in: Marketing Research 1989, S. 16-23.

Rothe, M.: Einführung in die Aromaforschung, Berlin 1978.

Scharf, A.: Positionierung neuer bzw. modifizierter Nahrungs- und Genußmittel durch integrierte Markt- und Sensorikforschung; in: Marketing ZFP 1995, S. 5-17.

Shalofsky, L.H: Fragrance choice and perceptual mapping, in: *ESOMAR (ed.):* Seminar on Research for Flavours and Fragrances, Lyon 1989, S. 91-108.

Solms, J.: Sensorische Erfassung und Beurteilung von Lebensmitteln - eine allgemeine Einführung; in: *Raunhardt, O./Fischer, F. (Hrsg.)*: Sensorische Erfassung und Beurteilung von Lebensmitteln, Zürich 1977, S. 9-19.

Sontag, A.M.: Comparison of sensory methods: Discrimination, intensity, and hedonic responses in four modalities, M.S. thesis, Davis 1978.

Spreng, M.: Adaptation; in: *Arnold, W./Eysenck, H.J./Meili, R. (Hrsg.):* Lexikon der Psychologie, 11. Auflage, Band 1, Freiburg 1993, S. 1678.

Stevens, S.S.: On the psychophysical law; in: Psychological Review 1957, S. 153-181.

Stone, H./Sidel, J.L./Oliver, S./Singleton, R.C.: Sensory evaluation by quantitative descriptive analysis; in: Food Technology 1974, S. 34-34.

Stone, H./Sidel, J.L.: Sensory evaluation practices, 2nd edition, San Diego u.a. 1993.

Szczesniak, A.S.: Classification of textural characteristics; in: Food Science 1963, S. 385-389.

Szczesniak, A.S./Brandt, M.A./Friedmann, H.H.: Development of standard rating scales for mechanical parameters of texture and correlation between the objective and sensory methods of texture evaluation; in: Journal of Food Science 1963, S. 397-403.

Thurstone, L.L.: A law of comparative judgements; in: Psychological Review 1927, S. 273-286.

Vie, A./Gulli, D./O'Mahony, M.: Alternative hedonic measures; in: Journal of Food Science 1991, S. 1-5.

Watts, B.M./Ylimaki, G.L./Jeffery, L.E./Elias, L.G: Basic sensory methods for food evaluation, Ottawa 1989.

Weber, E.H.: Der Tastsinn und das Gemeingefühl; in: *Wagner, R. (Hrsg.)*: Handwörterbuch der Physiologie, Braunschweig 1860.

Williams, A.A./Arnold, G.M.: A new approach to the sensory analysis of foods and beverages; *Adda, J. (Ed.):* Progress in flavor research 1984; Proceedings of the 4th Weurman Flavor Research Symposium, S. 35-49.

Williams, A.A./Langron, S.P.: The use of Free-Choice-Profiling for the evaluation of commercial ports; in: Journal of the Science of Food and Agriculture 1984, S. 558-568.

Wilton, V.S. (1993): How research is used to bridge the gap between consumers and product developers in order to optimize products, in: *ESOMAR (ed.):* Marketing and International Research, Brüssel 1993, S. 123-135.

Winer, R.J.: Statistical principles in experimental design, 2nd ed., McGraw Hill 1971.

Hans Knoblich / Christian Struck

Schnittstellenprobleme zwischen F&E und Marketing in der Nahrungs- und Genußmittelindustrie - Konzeption und Ergebnisse einer Pilotstudie

1. Konzeption der Untersuchung

1.1. Untersuchungsziele und -hypothesen

Die in den letzten Jahren durchgeführten Untersuchungen zur Organisation von Innovationsprozessen, zu den Erfolgsfaktoren neuer Produkte und zur Schnittstellenproblematik im Innovationsprozeß betrachten schwerpunktmäßig die Verhältnisse in den USA und nur in geringem Umfang die Situation bei europäischen oder deutschen Firmen. Zudem sind die gewählten Stichproben meist branchenübergreifend oder erfassen in erster Linie technologieorientierte Unternehmen.

Angesichts der in verschiedenen Beiträgen dieses Buches immer wieder festgestellten Defizite bezüglich der Beurteilung der Schnittstellenproblematik speziell bei Produktinnovationen in der Nahrungs- und Genußmittelbranche erschien es wünschenswert, empirisches Material zusammenzutragen auf einer Basis, die über eher "zufällige" Erkenntnisse aus Firmenkontakten des Instituts hinausgeht. Dieses Forschungsinteresse gab den Anlaß für eine - im folgenden vorgestellte - Fragebogenaktion bei führenden Unternehmen der Branche. Erwähnt sei gleich an dieser Stelle, daß der Erhebungsumfang durch die begrenzten personalen und finanziellen Ressourcen eines Universitätsinstituts limitiert wurde (vgl. dazu auch Abschnitt 1.3.).

Ziel der Untersuchung war eine Analyse der Branche in bezug auf Produkte und Programmstrukturen, Darstellung der Besonderheiten des Innovationsprozesses bei Nahrungs- und Genußmitteln, Identifikation von Reibungsverlusten und deren Ursachen sowie Bildung verschiedener Kategorien von Schnittstellenproblemen. Konkret sollte der Zusammenhang zwischen dem Innovationsprozeß selbst und dem späteren Erfolg oder Mißerfolg der neuen Produkte im Markt untersucht und identifizierte Schnittstellenprobleme in diesem Zusammenhang eingestuft werden.

Das Untersuchungsfeld der vorliegenden Arbeit läßt sich mit den folgenden Fragen grob umreißen:

1. Welche Faktoren wirken direkt oder indirekt auf den Produktinnovationsprozeß bei Nahrungs- und Genußmitteln ein?
2. Welche Auswirkungen haben diese Faktoren auf die Beziehungen zwischen den Personen an den innovationsbezogenen Schnittstellen?
3. Welche Faktoren determinieren den Erfolg oder Mißerfolg neuer Produkte und welchen Anteil daran haben Schnittstellenprobleme?

4. Welche Schnittstellen treten im Produktinnovationsprozeß auf und welche Mechanismen führen dort zu spezifischen Problemen?
5. Mit welchen organisatorischen oder personenbezogenen Maßnahmen kann diesen Schnittstellenproblemen effektiv vorgebeugt werden, und wie sollten die Beziehungen von Personen an innovationsbezogenen Schnittstellen beschaffen sein, um Konflikte zu minimieren?

Aus dem Ziel der vorliegenden Studie und den in diesem Zusammenhang zu beantwortenden Fragen zur Untersuchungsproblematik ergab sich folgende **zentrale Untersuchungshypothese**, die im Verlauf der empirischen Untersuchung zu überprüfen war:

> Bei Produktinnovationen im Nahrungs- und Genußmittelbereich existieren verschiedene Schnittstellen zwischen den an Innovationsprozessen beteiligten Personen und Instanzen. Der Erfolg neuer Produkte hängt maßgeblich von der Qualität der Zusammenarbeit an den innovationsbezogenen Schnittstellen und von der damit verbundenen notwendigen Koordination der verschiedenen Einzelaktivitäten ab.

Zusätzlich zu dieser zentralen Untersuchungshypothese wurden nach kritischer Würdigung der einschlägigen Literatur weitere **Einzelhypothesen** formuliert, deren Bestätigung jeweils einen Teilbeitrag zur Überprüfung der zentralen Hypothese zu leisten in der Lage war. Diese Einzelhypothesen stellen gewissermaßen den Hintergrund für die Ermittlung des Informationsbedarfs bei der Untersuchungskonzeption dar und werden daher an dieser Stelle zusammenfassend wiedergegeben.

EH 1:
Es existieren Besonderheiten bei Produktinnovationsprozessen in der Nahrungs- und Genußmittelbranche, die zu speziellen Managementanforderungen an die Gestaltung der innerbetrieblichen Schnittstellenbeziehungen führen.

EH 2:
Die Beachtung unternehmensexterner (gesamtwirtschaftlicher) Rahmenbedingungen für Produktinnovationsprozesse führt zu erhöhtem Abstimmungsbedarf an den innerbetrieblichen Schnittstellen.

EH 3:
Bestimmte innerbetriebliche Rahmenbedingungen beeinflussen die Zusammenarbeit und Kommunikation an den interfunktionalen und hierarchischen

Schnittstellen. Durch spezielle Gestaltung der innerbetrieblichen Rahmenbedingungen können Schnittstellenprobleme verringert werden.

EH 4:
Es existiert eine Reihe von Einflußfaktoren, die den Erfolg neuer Nahrungs- und Genußmittel determinieren. Schnittstellenprobleme im allgemeinen und Abstimmungsprobleme zwischen F&E und Marketing im besonderen sind in diesem Zusammenhang Mißerfolgsfaktoren mit erheblichem Einfluß.

EH 5:
Es existieren - wenn auch nur wenige und unscharfe - generelle Anforderungen an die organisatorische Gestaltung von Produktinnovationsprozessen, deren Vernachlässigung in jedem Falle zur Beeinträchtigung des Innovationserfolgs führt.

EH 6:
Bestimmte konkrete Organisationsformen von Produktinnovationsprozessen erleichtern die interdisziplinäre Kommunikation und erhöhen so durch effektivere Abstimmung an den innovationsbezogenen Schnittstellen den Innovationserfolg.

EH 7:
Die kontinuierliche Einbeziehung von Konsumenten in alle Phasen des Produktinnovationsprozesses erhöht den Erfolg neuer Produkte im Markt und führt zu speziellen organisatorischen Anforderungen an die innerbetriebliche Schnittstellenabstimmung.

EH 8:
Im Verlauf von Produktinnovationsprozessen im Nahrungs- und Genußmittelbereich kommt es zu bestimmten hierarchischen Schnittstellenproblemen, die durch aktive Beteiligung der Geschäftsleitung und durch Verbesserung der Unternehmenskultur und der Kommunikation zwischen den hierarchischen Instanzen vermindert werden können.

EH 9:
Bei Unternehmen der Nahrungs- und Genußmittelbranche existieren interfunktionale Schnittstellenprobleme, vor allem zwischen den Funktionsbereichen F&E und Marketing, die den Innovationserfolg deutlich negativ beeinflussen und mit denen hohe Anforderungen an das Management und die Organisation der Unternehmung im Hinblick auf die notwendige Koordination der innovationsbezogenen Aufgaben der betroffenen Funktionen verbunden sind.

1.2. Ermittlung des Informationsbedarfs und dessen Umsetzung in eine Befragung

Die Auswahl der Informationen, die letztlich in Fragen transformiert werden, erfordert ständiges Hinterfragen des Nutzens der entsprechenden Information im Blick auf das Forschungsproblem (d.h. bezüglich ihres Beitrags zur Hypothesenüberprüfung). Schon im Sinne einer möglichst geringen Belastung der Testpersonen ist weniger – aber dafür umso stichhaltigere – Information oft besser als ein langer und ermüdender Fragebogen. In der folgenden Aufzählung wird der Informationsbedarf der geplanten Erhebung zusammenfassend dargestellt. Gleichzeitig sind in jedem Informationsblock kurze Hinweise auf den jeweiligen Bezug zu den Untersuchungszielen und auf die entsprechenden Untersuchungshypothesen enthalten:

- Strukturdaten des befragten Unternehmens. Hiermit sollen Zusammenhänge zwischen der Unternehmensstruktur (Rechtsform, Größe, Erfolgszahlen, verbundene Unternehmen, etc.) und Besonderheiten im Produktinnovationsprozeß des Unternehmens erkannt werden. **(EH 1, EH 2)**
- Organisationsstruktur des Betriebs. Über die o.a. Zusammenhänge hinaus sollen hier vor allem Strukturen ermittelt werden, die innerbetriebliche Kommunikation und Koordination erleichtern/erschweren oder gar verhindern und somit einen starken Einfluß auf die Prozesse an den interfunktionalen und hierarchischen Schnittstellen haben. **(EH 3, EH 4, EH 6)**
- Spezielle Informationen über die Aufteilung und Beschaffenheit der Funktionsbereiche Marketing und F&E sowie deren Kommunikationsstrukturen untereinander und zur Unternehmens-/Spartenleitung. Diese speziellen Informationen erscheinen wichtig, weil es sich bei den genannten Funktionsbereichen um den im Zusammenhang mit Produktinnovationen zentralen Bereich des Betriebs handelt. **(EH 1, EH 5, EH 6, EH 8, EH 9)**
- Informationen über die allgemeine Innovationstätigkeit des Unternehmens (Zahl und Art der Neuprodukte, Erfolgsfaktoren, Erfolgsquoten, Innovationsziele und deren Kodifizierung, Budget etc.). Hier können bereits Gründe für das Versagen neuer Produkte in der grundsätzlichen Auffassung des Unternehmens über Produktinnovationen verborgen sein. **(EH 1, EH 4)**
- Ablauf einer konkreten Produktinnovation. Mit diesen Informationen sollen subtilere Störungsquellen für die Abstimmung der betreffenden

Funktionsbereiche und Instanzen aufgedeckt werden, die mit den einzelnen Phasen des Innovationsprozesses in Verbindung stehen. **(alle EH)**

- Dauer und Kosten jeder einzelnen Phase sowie des gesamten Produktinnovationsprozesses. An diesen Daten lassen sich Aussagen über die Wichtigkeit festmachen, die das Unternehmen den einzelnen Phasen des Innovationsprozesses beimißt. **(EH 4, EH 5)**
- Informationen über Entscheidungsprozesse im Verlauf der Entwicklung und Einführung neuer Produkte. **(EH 5, EH 8, EH 9)**
- Informationen über auftretende Konflikte und deren Bewältigung im Zusammenhang mit Produktinnovationen. Diese Konflikte sind gewissermaßen der Monitor der auftretenden Schnittstellenprobleme. **(EH 5, EH 6, EH 8, EH 9)**
- Ermittlung der relevanten Erfolgsfaktoren und Mißerfolgsfaktoren für Produktinnovationen jedes Unternehmens. Die Informationen über diese Faktoren ermöglichen die Bildung und Verifizierung standardisierter Hypothesen über branchenweite Erfolgsparameter neuer Produkte. **(EH 6, EH 8, EH 9)**
- Subjektive Einschätzungen des Erfolgs ausgewählter Aktivitäten und persönliche Einstellungen zu bestimmten Prozessen an den innerbetrieblichen Schnittstellen. Subjektive Daten spiegeln das Problembewußtsein und die Flexibilität der befragten Personen wider. **(EH 4, EH 5)**
- Informationen über die Einbeziehung von Kunden und externen Organisationen, mit denen das Unternehmen im Verlauf einer typischen Produktinnovation zusammenarbeitet. **(EH 7, EH 8, EH 9)**
- Institutionalisierungen bestimmter innerbetrieblicher Kommunikationsstrukturen (Arbeitsgemeinschaften, Koordinationsstäbe, Projektgruppen etc.). Sie geben Auskunft, inwieweit die Optimierung der Schnittstellenbeziehungen im Unternehmen betrieben wird. **(EH 5, EH 6)**

Wir stehen hier einem komplexen Untersuchungsproblem mit einem umfassenden Informationsbedarf gegenüber. Die Folge war, daß die Konzeption eines Fragebogens einen differenzierten und umfassenden Abstimmungsprozeß bei der verbalen Umsetzung des Untersuchungsproblems erforderte. Ferner waren die allgemeinen Anforderungen an Fragebögen zu berücksichtigen: er mußte sich strikt am Untersuchungsproblem ausrichten, die Fragen mußten präzise, klar verständlich und eindeutig formuliert sein, der Fragebogen sollte so kurz sein, wie bei gegebenem Informationsbedarf möglich und die Fragen mußten so beschaffen sein, daß die erhobenen Daten in der gewünschten Form statistisch auswertbar waren.

Ferner mußte der Fragebogen in seiner Ausgestaltung und in der Fragestellung auf die Zielgruppe zugeschnitten sein. Bei ihr handelt es sich um kompetente leitende Mitarbeiter der Funktionsbereiche F&E und Marketing, die bezüglich des Untersuchungsproblems sensibilisiert sind und die sich darüber hinaus einer speziellen, standardisierten Fachterminologie bedienen, deren Kenntnis eine Grundvoraussetzung für die präzise Formulierung der Fragen ist.

Der **Fragebogen**, auf dessen Wiedergabe hier verzichtet werden soll, ist in folgende Abschnitte gegliedert:

1. Erfassung spezifischer Strukturdaten der entsprechenden Unternehmung in Form von direkten geschlossenen Fragen. Insbesondere Name, Rechtsform, Größe und Konzernzugehörigkeit sowie Stellung im relevanten Markt.

2. Ermittlung der Organisationsstruktur des Unternehmens. Fragen zur allgemeinen Organisationsform, zur Gliederung des Marketing- und des F&E-Bereichs im Speziellen und abschließend zu vorhandenen innerbetrieblichen Kommunikationsstrukturen.

3. Fragen zur Innovationstätigkeit des Unternehmens. Hier werden allgemeine Informationen zum Erfolg/Mißerfolg der einzelnen Arten von Produktinnovationen und den dafür verantwortlichen Faktoren abgefragt. Dieser Abschnitt des Fragebogens wird durch eine Frage zur Aufteilung und Verwaltung des Innovationsbudgets ergänzt.

4. Der vierte Abschnitt des Fragebogens umfaßt nach den einzelnen fünf Phasen des Innovationsprozesses gegliederte Fragenblöcke zum typischen Ablauf von Produktinnovationsprozessen der entsprechenden Unternehmung/Unternehmenssparte. Insbesondere wird nach Informationen zu Entscheidungsfindung und -kompetenz, standardisierten Vorgängen (z.B. Tests, Techniken), Kooperations- und Konfliktbewältigungsmechanismen gefragt.

5. Fragen zu im Unternehmen bestehenden abteilungsübergreifenden Instrumenten zur Koordination der funktionalen Einzelaktivitäten (vor allem der Bereiche F&E und Marketing) untereinander, mit den Entscheidungsträgern (Unternehmens-, Konzernleitung etc.) und mit externen Organisationen (Marktforschungsinstitute, Werbeagenturen etc.). Vor allem Fragen zur Häufigkeit und Intensität dieser Koordinationsprozesse.

6. Ermittlung einiger „harter Fakten“ (Dauer, Kosten, Entscheidungsprozesse, Intensität) der einzelnen Phasen des Produktinnovationsprozesses

am Beispiel einer von der Aukunftsperson zu wählenden konkreten Produktinnovation aus der jüngeren Vergangenheit.

7. Abschließend wird die Auskunftsperson gebeten anzugeben, inwieweit eine Anzahl von Aussagen von Produktentwicklern und Marketingverantwortlichen ihrer Meinung nach auf Innovationsprozesse des eigenen Unternehmens bzw. der eigenen Sparte zutreffen.

1.3 Auswahl- und Kontaktierungsprinzipien, Fragebogenrücklauf

Die Gesamtheit der Unternehmen der Nahrungs- und Genußmittelbranche stellt eine große Zahl sehr heterogener Untersuchungsobjekte dar. Eine Vollerhebung ist daher von vornherein ausgeschlossen, aber auch für die Auswahl einer Stichprobe ergeben sich hohe Anforderungen.

Um zu gewährleisten, daß die Stichprobe ein repräsentatives Abbild der heterogenen Grundgesamtheit darstellt, kommt die **Quotenauswahl** als Verfahren der bewußten Auswahl in Betracht. Als Quotenmerkmale bieten sich in unserem Fall an: Unternehmensgröße (gemäß der Größenklassen des Statist. Bundesamtes), Unternehmensart (Ursprungsproduktion, Handwerk, Industrie), Art der produzierten Nahrungs- und Genußmittel.

Ein für notwendig erachteter Stichprobenumfang von 400 repräsentativen Unternehmen (mit einer erwarteten Rücklaufquote von 150 Fragebögen) überstieg allerdings die finanziellen und personellen Möglichkeiten des Instituts. Daher wurde die jetzt durchgeführte Untersuchung von vorn herein als **Pilotstudie** konzipiert, bei der es weniger auf die Einhaltung strenger Repräsentanzkriterien als auf die Kooperationsbereitschaft von Firmen ankam.

(Allerdings ist vorgesehen, die Untersuchung auf eine breitere Datenbasis zu stellen, unter Berücksichtigung der im Rahmen der Pilotstudie gewonnenen Erkenntnisse und Erfahrungen. Eine gesonderte Veröffentlichung der Ergebnisse ist im Lauf des Jahres 1996 geplant.)

Erschwerend kam für die Durchführung der Befragung hinzu, daß bei den kontaktierten Unternehmen zusätzlich noch die Personen ausgewählt werden mußten, die den Fragebogen bearbeiten sollten. In einem ersten Schritt wurden die Unternehmensvertreter telefonisch angesprochen und um Kooperation gebeten, und es wurde der Untersuchungshintergrund kurz erläutert. Ferner wurden sie um Übersendung von Informationsmaterial über die Produktpalette und Jahresabschlußdaten gebeten. Dadurch konnte der ohnehin umfangreiche Fragebogen um diese Informationstatbestände verringert werden und die Träger der Untersuchung hatten die Möglichkeit, den Ablauf der Befragung von vornherein an die jeweiligen Unternehmensspezifika anzupassen. Diese Phase des persönlichen Kontakts geschah mit dem Ziel, die Rücklaufquote zu erhöhen und die Auskunftspersonen zur Zusammenarbeit zu motivieren. Erklärten die Firmenvertreter ihre Bereitschaft zur Mitarbeit, so wurde ihnen der Fragebogen übersandt.

Trotz der intensiven Vorbereitung und der aufwendigen Kontaktierungsphase ergaben sich im Blick auf die **Auskunftsbereitschaft** Schwierigkeiten. Diese sind wohl - wie immer wieder bestätigt wurde - in erster Linie auf die "brisante" Thematik der Produktinnovationen zurückzuführen, aber auch auf den Umfang des Fragebogens, dessen Beantwortung die ohnehin knappe Zeit der Manager stark beanspruchte.

Die Fragebogenaktion fand in den Monaten August bis Ende Oktober 1995 statt. Nach der persönlichen Kontaktaufnahme bei 72 Firmen wurde der Fragebogen an 55 Unternehmen verschickt. Der Rücklauf betrug bis zum Stichtag 26 auswertbare Fragebögen. Angesichts dieser geringen Fallzahlen in der Pilotstudie beschränkt sich die im folgenden Abschnitt präsentierte Auswertung im wesentlichen auf eine (univariate) **Grundauszählung**.

2. Ergebnisse der Pilotstudie

2.1. Strukturmerkmale der untersuchten Unternehmen der Nahrungs- und Genußmittelindustrie

Die beteiligten Unternehmen stellen naturgemäß keinen repräsentativen Querschnitt der Angebotsvielfalt dieser **Branche** dar: es überwiegen Unternehmen der Süßwarenherstellung (15) sowie die Hersteller von Bier, Spirituosen, Fruchtsäften und anderen alkoholfreien Getränken (5).

Auch die **Betriebsgrößen** (gemessen am Umsatz) weisen eine starke Streuung auf. Sofern dazu Angaben gemacht wurden oder ermittelt werden konnten, haben 4 Unternehmen einen Umsatz von weniger als 100 Mill. DM, 9 liegen zwischen 100 und 500 Mill. DM, 3 zwischen 500 Mill. und 1 Mrd. DM und 2 erzielen mehr als 1 Mrd. DM Umsatz.

Die **Auskunftspersonen** gehören etwa zu gleichen Anteilen der Abteilung Marketing/Verkauf (10) und der Abteilung F&E/Produktentwicklung (11) an. Ferner stammt je einer der Ansprechpartner aus den Abteilungen "Produktentwicklung und Vertrieb", "Marketing und neue Produkte",

Öffentlichkeitsarbeit bzw. aus der Geschäftsleitung. - Die Kenntnis der Abteilungszugehörigkeit könnte Hinweise geben auf Unterschiede in der Einschätzung/Wahrnehmung der Schnittstellenprobleme in den Funktionsbereichen. Angesichts der schmalen Datenbasis wird dieser Aspekt in der Auswertung allerdings nicht weiter berücksichtigt.

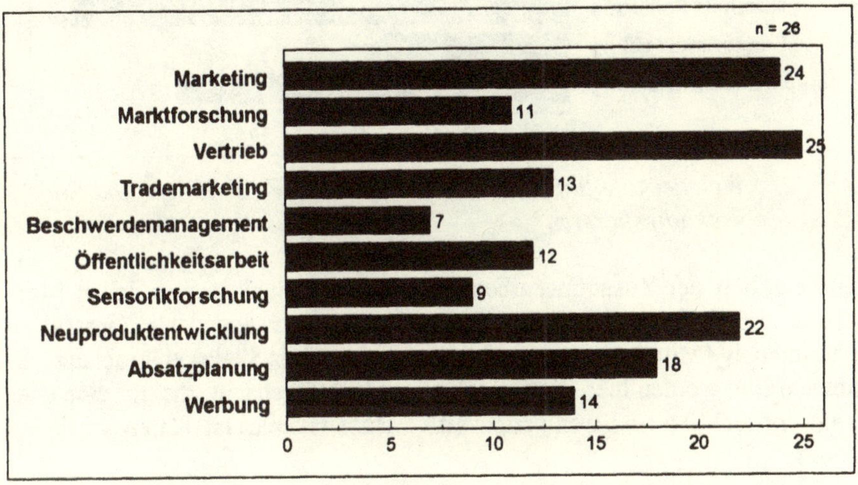

Abb. 1: Welche Abteilungen existieren in Ihrem Absatzbereich?

Bei der Frage nach der **Stärke der Änderung wichtiger unternehmerischer Parameter** in den letzten fünf Jahren wird die Verschärfung der Konkurrenzsituation am stärksten empfunden (mit einem Wert von 6.154 auf einer 7-er Skala), gefolgt von der Änderung der Kundenwünsche (5.231). Als existierende Organisationsformen im Marketingbereich werden (Mehrfachnennungen waren möglich) 22 mal ein Produktmanagement, 19 mal ein Key-Account-Management und 10 mal ein Projektmanagement genannt.

Die Abbildungen 1 und 2 geben Aufschluß über die verschiedenen Abteilungen, die bei den 26 antwortenden Unternehmen im Absatz- bzw. F&E-Bereich vorhanden sind. Interessant ist hier die relativ geringe Verbreitung eigener Abteilungen für Marktforschung oder Sensorikforschung oder die Tatsache, daß nur fünf Unternehmen über eine eigene Abteilung für Grundlagenforschung verfügen und bei 7 Unternehmen eine Abteilung "Neuproduktentwicklung" fehlt.

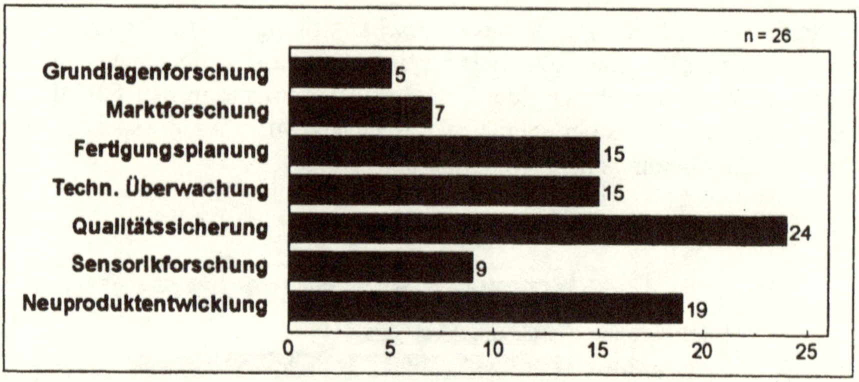

Abb. 2: Welche Abteilungen existieren in Ihrem Forschungs- und Entwicklungsbereich?

Die Qualität der Zusammenarbeit zwischen den Funktionsbereichen Marketing und F&E wird von den Unternehmen überwiegend als konstruktiv und intensiv (Mittelwert jeweils 5.200 auf einer 7-er Skala) eingeschätzt. In keinem Fall werden hier Werte von weniger als 3 genannt, die auf eine eher kontraproduktive und weniger intensive Zusammenarbeit hätten schließen lassen.

Dies erklärt sich u.a. damit, daß zwischen den beiden Funktionsbereichen i.d.R. spezielle Kommunikationsstrukturen existieren: genannt werden (Mehrfachnennungen waren möglich) 10 mal personelle Überschneidungen, 10 mal Kontaktleute, 5 mal Koordinationsstäbe und 16 mal projektbezogene Arbeitsgruppen.

2.2. Produktinnovationen

Gefragt danach, ob Produktinnovationen und deren Ziele in den Statuten des Unternehmens festgeschrieben seien, antworten 11 Unternehmen mit "ja", 15 mit "nein". Das Ziel, neue Produkte für existierende Märkte zu entwickeln, wird für deutlich wichtiger gehalten als das Ziel, neue Märkte zu erschließen. Auf einer 7-er Skala ergibt sich im ersten Fall ein Mittelwert von 6.000, im zweiten lediglich einer von 4.923.

Abbildung 3 informiert über die Anzahl der Produkte, die in den Jahren 1993 und 1994 in den verschiedenen Kategorien von Produktinnovationen eingeführt wurden. Immerhin 11 Unternehmen melden (1 - 3) echte Innovationen. Nur 4 der 26 Unternehmen realisieren keine neuen Produktlinien; zwei Unternehmen berichten über 20, ein Unternehmen über 12 neue Produktlinien. Fast alle Unternehmen führen - in unterschiedlichem Umfang -

Produktlinienergänzungen durch. Das gleiche gilt für weiterentwickelte Produkte, die in absoluten Zahlen an der Spitze der Innovationsmaßnahmen liegen. Damit werden auch andere empirische Ergebnisse bestätigt. Lediglich 8 Unternehmen melden keine verbesserten Produkte. Repositionierungen und kostengünstigere Ptoduktionen scheinen eine geringere Rolle zu spielen; hier melden 13 bzw. 10 Unternehmen "Fehlanzeige".

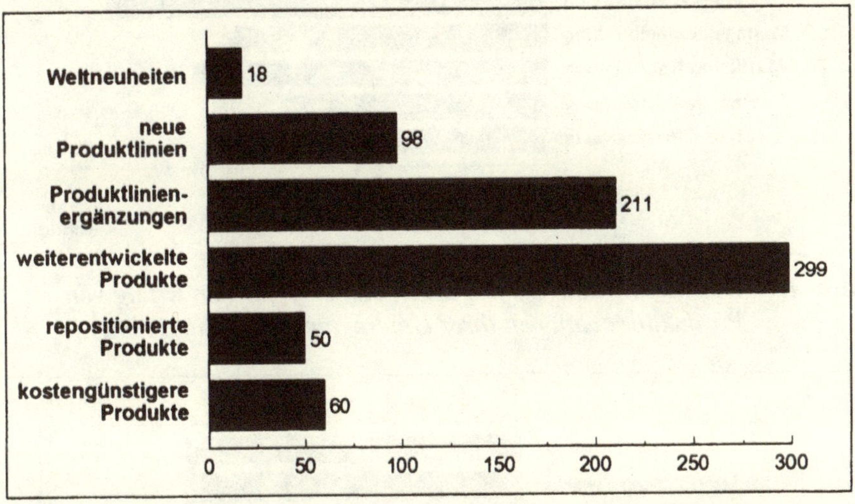

Abb. 3: Anzahl der in den Jahren 1993 und 1994 neu eingeführten Produkte (n=26, absolute Nennungen)

Die Abbildungen 4 und 5 geben Auskunft über die Bedeutung, die ausgewählten Erfolgs- bzw. Mißerfolgsfaktoren zugeschrieben wird. Hier sollte auf 7-er Skalen die reale Situation im Unternehmen/der entsprechenden Sparte beurteilt werden.

Bei den **Erfolgsfaktoren** liegen alle Items über dem Wert von 4,0, werden also als eher wichtig eingeschätzt. Die höchsten Mittelwerte haben hohe Produktqualität (6.231), marktgerechter Preis und gute Beziehungen zum Handel (je 6.154). Auch die gute Koordination zwischen F&E und Marketing wird als recht wichtig erachtet (5.154), während eine systematische Innovationsplanung nicht ganz so wichtig erscheint (4.231).

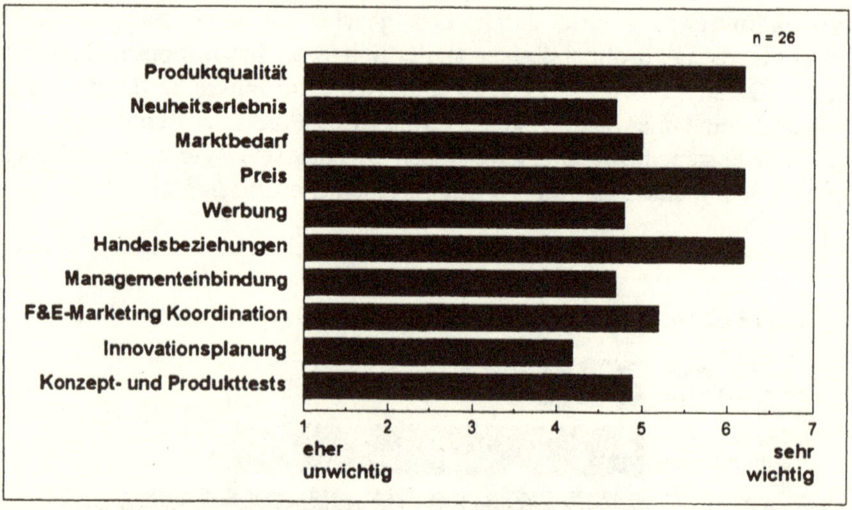

Abb. 4: Wie wichtig sind die folgenden Faktoren für den Erfolg von Produktinnovationen Ihres Unternehmens? (Mittelwerte)

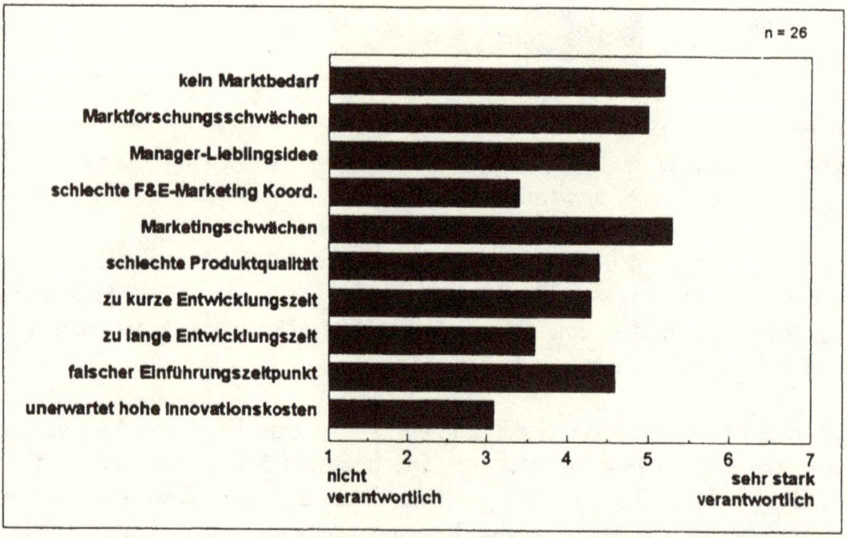

Abb. 5: In welchem Maße sind folgende Faktoren verantwortlich, wenn ein Produkt im relevanten Markt nicht erfolgreich war? (Mittelwerte)

Für den **Mißerfolg** von Produktinnovationen werden am stärksten verantwortlich gemacht: Marketingschwächen (Mittelwert 5.269), das fehlende Marktbedürfnis (5.231) und Marktforschungsschwächen (5.038). Eine schlechte Koordination zwischen F&E und Marketing liegt mit einem Wert von 3.423 an vorletzter Position der Itemliste; ein Anhaltspunkt dafür, daß Schnittstellenprobleme dieser Art den Innovationserfolg weniger beeinträchtigen.

2.3. Ablauf des Innovationsprozesses

Diesem umfangreichen Fragenkomplex liegt der typische Ablauf von Produktinnovationsprozessen mit den fünf Phasen der Ideenfindung, Ideenauswahl und -bewertung, Konzeptentwicklung und -auswahl, Produktentwicklung und Test von Prototypen sowie Markteinführung zugrunde.

In der Phase der **Ideenfindung** wurde nach der Nutzung von unternehmensinternen und -externen Quellen für die Ideenfindung gefragt. Die Abbildungen 6 und 7 zeigen die Ergebnisse. Bei den internen Quellen werden Ideen der Marketingabteilung (Mittelwert 5.615) und Ergebnisse von F&E (5.115) mit Abstand am intensivsten genutzt. Bei den externen Quellen liegt die Beobachtung der Konkurrenz (5.462) deutlich an der Spitze, gefolgt von der Auswertung von Veröffentlichungen in Fachzeitschriften. Interessanterweise spielen Befragungen von Händlern oder Verbrauchern sowie Innovationsberater als Quellen weniger eine Rolle.

Geteilt sind die Angaben bezüglich der Nutzung spezieller Techniken zur Ideenfindung. Je die Hälfte der Auskunftspersonen verzichtet auf sie bzw. wendet sie an. Im letzteren Fall stehen offenbar intuitiv-kreative Verfahren (z.B. Brainstorming, Methode 635, Synektik) deutlich höher im Kurs als systematisch-logische Verfahren (z.B. morphologische Methode, Problemanalyse, Funktionsanalyse).

Auch in der Phase der **Ideenbewertung** spielt die Anwendung besonderer Techniken eher eine untergeordnete Rolle. Die Frage wird von 17 Unternehmen mit nein, von 9 Unternehmen mit ja beantwortet; genannt werden vor allem Punktbewertungs- und Checklistenverfahren.

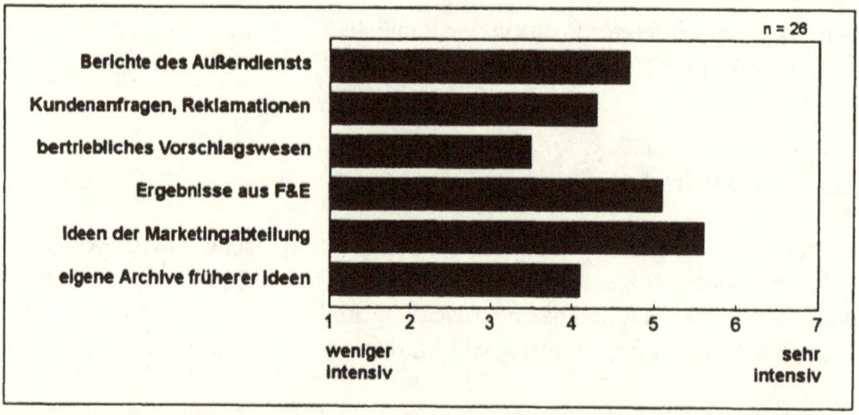

Abb. 6: Wie intensiv nutzen Sie die folgenden unternehmensinternen Quellen bei der Ideenfindung für neue Produkte? (Mittelwerte)

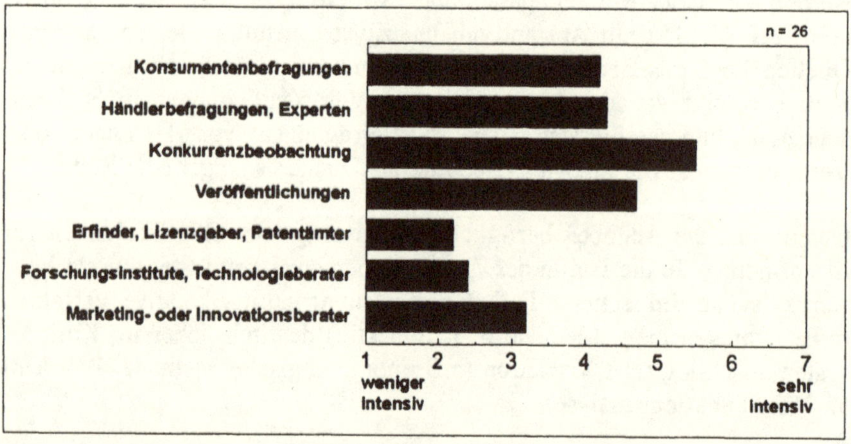

Abb. 7: Wie intensiv nutzen Sie die folgenden unternehmensexternen Quellen bei der Ideenfindung für neue Produkte? (Mittelwerte)

Die Entscheidung über die Auswahl der letztlich weiterzuverfolgenden Produktidee wird am stärksten von Umweltfaktoren wie den Wünschen der Konsumenten (Mittelwert 5.808 auf einer 7-er Skala) und den Konkurrenzaktivitäten (5.077) beeinflußt; aber auch innerbetriebliche Anforderungen müssen berücksichtigt werden (5.000).

In der Phase der **Konzeptentwicklung und -auswahl** sollte zunächst festgestellt werden, wie intensiv verschiedene Abteilungen/Institutionen an der Konkretisierung der Produktidee, der Formulierung des Produktversprechens mitwirken. Wie aus Abbildung 8 hervorgeht, sind dies in erster Linie die Marketingabteilung (6.192), die Abteilung F&E (5.385) sowie die

Unternehmens- bzw. Spartenleitung selbst (5.077). Weniger wichtig erscheint hier die Mitwirkung von Marktforschungsabteilungen bzw. -institute n.

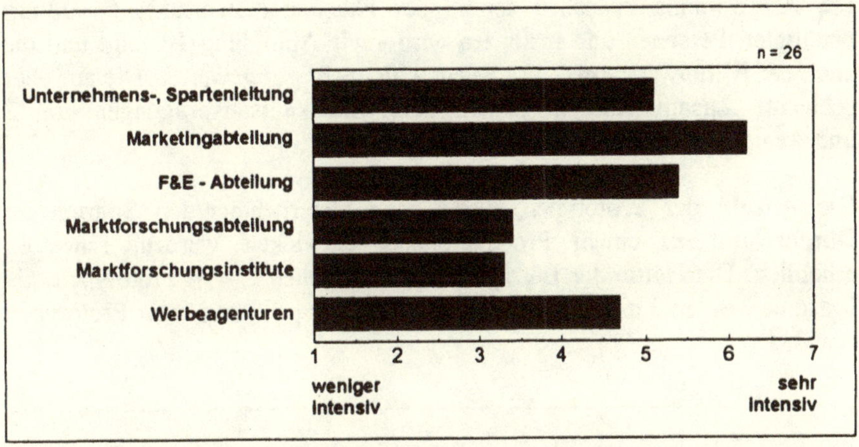

Abb. 8: Wie intensiv arbeiten die folgenden Instanzen an der Konkretisierung der Produktidee (Formulierung des Produktversprechens) mit? (Mittelwerte)

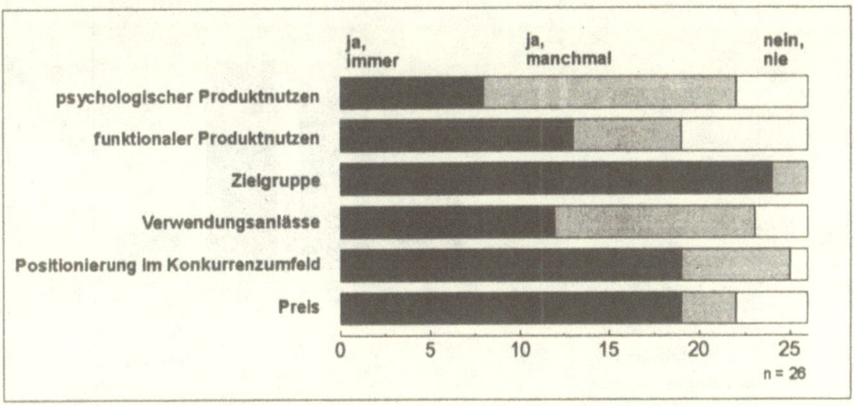

Abb. 9: Sind die folgenden Elemente Bestandteil eines Produktkonzepts in Ihrem Unternehmen/ Ihrer Sparte?

Aufschlußreich sind die Befunde zu den Bestandteilen eines Produktkonzepts (vgl. Abbildung 9). Während die Zielgruppe bei 24 Unternehmen, die Positionierung im Konkurrenzumfeld und der Preis bei je 19 Unternehmen immer als Element des Produktkonzepts eine Rolle spielen, fällt auf, daß der funktionale Produktnutzen bei 7 Unternehmen nie Bestandteil des Produktkonzepts ist.

Am stärksten werden zur Auswahl des endgültigen Produktkonzepts Erfahrungen der Marketingabteilung (Mittelwert 5.846) und der Abteilung F&E (4.923) berücksichtigt.

Die Abstimmung zwischen den in der Phase der **Produktentwicklung** beteiligten Personen und Instanzen wird - wie Abbildung 10 zeigt und die auch der Mittelwert von 5.423 belegt - als recht gut gewertet. Die auf eher schlechte Zusammenarbeit hindeutenden Intensitätsausprägungen von 3 und weniger auf der 7-er Skala fehlen ganz.

Die Anzahl der Prototypen, die in den Unternehmen/den Sparten im Durchschnitt zu einem Produktkonzept entwickelt werden, schwankt erheblich. Die Hälfte der Befragten nennt zwischen 2 - 10 Prototypen; als Extreme werden 3 mal nur ein Prototyp und 2 mal 99 und mehr Prototypen erwähnt.

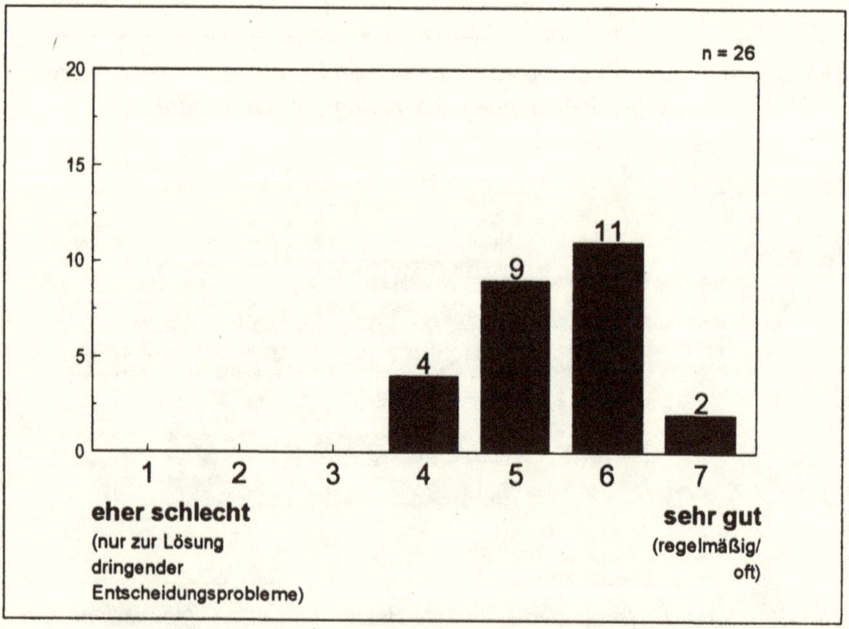

Abb. 10: Wie gut ist in Ihrem Unternehmen die Abstimmung zwischen den in der Phase der Produktentwicklung beteiligten Personen und Instanzen?

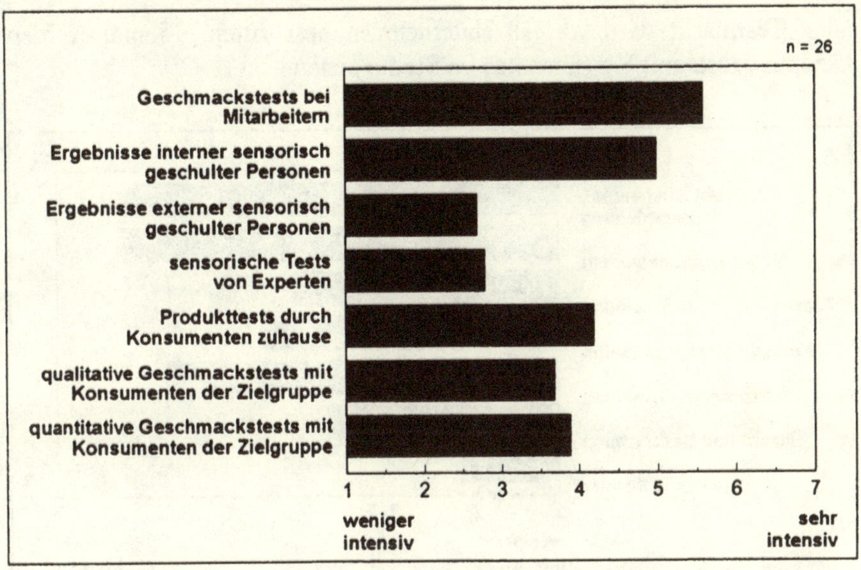

Abb. 11: Wie intensiv werden Informationen über sensorische Produkteigenschaften zur Auswahl des endgültigen Prototyps genutzt? (Mittelwerte)

Was die Nutzung von Informationen über sensorische Produkteigenschaften im Rahmen der Auswahl von Prototypen anlangt, so zeigen sich die in Abbildung 11 zusammengestellten Resultate: Am intensivsten werden Geschmackstests bei - beliebigen - Mitarbeitern eingesetzt (Mittelwert 5.577), während Ergebnisse von betriebseigenen, sensorisch geschulten Personen erst an zweiter Stelle (5.000) stehen. Auffallend ist die geringe Nutzung von Expertentests und von Ergebnissen externer, sensorisch geschulter Personen.

An der Beratung über die **Markteinführung** von Innovationen sind die verschiedenen Abteilungen und Personen im Unternehmen mit unterschiedlicher Intensität beteiligt (vgl. Abbildung 12). Naturgemäß ragt hier die Rolle des Marketing-Managements besonders heraus (Mittelwert 6.346), aber auch die Unternehmens-/Spartenleitung selbst schaltet sich kaum weniger intensiv ein (6.154). Auch auf das Produktmanagement wird in dieser Phase nur selten verzichtet (5.654).

Zur Überprüfung der Markttauglichkeit neuer Produkte wird - wie Abbildung 13 zeigt - von den befragten Unternehmen vor allem auf Erfahrungen aus früheren Markteinführungen zurückgegriffen (20 Nennungen, Mehrfachnennungen waren möglich). Der Weg der probeweisen Einführung in einen Testmarkt wird von 18 Unternehmen beschritten; 15 mal werden Akzeptanztests mit Konsumenten im Studio genannt.

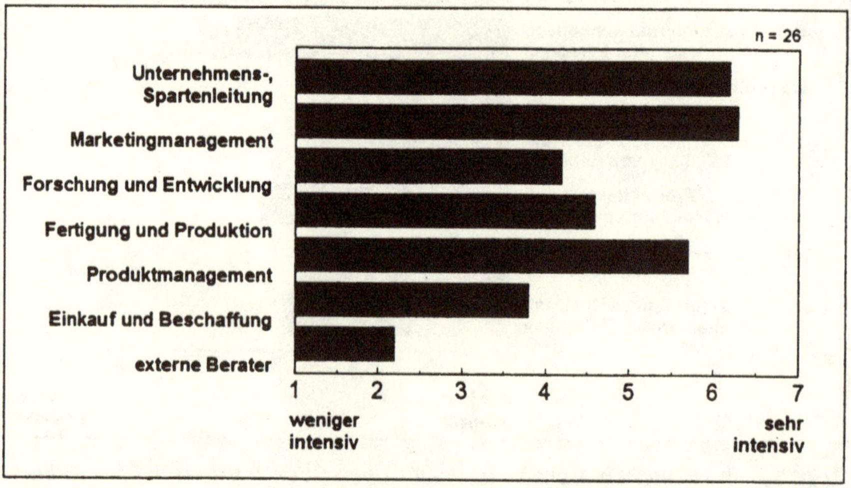

Abb. 12: Wie intensiv sind die folgenden Stellen, Abteilungen oder Personen an der Beratung über die Markteinführung des neuen Produkts beteiligt? (Mittelwerte)

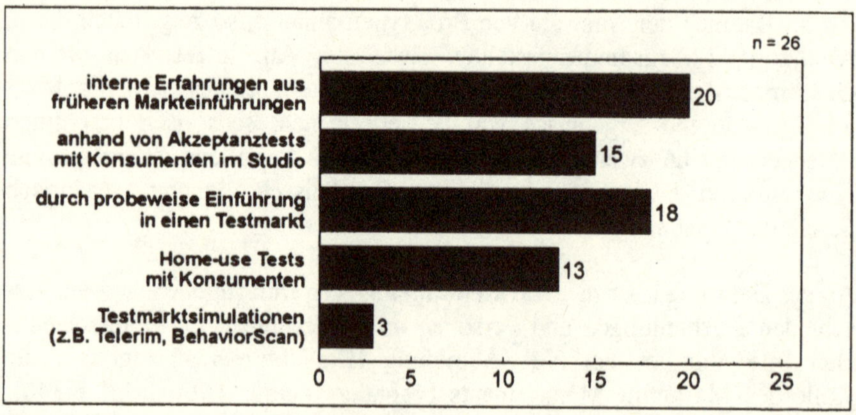

Abb. 13: Wie werden neue Produkte auf ihre Markttauglichkeit hin überprüft?

Interessant ist der Befund, daß nur 12 Unternehmen eine regelmäßige Analyse von Flops durchführen; die übrigen 14 beschränken sich auf eine teilweise Analyse. Auf eine Analyse von Erfolgen neuer Produkte verzichten 3 Unternehmen ganz, 11 führen eine solche regelmäßig, 12 teilweise durch. - Auch die systematische Archivierung abgeschlossener Innovationsprojekte ist noch keine Selbstverständlichkeit. Nur 7 Unternehmen erfassen alle Projekte auf diese Weise, 10 verzichten ganz darauf.

Abbildung 14 faßt die Antworten zu den Fragen nach Konflikten in den einzelnen Phasen des Innovationsprozesses zusammen. Daß die mittlere Position, wonach "manchmal" Konflikte zwischen den beteiligten Personen auftreten, überall deutlich im Vordergrund steht, dürfte nicht überraschen. Interessant erscheint die Tendenz, daß mit zunehmender Konkretisierung des neuen Produkts die Zahl der Unternehmen, bei denen immer Konflikte auftreten, zurückgeht.

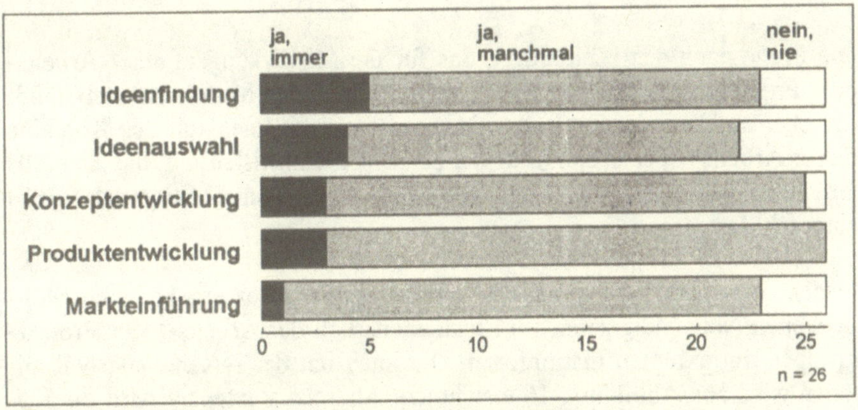

Abb.14: Gibt es in den einzelnen Phasen der Produktinnovation Konflikte zwischen den beteiligten Personen?

2.4. Abteilungsübergreifende Koordinationsinstrumente

Abteilungsübergreifende Arbeits- oder Projektgruppen für spezielle Phasen im Verlauf der Neuproduktentwicklung sind in 15 Unternehmen vorhanden, in 11 Unternehmen fehlen sie. (Die folgenden Befunde beziehen sich daher nur auf die 15 Unternehmen, die die Einstiegsfrage bejahten).

Abb. 15 zeigt die Koordinationsformen, in denen sich die Abstimmung der Gruppenmitglieder vollzieht (Mehrfachnennungen waren möglich). In 5 Fällen erfolgt die Koordination durch Weisungen der Geschäftsleitung, in 9 Fällen gibt es funktionsbereichsübergreifende Gremien, die permanent oder ad hoc zusammentreten, 9 mal wird die Form des Projektmanagements genannt.

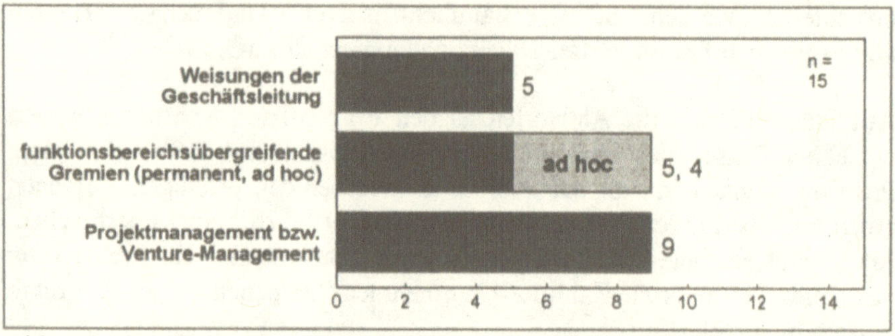

Abb. 15: In welchen Koordinationsformen vollzieht sich die Abstimmung der einzelnen Arbeitsgruppen-Mitglieder?

Die Frage nach dem Zeitbudget, das für die Mitwirkung in einer Arbeits- oder Projektgruppe zur Verfügung steht, ergibt einen Mittelwert von 3.333, der eher auf Defizite hindeutet. Dagegen wird die Intensität des Kontakts dieser Arbeits- oder Projektgruppen zur Unternehmensleitung, die ebenfalls auf einer 7-er Skala abgefragt wurde, als recht hoch (Mittelwert 5.267) eingeschätzt.

In den verschiedenen Phasen des Innovationsprozesses ergeben sich Möglichkeiten/Notwendigkeiten zur Zusammenarbeit der Arbeits- oder Projektgruppen mit externen Institutionen. Die Intensität der Zusammenarbeit mit ihnen wird aus Abbildung 16 ersichtlich. Als relativ intensiv wird die Kooperation mit Graphikdesignern (wohl im Rahmen der Verpackungsgestaltung) gewertet (Mittelwert 4.667); es folgen Marktforschungsinstitute (4.067) und Werbe-/PR-Agenturen (4.000).

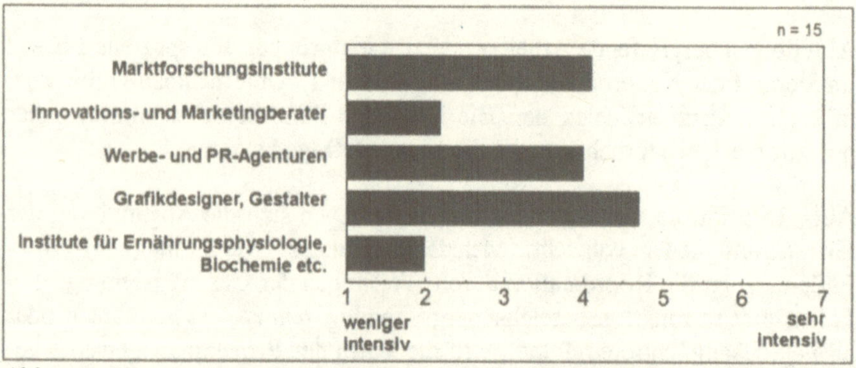

Abb. 16: Wie intensiv ist die Zusammenarbeit der Arbeits- und Projektgruppen mit folgenden externen Organisationen? (Mittelwerte)

Die Notwendigkeit für Verbesserungen im Produktinnovationsprozeß wird in den einzelnen Phasen von nunmehr wieder 26 Firmen unterschiedlich beurteilt. Hier zeichnet sich (vgl. Abbildung 17) die Tendenz ab, daß mit zunehmender Konkretisierung der Innovation bzw. Nähe zur Markteinführung Verbesserungen häufiger für nötig gehalten werden. Auffallend (und schwer zu interpretieren) ist die Tatsache, daß in der ersten Phase der Ideenfindung keine Notwendigkeit für Verbesserungen konstatiert wird.

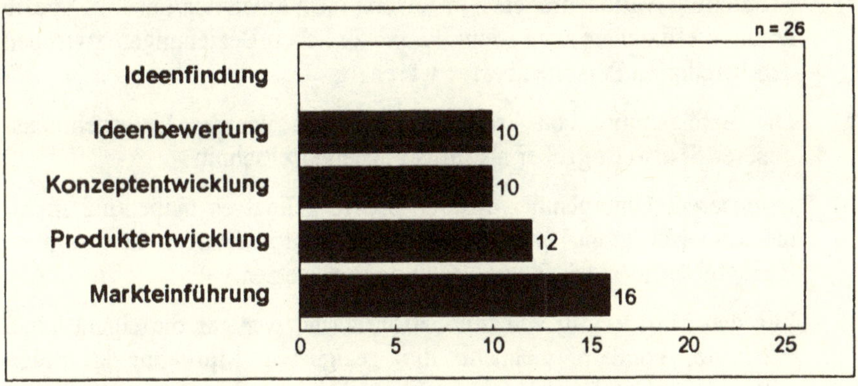

Abb. 17: In welchen Phasen des Produktinnovationsprozesses sind Ihrer Meinung nach Verbesserungen nötig?

2.5. Statements zu Innovationsprozessen

Besonderen Raum im Fragebogen nahm eine Liste mit 11 ausgewählten Aussagen von Marketingverantwortlichen und Produktentwicklern zum Innovationsprozeß ein. Die Auskunftspersonen wurden gebeten, den Grad ihrer Zustimmung ihr Unternehmen/ihre Sparte betreffend auf einer 7-er Skala mit den Extrempositionen "trifft überhaupt nicht zu" und "trifft voll und ganz zu" anzugeben. - Es handelt sich um folgende Statements:

a) Risikobereitschaft und Kreativität der am Innovationsprozeß beteiligten Personen werden in unserem Unterrnehmen/unserer Sparte von der Geschäftsführung unterstützt und gefördert.

b) Kundenwünsche werden bei der Entwicklung neuer Produkte in unserem Unternehmen/unserer Sparte ausreichend berücksichtigt.

c) Der Erfolg neuer Produkte hängt entscheidend von der Qualität der Rohstoffe (Rezepturen) und der Herstellungsverfahren ab.

d) In unserem Unternehmen/unserer Sparte wird darauf geachtet, daß alle am Innovationsprozeß beteiligten Personen/Abteilungen auch an der Entscheidungsfindung beteiligt sind.

e) Probleme bei der Zusammenarbeit der am Innovationspeozeß beteiligten Personen/Abteilungen führen in unserem Unternehmen/unserer Sparte immer wieder dazu, daß neue Produkte im Markt **nicht** erfolgreich sind.

f) Produktinnovationsprozesse in unserem Unternehmen/unserer Sparte könnten effizienter sein, wenn die persönlichen Beziehungen zwischen den beteiligten Personen besser wären.

g) Die Erfolgsquote von Produktinnovationen unseres Unternehmens/ unserer Sparte ist größer als im Branchendurchschnitt.

h) In unserem Unternehmen/unserer Sparte gelingt es manchmal nicht, die vom Marketing formulierten Produktanforderungen in geeignete Rezepturen für marktfähige Produkte umzusetzen.

i) Für den Markterfolg von Innovationen sind weniger die eigentlichen Produkte, sondern vielmehr die geeigneten Marketingaktivitäten (Preis, Werbung, Vertrieb...) verantwortlich.

j) Anforderungen des Handels an neue Lebensmittelprodukte spielen bei Innovationsprozessen in unserem Unternehmen/unserer Sparte eine wichtige Rolle.

k) In unserem Unternehmen/unserer Sparte sollte es mehr kreative Personen ("Querdenker") geben, die dem Innovationsprozeß wichtige Impulse geben.

Abbildung 18 gibt den Grad der Zustimmung zu den einzelnen Aussagen wieder. Interessant ist das besonders hohe Maß an Zustimmung bei den Statements j (Mittelwert 5.720), c und k (jeweils 5.320). Auf der anderen Seite finden die Aussagen e und f, die auf Probleme in der Kooperation zwischen den Abteilungen und in den persönlichen Beziehungen eingehen, mit Werten von 3.320 bzw. 3.760 besonders wenig Zustimmung.

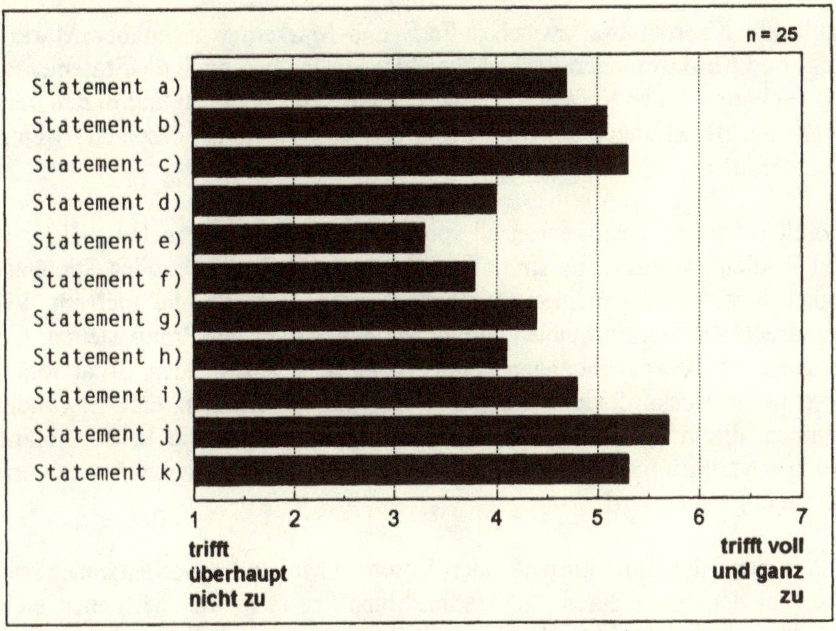

Abb. 18: In welchem Maße treffen die folgenden Aussagen auf Innovationsprozesse in Ihrem Unternehmen zu? (Mittelwerte)

3. Resümee

Die Ergebnisse der Pilotstudie zeigen, daß in den Unternehmen der Branche allgemein die Notwendigkeit von Produktinnovationen für das Bestehen im immer schärfer empfundenen Wettbewerb, für nachhaltiges Wachstum und Erfolg erkannt wird. Insofern erscheint es auch konsequent, daß die Geschäftsleitung selbst Zuständigkeit für Produktinnovationsentscheidungen aller Art (auch für solche mit relativ niedrigem Innovationsgrad: Produktweiterentwicklungen) beansprucht. Hier deuten sich allerdings Unterschiede je nach Betriebsgröße an.

Im Gegensatz zur Einsicht in die Bedeutung von Produktinnovationen findet sich jedoch häufig noch keine adäquate Organisationsstruktur für ein Innovationsmanagement. Dies zeigt sich etwa am Fehlen von besonderen Neuproduktabteilungen oder fehlender Grundlagenforschung.

Zu besonders aufschlußreichen Ergebnissen führt die in verschiedenen Zusammenhängen gestellte zentrale Frage nach Schnittstellenproblemen zwischen Marketing und F&E. Die Zusammenarbeit dieser Bereiche wird als recht konstruktiv und intensiv bezeichnet; als Mißerfolgsfaktor tritt die schlechte Koordination zwischen F&E und Marketing gegenüber Marketing- und Marktforschungsschwächen klar zurück und auch die Statements, die Probleme in der Kooperation zwischen diesen Bereichen und in den persönlichen Beziehungen der Mitarbeiter ansprechen, finden besonders wenig Zustimmung.

Damit scheinen wichtige Einzelhypothesen für die Untersuchung (EH 4, EH 9) nicht bestätigt. Es sind allerdings gewisse Zweifel an der Stichhaltigkeit bzw. Verallgemeinerungsfähigkeit dieser Befunde (die auch im Widerspruch zu Literaturquellen und zu Meinungen aus der Praxis stehen, die in anderen Zusammenhängen geäußert werden) anzumelden. Reaktionen potentieller Auskunftspersonen am Telefon lassen vermuten, daß bei Unternehmen, die in irgendeiner Weise Schwierigkeiten im betrieblichen Ablauf der Innovationsprozesse haben, die Beteiligung an der Erhebung von vorn herein abgelehnt wird.

Die in der Pilotstudie mitwirkenden Unternehmen sind daher entweder solche, bei denen ein gutes "Innovationsklima" herrscht und bei denen sich proaktiv denkende Mitarbeiter an der Befragung beteiligten, oder aber (auch dies ist nicht auszuschließen) solche, bei denen die Schnittstellenproblematik als "Erfolgsbremse" noch nicht erkannt wird.

Gewisse Widersprüche finden sich auch in den Angaben zu bestimmten Fragen, die in einem Zusammenhang miteinander stehen: so z.B. die Forderung nach mehr kreativen "Querdenkern" im Innovationsprozeß einerseits und die nicht gesehene Notwendigkeit von Verbesserungen in der Phase der Ideenfindung.

Der Wert der vorliegenden empirischen Studie besteht u.E. in der Gewinnung von ersten, grundlegenden Anhaltspunkten zu den Besonderheiten von Produktinnovationen in der Nahrungs- und Genußmittelbranche, zu den Erfolgsfaktoren für neue Produkte und zu der Bedeutung, die Schnittstellenprobleme in diesem Zusammenhang haben können, sowie zur organisatorischen Ausgestaltung des Innovationsprozesses bei Lebensmitteln. Hier noch nicht hinreichend beantwortete Fragen bedürfen einer weiteren Klärung durch breiter angelegte Erhebungen, die dann auch eine differenziertere Auswertung zulassen.

Andreas Scharf / Olaf Biedekarken

Optimierung des Produktkerns von Nahrungs- und Genußmitteln durch integrierte Markt- und Sensorikforschung - ein Fallbeispiel -

1. Einführung

Der intensive und zunehmend auf internationaler Ebene ausgetragene Wettbewerb in nahezu allen Bereichen der Nahrungs- und Genußmittelindustrie zwingt die Anbieter zu einer systematischen Innovationspolitik. Die erforderliche Differenzierung gegenüber den Konkurrenten kann dabei zum einen über den Produktkern erreicht werden, d.h. über die sensorischen Qualitäten als wahrnehmbare Ergebnisse der Rezeptur und Produktionstechnologie (intrinsische Produktmerkmale), zum anderen über die Markierung und Verpackung sowie über die übrigen nutzenstiftenden Faktoren der gesamten Marktleistung wie Preis, Distribution und Kommunikation (extrinsische Produktmerkmale).

Soll ein neues Produkt entwickelt oder ein bereits eingeführtes verbessert werden, muß die Marktforschung Informationen sowohl über die Nutzenerwartungen potentieller bzw. tatsächlicher Abnehmer als auch über die Angebotsprofile der Konkurrenzprodukte beschaffen. Die Aufgabe der Produktentwickler besteht darin, ein Bündel objektiver Eigenschaften zu einem Produktkern zu formen, welcher den Nutzenerwartungen der Abnehmer möglichst genau entspricht. Dem Marketing obliegt schließlich die Festlegung des aus der beabsichtigten Positionierung abgeleiteten Marketingmix, d.h., es entscheidet über Verpackungsgestaltung, Markierung, Preis, Distribution und Kommunikation.[1]

Die vielfältigen Probleme, die mit der Messung von Konsumentenwahrnehmungen im Produktbereich der Nahrungs- und Genußmitttel verbunden sind, wurden bereits in vorangegangenen Beiträgen ausführlich diskutiert. Insbesondere die Tatsache, daß die menschliche Wahrnehmung über die chemischen Sinne (Riechzellen und Geschmacksknospen) nur einer geringen kognitiven Steuerung unterliegt, hat zu der Einsicht geführt, daß ausschließlich Präferenz- bzw. Akzeptanzurteile untrainierter Konsumenten zur Veränderung bzw. Neugestaltung des Produktkerns herangezogen werden sollten. Valide und reliable Wahrnehmungsdaten erhält man demgegenüber von geschulten Konsumenten im Rahmen deskriptiver Verfahren der sensorischen Analyse. Erst durch die Verknüpfung von Wahrnehmungsdaten und affektiven Daten läßt sich dann ermitteln, welche sensorischen Produkteigenschaften für die Bevorzugung bzw. Ablehnung bestimmter Produkte durch die Zielgruppe verantwortlich sind. Anhand eines Fallbeispiels aus dem Eiscreme-Markt soll gezeigt werden, wie man Informationen zur gezielten Verbesserung des Produktkerns auf der Basis dieses Vorgehens gewinnen kann.

2. Zielsetzung und Aufbau der Untersuchung

Im Jahr 1993 wurde am Institut für Marketing und Handel der Universität Göttingen in Kooperation mit der Langnese-Iglo GmbH, Hamburg, eine Pilotstudie zur sensorischen Produktforschung durchgeführt. Das Ziel der Untersuchung bestand darin, die Wahrnehmungen und Präferenzen der Konsumenten bezüglich der sensorischen Produkteigenschaften konkurrierender Vanilleeis-Marken (Haushaltspackungen) zu ermitteln, um daraus Informationen für die Optimierung der Langnese-Produkte zu gewinnen.

Die Untersuchung bestand aus zwei getrennten Analysen, deren Ergebnisse anschließend verknüpft werden sollten. Im Rahmen eines **affektiven Tests** wurden Verwenderpräferenzen für die Testprodukte ermittelt. Mit Hilfe einer Gruppe speziell geschulter Konsumenten wurde die Wahrnehmung aller sensorischen Produktmerkmale im Rahmen einer **deskriptiven Analyse** quantitativ erfaßt. Das Ziel des affektiven Tests bestand in der Beantwortung der Frage, ob die Verwender die sensorischen Eigenschaften der Langnese-Produkte im direkten Vergleich mit relevanten Konkurrenzprodukten bevorzugen oder nicht. Die deskriptive Analyse sollte hingegen aufdecken, welche sensorischen Merkmale die Testprodukte in welchen Intensitäten aufweisen, um hieraus präferenzwirksame sensorische Unterschiede zwischen den Produkten abzuleiten.

3. Affektiver Test

3.1. Planung und Durchführung

Unter Berücksichtigung der von der Langnese-Iglo-GmbH definierten Zielgruppe wurden für den affektiven Test Konsumenten ausgewählt, die zumindest einmal im Vierteljahr eine Haushalts- bzw. Familienpackung Vanilleeis kaufen und verzehren. Sie sollten außerdem für Kaufentscheidungen des Haushalts maßgeblich Verantwortung tragen. Mindestens zwei Drittel der Befragten sollten weiblich und die Hälfte nicht älter als 40 Jahre sein. Insgesamt nahmen 84 Personen am affektiven Test teil.

In einem ersten Kontaktgespräch wurden soziodemographische Daten, Markenbekanntheit und Markenverwendung sowie Speiseeis betreffende Verzehrgewohnheiten der Testpersonen ermittelt. Anschließend vereinbarten die Interviewer mit den Befragten einen festen Termin für den affektiven Test. Der entsprechende Testaufbau läßt sich wie folgt charakterisieren:

Im Hinblick auf die Art der Beurteilungsaufgabe unterscheidet man grundsätzlich zwischen Präferenz- und Akzeptanztests. Während Präferenzurteile einen Vergleich von zwei oder mehr Produkten mit anschließender Angabe der Reihenfolge ihrer Beliebtheit beinhalten, geben Akzeptanzurteile das auf ein Produkt isoliert bezogene Ausmaß der Beliebtheit an. Hier wurden Präferenzurteile erhoben, weil - gemäß des Untersuchungsziels - Informationen über die Präferenzwirkung der Langnese-Produkte im direkten Vergleich zu ausgewählten Konkurrenzprodukten von zentralem Interesse waren. Ferner lagen bereits für alle Testprodukte Akzeptanzwerte aus vorangegangenen Untersuchungen vor.

Die Anzahl der zu analysierenden Produkte determiniert die Dauer des Tests und damit die psychische und physische Belastung der Testpersonen. Erfahrungswerte aus anderen Untersuchungen[2] und eigene Pretests ergaben eine maximale Anzahl von fünf Produkten. Die Auswahl der Testprodukte erfolgte in Zusammenarbeit mit der Produktentwicklung der Langnese-Iglo GmbH. Es handelte sich dabei zum einen um die drei Premiumprodukte Carte d'or Vanille (Langnese), Mövenpick Vanille (Schöller) und Käfer Vanille, zum anderen um zwei eher im unteren Preissegment positionierte Produkte, nämlich Traditionelle Sorte (Langnese) und Mucci Vanille (Aldi).

Der affektive Test wurde im Teststudio des Instituts für Marketing und Handel durchgeführt. Die hohen Anforderungen an einen idealtypischen Prüfraum zur Durchführung sensorischer Tests[3] konnten zwar nicht vollständig erfüllt werden, die Ausstattung des Studios reichte jedoch aus, um wichtige Kriterien wie etwa ein angemessenes Raumklima, günstige Lichtverhältnisse und einen niedrigen Geräuschpegel zu erfüllen.

Die Darbietung der Produkte erfolgte "blind", d.h. ohne erkennbare Hinweise auf Hersteller- oder Markennamen. Die Proben wurden in speziell codierten weißen Schalen dargeboten, die zusammen mit dem Eis vorher bei - 20° C tiefgekühlt worden waren. Auf diese Weise konnte die für das Prüfen von Speiseeis empfohlene Temperatur von - 15° C bis - 20° C für einen längeren Zeitraum konstant gehalten werden.[4] Damit von der Codierung keine Beeinflussung ausgehen konnte, wurden die Proben mit absteigenden Zahlen und aufsteigenden Buchstaben codiert (z.B. N9, O8 usw.). Zur Vermeidung von Reihenfolgeeffekten[5] wurde die Position jeder Probe nach einem nahezu ausbalancierten Testdesign systematisch variiert. Die Testpersonen mußten die fünf Proben stets von links nach rechts verkosten, damit sie die vorgegebene Reihenfolge einhielten. Um Adaptations- und Habituationseffekten[6] entgegenzuwirken, wurde nach jeder Verkostung eine kurze Pause gemacht; zur Neutralisation stand ein Glas mit stillem Wasser zur Verfügung.

Die Beurteilung der Produkte erfolgte mit Hilfe einer einen Meter langen Linienskala, die von 0 bis 100 unterteilt war und deren Handhabung den Testpersonen vorab ausführlich erläutert wurde. An den Ankerpunkten der Skala befanden sich die verbalisierten Extremausprägungen der relevanten sensorischen Dimensionen "Aussehen", "Geruch", "Geschmack" und "Mundgefühl". Für jede Dimension gab es entsprechende, auf Karten gedruckte Wortanker. Die Zahl 0 bedeutete etwa für die Geschmacksdimension „schmeckt mir überhaupt nicht“ und die Zahl 100 „schmeckt mir außerordentlich gut“. Mit Hilfe codierter Markierungen konnten die Probanden ihre Präferenz für alle fünf Eissorten auf der Skala fixieren. Dabei wurden sie angewiesen, jede Probe unmittelbar nach dem Verkosten zu beurteilen und zu beachten, daß die Abstände der Markierungen zueinander möglichst genau ihren persönlichen sensorischen Präferenzurteilen bezüglich der Testprodukte entsprechen sollten. Nach der Beurteilung aller Eissorten bezüglich einer sensorischen Dimension hatten die Probanden jeweils die Möglichkeit, die Positionen der Markierungen zu korrigieren.

Mit Hilfe des skizzierten Vorgehens wurden Geschmack, Mundgefühl, Geruch und Aussehen aller Testproduke von den Testpersonen beurteilt. Die Reihenfolge der Beurteilung erfolgte dabei aufgrund folgender Überlegungen: Während die Wahrnehmung beim Verzehr einer natürlichen Reihenfolge unterliegt (Aussehen→Geruch→Geschmack→Textur),[7] erfolgt die Präferenzbildung vorwiegend ganzheitlich. Über die notwendige Ermittlung eines sensorischen Gesamturteils für jedes Testprodukt hinaus liefern Präferenzurteile bezogen auf einzelne Dimensionen zusätzliche und detailliertere Informationen über sensorische Stärken und Schwächen der Testprodukte. Der Nachteil dieses Vorgehens beruht jedoch darauf, daß die Aufmerksamkeit der Testpersonen künstlich auf bestimmte sensorische Dimensionen gelenkt wird, die sie normalerweise nicht isoliert beurteilen. Die Präferenzen für folgende sensorische Dimensionen können dadurch beeinflußt werden.

Der Geschmack wurde zuerst beurteilt, weil bei den meisten Nahrungs- und Genußmitteln eine besonders hohe Korrelation zwischen der Gesamtpräferenz und dem gustatorischen Eindruck vermutet werden muß. Das liegt zum einen daran, daß der individuelle Präferenzbildungsprozeß bei Nahrungs- und Genußmitteln für ein Produkt vor allem durch dessen geschmacksbezogenen Eigenschaften determiniert wird. Zum anderen machen viele untrainierte Konsumenten nur dann einen Unterschied zwischen Geschmacks- und Gesamtpräferenz, wenn es dem Forscher gelingt, die gleichzeitige Wahrnehmung anderer sensorischer Dimensionen einzuschränken oder ganz zu unterbinden.[8] Für die gewählte Reihenfolge der Beurteilung spricht ferner, daß das Eis unter den gegebenen Umständen nur zu Beginn des jeweiligen Tests die für die Beurteilung des Geschmacks und des Mundgefühls (Textur) erforderliche Temperatur aufwies. An dritter Stelle wurde das Aussehen und als letztes der Geruch bewertet, der bei allen Testprodukten relativ schwach ausgeprägt war.

Abschließend wurden die Konsumenten mit einer typischen Verwendungssituation konfrontiert und gebeten anzugeben, welche der fünf Eisproben sie in dieser Situation am stärksten bevorzugen/ablehnen würden.[9] Zudem sollten sie spontan Gründe für ihre Entscheidung nennen. Dabei waren globale Antworten wie z.B. „guter Geschmack“ oder "appetitliches Aussehen" von den Testpersonen möglichst genau zu spezifizieren. Ein Ziel dieser offenen Fragen bestand darin festzustellen, ob sich Übereinstimmungen zwischen den verbalen Begründungen von Präferenzurteilen untrainierter Konsumenten einerseits und den mit Hilfe des deskriptiven Tests ermittelten sensorischen Profilen der Testprodukte andererseits nachweisen lassen.

3.2. Interpretation der Ergebnisse

Im folgenden wird nur auf die Ergebnisse des sensorischen Testteils Bezug genommen.[10] Abbildung 1 enthält einen Überblick über die Unterschiede zwischen den konkurrierenden Eis-Marken, d.h. über die für jedes Produkt und jede sensorische Dimension über alle 84 Probanden gemittelten absoluten Präferenzwerte. Es wird deutlich, daß die Mehrzahl der durchschnittlichen Urteile in der oberen Hälfte des Skalenbereichs liegt und die Marke Mövenpick in den Dimensionen Geschmack, Geruch und Aussehen am besten beurteilt wird, demgegenüber bevorzugen die Testpersonen bezüglich des Mundgefühls die Mucci Eiscreme. Auffallend ist außerdem, daß die Werte der fünf Produkte im Hinblick auf das Mundgefühl nur wenig differieren, während die Präferenzunterschiede beim Aussehen und beim Geruch deutlicher sind.

Ob die auf den Mittelwerten beruhenden Beurteilungsunterschiede zwischen zwei Testprodukten bezüglich einer sensorischen Dimension signifikant sind oder nicht, läßt sich mit Hilfe des t-Tests überprüfen. Die Abbildung 2 enthält die Wahrscheinlichkeiten, mit der sich der errechnete t-Wert bei der gegebenen Zahl von Freiheitsgraden rein zufällig auch dann ergeben könnte, wenn in der Grundgesamheit, aus der die Stichprobe stammt, tatsächlich kein Unterschied zwischen den beiden Gruppenmittelwerten existiert. Der t-Test ergibt z.B. hochsignifikante Unterschiede (Werte nahe oder gleich Null) im Aussehen und im Geruch. Die geringste Signifikanz weist die sensorische Dimension "Mundgefühl" auf.

n = 84	*Mövenpick* mean	stddev	*Käfer* mean	stddev	*Carte d'or* mean	stddev	*Trad. Sorte* mean	stddev	*Mucci* mean	stddev
Geschm.	59,0	25,9	54,9	22,5	52,9	29,7	55,5	25,7	53,2	25,6
Mundgef.	57,9	22,7	59,4	22,5	57,7	26,4	58,9	27,8	62,3	21,7
Ausseh.	69,6	21,3	58,8	25,5	57,7	28,2	47,2	26,2	60,0	22,1
Geruch	65,0	22,6	53,0	22,5	43,7	28,1	53,8	25,3	49,3	23,6

Abb. 1: Mittelwerte und Standardabweichungen der absoluten Präferenzurteile

n = 84	*Mövenpick*	*Käfer*	*Carte d'or*	*Trad. Sorte*	*Mucci*
Mövenpick		AU 0,002 GE 0,000	AU 0,002 GE 0,000	AU 0,000 GE 0,008	AU 0,004 GE 0,000
Käfer	GS 0,268 MU 0,645		AU 0,682 GE 0,005	AU 0,009 GE 0,756	AU 0,776 MU 0,349
Carte d'or	GS 0,162 MU 0,947	GS 0,589 MU 0,610		AU 0,025 GE 0,021	AU 0,582 GE 0,118
Trad. Sorte	GS 0,435 MU 0,791	GS 0,851 MU 0,899	GS 0,588 MU 0,748		AU 0,000 GE 0,197
Mucci	GS 0,131 MU 0,191	GS 0,666 MU 0,394	GS 0,937 MU 0,230	GS 0,521 MU 0,291	
GS=Geschmack / MU=Mundgefühl / AU=Aussehen / GE=Geruch					

Abb. 2: Signifikanz der Mittelwertunterschiede der Präferenzurteile (zweiseitige Wahrscheinlichkeiten gemäß t-Test)

Die Aussagekraft der vorliegenden Präferenzdaten läßt sich durch geeignete Datentransformationen verbessern. Die ausnahmslos hohen Standardabweichungen der Mittelwerte (vgl. Abb. 1) sind typisch für affektive Sensorikdaten: In der Regel können die Testpersonen zwar mühelos angeben, welches Produkt ihnen im direkten Vergleich besser bzw. schlechter schmeckt, die Frage nach der Größe des Präferenzunterschieds bereitet ihnen jedoch aufgrund der Besonderheiten der sensorischen Wahrnehmung größte Schwierigkeiten. Außerdem ist vor allem das Fehlen interindividuell einheitlicher gustatorischer, olfaktorischer und haptischer Referenzreize dafür verantwortlich, daß ein typisches Problem bei der Verwendung metrischer Skalen, nämlich die unterschiedliche Ausnutzung des Antwortspektrums, verstärkt auftritt.

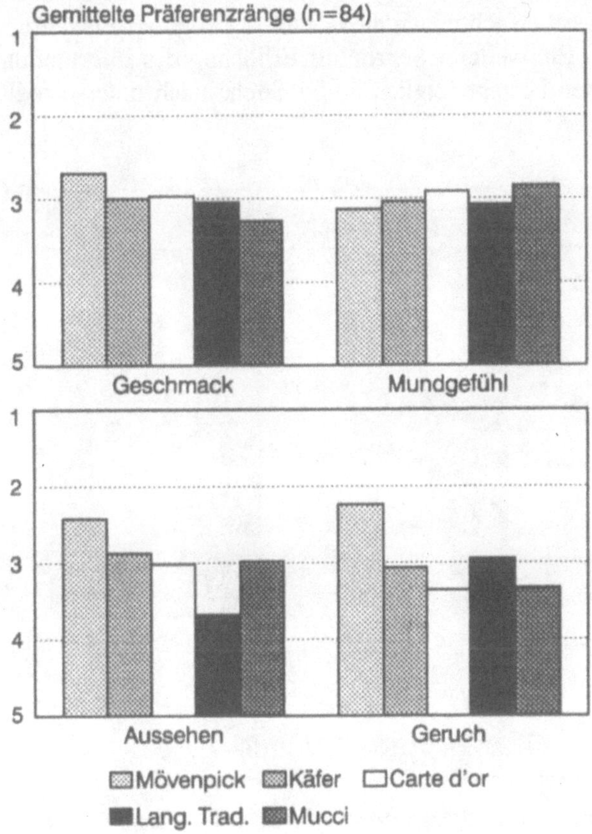

Abb. 3: Gemittelte Präferenzränge für die vier sensorischen Dimensionen

Aufgrund dieser Problematik empfiehlt es sich, die metrisch skalierten affektiven Sensorikdaten in individuelle Präferenzrangfolgen zu transformieren. Abbildung 3 veranschaulicht die gemittelten Präferenzränge. Die Überprüfung der Signifikanz der Präferenzunterschiede mit Hilfe des Wilcoxon/Tests[11] belegt die höhere Aussagekraft der Rangdaten. Die Stärken des Produktkerns von Mövenpick sind offenkundig, die Schwächen der Langnese-Produkte zeigen sich im Aussehen (Traditionelle Sorte) bzw. im Geruch (Carte d'or).

Die Besonderheit der Präferenzbildung bei Nahrungs- und Genußmitteln beruht im Vergleich zu anderen Produktbereichen darauf, daß zwar nahezu jeder Konsument präzise Vorstellungen davon hat, wie eine Speise oder ein Getränk schmecken bzw. riechen sollte. Unterschiede in der persönlichen und kulturellen Entwicklung sind jedoch dafür verantwortlich, daß sich die individuellen Präferenz-/Akzeptanzurteile bisweilen stark unterscheiden, so daß Mittelwertbetrachtungen die Gefahr des sog. Mehrheitstrugschlusses in sich bergen. Ein weiterer Schritt zur Erhöhung des Informationsgehalts affektiver Daten besteht folglich in der Suche nach unterschiedlichen Präferenzsegmenten.

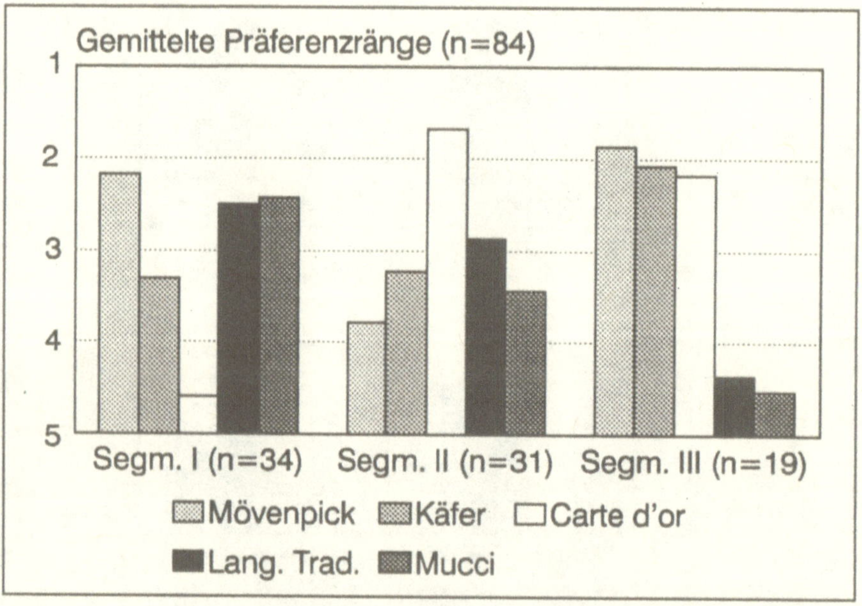

Abb. 4: Gemittelte Präferenzränge für drei Segmente (sensorische Dimension Geschmack)

Die Clusterung der Testpersonen auf der Basis ihrer Präferenzurteile kann sich im vorliegenden Fall auf eine sensorische Dimension beschränken oder unter simultaner Berücksichtigung aller 20 Urteile erfolgen. Welches Vorgehen gewählt werden sollte, hängt zum einen von der Struktur der Präferenzdaten ab, zum anderen von der beabsichtigten Art und Weise der anschließenden Verknüpfung mit Wahrnehmungsdaten. Die Segmentbildung soll hier beispielhaft für die Dimension Geschmack vorgenommen werden, da sie sich aufgrund des Untersuchungsaufbaus auch als spontane sensorische Gesamtpräferenz interpretieren läßt. Abbildung 4 gibt Auskunft über die gemittelten Ränge von drei Segmenten mit unterschiedlichen Geschmackspräferenzen. Das erste Segment lehnt Carte d'or eindeutig ab, während das zweite Segment dieses Produkt stark bevorzugt. Das dritte Segment präferiert die drei Premiumprodukte Mövenpick, Käfer und Carte d'or.

4. Deskriptive Analyse

Das Ziel deskriptiver Analysen besteht in der objektiven Beschreibung der menschlichen Wahrnehmung sensorischer Produkteigenschaften.[12] Aus deskriptiven Sensorikdaten läßt sich unter anderem ableiten, welche sensorischen Eigenschaften der Testprodukte für die in einem affektiven Test gemessenen Präferenzunterschiede verantwortlich sind. Auf der Basis dieser Informationen können die verantwortlichen Produktentwickler präferenzwirksame Rezepturveränderungen vornehmen. Im Rahmen der vorliegenden Untersuchung kam die Quantitative Deskriptive Analyse (QDA) zum Einsatz.[13] Dieses Verfahren hat sich in der Praxis vor allem aufgrund der umfangreichen statistischen Auswertungsmöglichkeiten durchgesetzt. Der idealtypische Ablauf der QDA - der im theoretischen Teil dieses Buches skizziert ist - läßt sich in vier Phasen unterteilen: Auswahl der Testpersonen, Schulung der Testpersonen, Datenerhebung sowie Auswertung und Interpretation der Ergebnisse. Das konkrete Vorgehen im Rahmen des Pilotprojektes soll im folgenden näher erläutert werden.[14]

4.1. Auswahl der Testpersonen

Geeignete Testpersonen dürfen nicht durch chronische Krankheiten in ihrer sensorischen Wahrnehmung beeinträchtigt sein oder Aversionen gegenüber den Testprodukten aufweisen. Wichtig sind ferner mittel- bis langfristige Verfügbarkeit, hohe Bereitschaft zur Gruppenarbeit sowie überdurchschnittliche sprachliche Kreativität. Bei der Auswahl der Probanden stehen deren sensorischen Fähigkeiten und nicht ihre Repräsentanz für eine bestimmte Grundgesamtheit im Vordergrund. Die sensorische Eignung läßt sich anhand standardisierter Tests überprüfen:

- In einem **Geruchsidentifikationstest**[15] wurden die Testpersonen in zwei Durchgängen mit jeweils zwölf verschiedenen und allgemein bekannten Geruchsstoffen konfrontiert.[16] Diese Geruchsstoffe befanden sich in einem undurchsichtigen, neutralen Glasgefäß. Die Probanden bekamen die Aufgabe, jeden Geruch durch Ankreuzen auf einer Liste mit 16 möglichen Geruchsstoffen zu identifizieren. Voraussetzung für eine Teilnahme am deskriptiven Test war, daß mindestens drei Viertel der 24 Geruchsstoffe richtig erkannt wurden.[17]

- Mit Hilfe des **Grundgeschmackstests** wurde überprüft, welche Testpersonen in der Lage sind, die vier Grundgeschmacksarten süß, sauer, salzig und bitter zu erkennen und zu unterscheiden. Die Geschmacksproben wurden nach der Norm DIN 10959 hergestellt. Dabei lag die Konzentration für jede Grundgeschmacksart geringfügig oberhalb der Wahrnehmungsschwelle.[18] Insgesamt wurden 10 Proben dargeboten, und zwar zwei Proben für jede Grundgeschmacksart und zwei mit reinem Wasser. Das Selektionskriterium bestand in der richtigen Identifikation aller Testlösungen.

- Im Rahmen des **Geruchsgedächtnistests** erhielten die Teilnehmer die Aufgabe, sich den Geruch von 12 Proben einzuprägen, wobei die jeweilige Geruchsbezeichnung auf dem Etikett aufgedruckt war. Nachdem die Teilnehmer durch einen anderen Test eine Zeit lang beschäftigt worden waren, präsentierte ihnen der Testleiter 24 verschiedene Geruchsproben ohne Etikett, aus denen sie die 12 Proben selektieren mußten. Analog zum Grundgeschmackstest wurde die richtige Identifikation aller Gerüche als Selektionskriterium angestrebt, jedoch nur von ganz wenigen Probanden erreicht.

Die drei sensorischen Auswahltests wurden mit 45 Personen durchgeführt. Anhand der Ergebnisse und unter Berücksichtigung der anderen, weiter oben genannten Kriterien wurden 10 Personen für die deskriptive Analyse ausgewählt.

4.2. Schulung der Testpersonen

Zunächst mußten die ausgewählten Testpersonen unter Anleitung lernen, alle sensorischen Dimensionen der dargebotenen Produkte zu identifizieren und verbal exakt zu beschreiben. Probemessungen der sensorischen Wahrnehmung mit anschließender Diskussion der Ergebnisse dienten dann der schrittweisen Verbesserung der einheitlichen Interpretation der Deskriptoren sowie der konsistenten Handhabung der verwendeten Skalen.

Die Begriffssammlung erstreckte sich über vier Sitzungen von jeweils zwei Stunden Dauer. In jeder Sitzung wurden drei unterschiedliche Proben verkostet. Der Testleiter hatte in dieser Phase vor allem darauf zu achten, daß nur beschreibende und keine affektiv zu interpretierenden Begriffe Berücksichtigung fanden. Die Auswahl der insgesamt 12 Produkte erfolgte so, daß die Testpersonen mit einem möglichst breitgefächerten sensorischen Spektrum der interessierenden Produktart konfrontiert wurden. Um die Probanden schrittweise mit der ungewohnten systematisch-analytischen Verkostung von Lebensmitteln vertraut zu machen, wurde außerdem darauf geachtet, daß die drei in jeder Sitzung zu beurteilenden Vanilleeis-Proben sensorisch problemlos zu unterscheiden waren.

In vier weiteren Sitzungen erarbeiteten die Probanden zunächst eine sinnvolle Systematik aller genannten Deskriptoren, wobei Begriffe zu eliminieren waren, die für die sensorische Beschreibung von Vanilleeis als ungeeignet erachtet wurden. Für jedes sensorische Merkmal der systematisierten und reduzierten Liste mußten die Testpersonen anschließend eine eindeutige Definition erarbeiten. Dabei erwies es sich als hilfreich, auf verschiedene Referenzprodukte (z.B. Vanillin, Sahne, Zimt) zurückzugreifen, um zu einer interindividuell einheitlichen Beschreibung der sensorischen Wahrnehmung zu gelangen. Das Ergebnis ist die Deskriptorenliste zur sensorischen Beschreibung verschiedener Vanilleeis-Sorten in der Abbildung 5. Die kursiv gedruckten Anmerkungen sind zusätzliche, z.T. auf Referenzreizen beruhende Hinweise zur Verbesserung der interindividuell einheitlichen Wahrnehmung.

Der nächste Schritt hatte zum einen das Ziel, die Teilnehmer im Hinblick auf die Intensitätsbeurteilung der Produkte anhand der erarbeiteten sensorischen Deskriptoren zu schulen. Zum anderen sollte die konsistente Handhabung der verwendeten Skala geübt werden. Zum Einsatz kam eine 10 cm lange Linienskala mit den verbal verankerten Extrempunkten „gar nicht vorhanden" und „sehr intensiv". Insgesamt wurden für diese Übungen zwei Sitzungen benötigt. In beiden Sitzungen mußten jeweils zwei Eissorten verkostet und anschließend beurteilt werden. Um Interpretations- oder Wahrnehmungsunterschiede zwischen den Teilnehmern aufdecken und beseitigen zu können, regte der Testleiter nach jeder Messung eine Diskussion über diejenigen sensorischen Merkmale an, bei denen die Beurteilungen bestimmter Teilnehmer für dasselbe Testprodukt deutlich voneinander abwichen.

Geschmack		**Mundgefühl**	
Vanille (künstlich)	*Vanillin Puddingpulver*	weich	*schaumig, soft, cremig, sahnig*
Vanille (natürlich)	*Bourbon-Vanille (Vanille-Stange)*	Schmelzverhalten	*zergeht auf der Zunge*
süß		klebrig	*zäh*
bitter		fettig	*Film bildend*
Butter	*Sahne*	kristallin	*Eiskristalle*
Milch		**Aussehen**	
saure Sahne	*Schmand*	gelb	*zitronengelb → honigfarben → apricot*
fruchtig	*Erdbeere*		
alkoholisch	*Eierlikör, Rum-Rosinen*	gelb gescheckt	*verschiedene Farbintensitäten von gelb*
nussig	*Mandeln, Haselnuß*		
Karton	*pappig*	sichtbare Vanille	*schwarze Punkte*
Zimt		Oberflächenstruktur	*feinporig → zerklüftet*
Karamel			
Mokka	*Kaffee*	**Geruch**	
Nachgeschmack		Vanille (künstlich)	*Vanillin, Puddingpulver*
süß			
salzig		Vanille (natürlich)	*Bourbon Vanille (Vanille-Stange)*
bitter			
malzig		Trüffel	
		Karamel	
		Eiskarton	*Tiefkühltruhe*
		fruchtig	*Erdbeere, Pfirsich*

Abb. 5: Liste der sensorischen Deskriptoren

4.3. Datenerhebung

Im Rahmen der Erhebungsphase erhielten die Testpersonen die Aufgabe, die Intensitäten aller sensorischen Eigenschaften jener fünf Vanilleeis-Marken zu beurteilen, welche auch beim affektiven Test präsentiert worden waren. Um die Qualität der Daten zu erhöhen, mußten die Probanden jedes Testprodukt insgesamt dreimal beurteilen.[19] In jeder der fünf Sitzungen wurden jeweils drei Produkte verkostet, wobei der Testleiter die Reihenfolge systematisch variierte.

Durch Pausen, deren Zeitpunkt und Dauer die Testpersonen selbst bestimmen konnten, und durch Neutralisation mit stillem Wasser wurde Adaptations- und Habituationseffekten entgegengewirkt. Die Testpersonen benötigten zwischen 15 und 20 Minuten für die Beurteilung einer Eissorte. Zur Messung der Merkmalsintensitäten kam dieselbe Skala zum Einsatz, deren Handhabung in der Schulungsphase geübt worden war.

4.4. Auswertung und Interpretation der Ergebnisse

Bevor deskriptive Sensorikdaten zur Ermittlung von Ursachen für die Bevorzugung/Ablehnung bestimmter Testprodukte herangezogen werden können, ist zunächst die Reliabilität der Wahrnehmungsmessungen zu überprüfen. Zur Beurteilung der Reliabilität steht eine Vielzahl unterschiedlicher statistischer Verfahren zur Verfügung. Die wichtigsten Verfahren sollten bereits während der Schulungsphase zum Einsatz kommen, um interindividuelle Wahrnehmungsunterschiede aufzudecken, die der Testleiter dann durch geeignete Maßnahmen beseitigen kann.

Im vorliegenden Fall wurden insgesamt 5.250 einzelne Meßwerte gewonnen, da die 10 Testpersonen alle 5 Testprodukte insgesamt dreimal bezüglich der 35 sensorischen Deskriptoren zu beurteilen hatten.[20] Die Analyse sensorischer Wahrnehmungsdaten erfolgt vor allem auf der Basis von Mittelwerten, Standardabweichungen und Rangfolgen. Aufschlußreiche Informationen liefern außerdem varianzanalytische Auswertungen.

Der erste Schritt besteht häufig in einer genauen Analyse der Varianz der sensorischen Merkmale. Abbildung 6 enthält beispielhaft eine Aufteilung der Streuung des gustatorischen Merkmals "süßer Geschmack". Die in der letzten Zeile ausgewiesene Quadratsumme der Gesamtstreuung (57.276) setzt sich zusammen aus den Haupteffekten (22.446), den zwischen Produkten und Personen bestehenden Interaktionseffekten (10.775) sowie dem nicht erklärten, u.a. durch die 3 Replikationen hervorgerufen Teil der Streuung (24.055). Die Haupteffekte setzen sich wiederum zusammen aus der von den Testpersonen (20.025) und den Testprodukten (2.357) verursachten Streuung.

Von Bedeutung ist vor allem die rechte Spalte der Abbildung 6. Sie gibt Auskunft über die Signifikanz des Einflusses der betrachteten Varianzquelle auf die Gesamtstreuung des Merkmals "süßer Geschmack". Ermittelt wird die Wahrscheinlichkeit, mit der die Prüfgröße F einen Wert annimmt, der gleich oder größer ist als der kritische F-Wert.[21] Die Wahrscheinlichkeit, daß sich z.B. für die produktbezogene Streuung ein F-Wert von 2,25 oder größer ergibt, wenn die Mittelwerte aller Produkte bezüglich des Merkmals "süßer Geschmack" in der Grundgesamtheit gleich sind, beträgt nur 7%. Unter der Bedingung einer 10%igen Irrtumswahrscheinlichkeit ist somit der Einfluß der Produkte auf die Streuung des Merkmals "süßer Geschmack" noch signifikant. Die Wahrscheinlichkeit liegt bei der personenbezogenen Streuung unter 1%, so daß auf hochsignifikante individuelle Skalierungsunterschiede geschlossen werden kann. Auf die Möglichkeit einer Eliminierung der personenbezogenen Streuung durch die Standardisierung individueller Daten wird weiter unten eingegangen.

Die Stärke der Interaktionseffekte zwischen Testprodukten und Testpersonen gibt Auskunft über interindividuelle Wahrnehmungsunterschiede. Im vorliegenden Fall sind die Interaktionseffekte nicht signifikant, folglich ist die Reliabilität der Messungen bezüglich dieses sensorischen Merkmals akzeptabel.

"süßer Geschmack"	Quadratsumme	Freiheitsgrade	Mean Square	F-Wert	F-Wahrscheinl.
Haupteffekte	22.446	13	1.727	6,60	0,00
Personen	20.025	9	2.225	8,51	0,00
Produkte	2.357	4	589	2,25	0,07
Interakt.Effekte	10.775	36	299	1,15	0,30
Erklärte Var.	33.221	49	678	2,59	0,00
Residuale Var.	24.055	92	261		
Gesamte Var.	57.276	141	406		

Abb. 6: Varianzanalyse für das sensorische Merkmal "süßer Geschmack"

Tiefergehende Einsichten in die Qualität deskriptiver Sensorikdaten gewinnt man durch die Analyse individueller Wahrnehmungsurteile. Abbildung 7 enthält - wiederum für das Merkmal "süßer Geschmack" - Mittelwerte, Standardabweichungen sowie Signifikanzen der individuellen Diskriminierungsfähigkeit zwischen den Testprodukten. In Relation zu den Mittelwerten weist Testperson 6, abgesehen von einer Ausnahme, geringere Standardabweichungen auf als Testperson 9. Bei letzterer fällt insbesondere die hohe Streuung der Meßwerte bezüglich der Süße von Carte d'or auf. Die Zahlen in der letzten Spalte der Abbildung 7 geben Auskunft über die Signifikanz der wahrgenommenen Unterschiede, d.h., je geringer die auf den F-Wert bezogene Wahrscheinlichkeit ist, desto höher ist die individuelle Diskriminierung zwischen den Testprodukten und die Konsistenz der Urteile. Bezüglich des gustatorischen Merkmals "süßer Geschmack" sind die Meßwerte der Testperson 6 demnach deutlich besser.

Merkmal "süß"	Produkt	Mittelwert	Stand.abw.	F-Wahrsch.
Testperson 6	*Mövenpick*	53,0	7,4	.006
	Käfer	62,3	3,8	
	Carte d'or	68,0	4,0	
	Lang.Trad.	66,3	6,7	
	Mucci	34,7	2,0	
Testperson 9	*Mövenpick*	48,3	1,5	.320
	Käfer	55,0	12,3	
	Carte d'or	68,7	21,5	
	Lang.Trad.	59,0	7,5	
	Mucci	50,3	7,5	

Abb. 7: Mittelwerte, Standardabweichungen und F-Wahrscheinlichkeiten für 2 Testpersonen

Diese mittels Varianzanalyse errechneten Wahrscheinlichkeiten zur Beurteilung der Qualität individueller Wahrnehmungsdaten sind von hoher Aussagekraft. Abbildung 8 enthält deshalb als Ausschnitt einer umfangreicheren Tabelle die Werte aller zehn Testpersonen für drei sensorische Merkmale. Mehr als die Hälfte der Testpersonen liefert keinen signifikanten Beitrag zur Erklärung der Unterschiede zwischen den Testprodukten bezüglich des Merkmals "süßer Geschmack". Allein Testperson 6 trägt bei allen drei Merkmalen entscheidend zur Differenzierung zwischen den Produkten bei.

Diese und andere Analysen (z.B. die Betrachtung von merkmalsbezogenen Intensitätsrangfolgen) liefern wichtige Informationen über die Qualität der gewonnenen Wahrnehmungsdaten. Inkonsistente Urteile können auf diese Weise identifiziert und - falls erforderlich - von der weiteren Analyse ausgeschlossen werden. Bisweilen empfiehlt sich auch eine Gewichtung der individuellen Meßergebnisse in Abhängigkeit von ihrer Qualität. Im Rahmen der Schulungsphase liefern die oben dargestellten Analyseergebnisse Ansatzpunkte für zusätzliches, zielgenaues Training.

Eine weitere Überlegung betrifft die personenbezogene Varianz in den Daten (vgl. Abb. 6), welche auf interindividuelle Skalierungsunterschiede zurückzuführen ist. Um diese "ungewollte" Streuung aus den Rohdaten zu entfernen, kann man die absoluten Werte einer Testperson für ein sensorisches Merkmal über alle Produkte und alle Messungen standardisieren, so daß ihr Mittelwert gleich 0 und ihre Varianz bzw. Standardabweichung gleich 1 sind.[22] Abbildung 9 enthält die über alle Testpersonen und alle

Messungen gemittelten absoluten und standardisierten Werte (n = 30) sowie deren Mittelwerte und Standardabweichungen für die sensorische Dimension Geschmack.

Testperson-Nr.:	Dimension Geschmack		
	Vanille (künstl.)	Vanille (natürl.)	süß
1	0,000	0,002	0,080
2	0,302	0,148	0,024
3	0,231	0,015	0,051
4	0,000	0,005	0,383
5	0,121	0,047	0,817
6	0,000	0,000	0,006
7	0,156	0,096	0,809
8	0,000	0,014	0,469
9	0,057	0,005	0,320
10	0,003	0,052	0,919

Abb. 8: F-Wahrscheinlichkeiten der 10 Testpersonen für drei sensorische Merkmale

Während die absoluten Werte in der Abbildung 9 vor allem Aufschluß über die wahrgenommenen sensorischen Intensitäten der Testprodukte geben, lassen sich anhand der standardisierten Werte eher die um die personenbezogene Streuung bereinigten Wahrnehmungsunterschiede zwischen den Produkten erkennen. Tendenziell trägt ein sensorisches Merkmal vor allem dann zur Erklärung unterschiedlicher Präferenzen für die Testprodukte bei, wenn zum einen die Intensität des Merkmals deutlich über der Wahrnehmungsschwelle der trainierten Testpersonen liegt und zum anderen vergleichsweise große Intensitätsunterschiede zwischen den Produkten bestehen.

Die Standardabweichungen zeigen, daß sich die Produkte bezüglich der gustatorischen Dimension vor allem in den Merkmalen "Vanillegeschmack (künstlich)" und "Vanillegeschmack (natürlich)" unterscheiden. Der "Mokkageschmack" diskriminiert am drittstärksten. Demgegenüber werden alle Produkte gleichermaßen als süß wahrgenommen, so daß dieses Merkmal nur bedingt zu den sensorischen Unterschieden zwischen den Testprodukten beiträgt. Hinsichtlich der anderen - aus Platzgründen hier nicht dargestellten - sensorischen Dimensionen sind insbesondere die Standardabweichungen der beiden optischen Merkmale "gelbe Farbe" (19,0/0,856) und "sichtbare Vanillestücke" (15,0/0,869) bemerkenswert.

Ge-schmack	*Schöl-ler*	*Käfer*	*Carte d'or*	*Trad. Sorte*	*Mucci*	Mittel-werte	Stand. abw.
Vanille künstl.	12,8 -0,456	16,0 -0,322	7,82 -0,715	43,9 0,925	36,9 0,595	23,5 0,005	15,9 0,713
Vanille natürl.	48,4 0,514	38,8 0,155	60,5 0,992	11,5 -0,948	15,9 -0,737	35,0 -0,005	21,0 0,824
süß	48,2 -0,218	45,8 -0,281	56,6 0,338	55,2 0,241	50,1 -0,063	51,1 0,003	4,6 0,275
bitter	10,3 0,307	5,8 -0,020	4,8 -0,190	0,9 -0,507	7,1 0,209	5,8 -0,040	3,4 0,325
Butter	43,0 0,462	33,1 0,025	39,3 0,268	16,4 -0,865	36,9 0,090	33,7 -0,004	10,3 0,510
Milch	25,1 -0,154	25,7 -0,166	28,6 0,020	30,3 0,275	29,3 0,036	27,8 0,002	2,3 0,179
saure Sahne	7,8- 0,194	9,8 0,070	8,7 -0,112	6,0 -0,325	14,0 0,589	9,2 0,006	3,0 0,473
fruchtig	2,4 0,033	4,3 0,059	4,0 -0,133	7,4 0,287	3,4 -0,280	4,3 -0,003	1,9 0,211
alko-holisch	11,9 0,677	10,4 0,050	6,9 -0,164	1,0 -0,634	8,6 0,065	7,8 -0,001	4,2 0,473
nussig	13,8 0,645	5,1 -0,328	8,8 0,310	2,8 -0,570	6,7 -0,071	7,4 -0,003	4,2 0,487
Karton	0,8 -0,354	1,8 -0,207	3,8 0,078	4,5 0,055	6,5 0,428	3,5 0,000	2,3 0,380
Zimt	3,4 0,670	1,0 -0,253	2,2 0,061	1,1 -0,312	1,3 -0,165	1,8 0,000	1,0 0,400
Kara-mel	20,5 0,638	9,3 -0,115	11,6 0,126	4,9 -0,487	8,1 -0,180	10,9 -0,004	5,9 0,420
Mokka	17,3 1.164	2,6 -0,388	2,4 -0,388	2,0 -0,366	7,0 -0,103	6,3 -0,006	6,5 0,664

Abb. 9: Gemittelte absolute und standardisierte Wahrnehmungsurteile für die sensorische Dimension "Geschmack"

Eine anschauliche, im Rahmen der Sensorikforschung weit verbreitete Form der Darstellung deskriptiver Daten bieten sog. "spider webs". Das sensorische Profil eines Testproduktes ergibt sich hier aus der Summe seiner Ausprägungen, welche auf den kreisförmig als Strahlen angeordneten Merkmalen abgetragen sind. Wie die Abbildung 10 beispielhaft zeigt, lassen sich auf diese Weise die von den geschulten Testpersonen wahrgenommenen Unterschiede zwischen den Marken Mövenpick, Carte d'or und traditionelle Sorte unter Beibehaltung eines hohen Genauigkeitsgrades anschaulich darstellen. Die Übersichtlichkeit geht jedoch verloren, wenn man versucht, alle Testprodukte und alle relevanten sensorischen Merkmale gleichzeitig in einer Graphik zu berücksichtigen. Außerdem bieten "spider webs" keine geeignete Möglichkeit zur Verknüpfung mit den vorhandenen Präferenzdaten.[23]

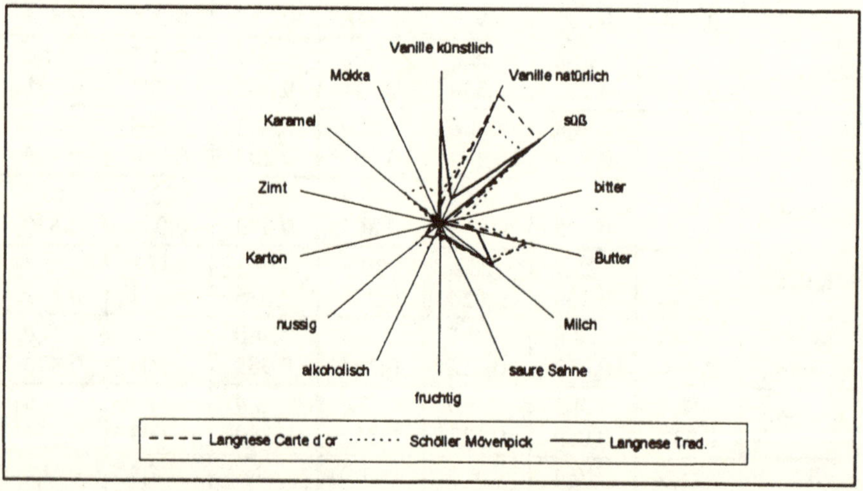

Abb. 10: Geschmacksprofile der Vanilleeis-Marken Mövenpick, Carte d'or und Traditonelle Sorte (gemittelte Rohdaten der Abb. 9)

5. Verknüpfung der Ergebnisse der deskriptiven Analyse und des affektiven Tests mittels multivariater Kalibrierung

In der Literatur zur sensorischen Produktforschung werden verschiedene Ansätze zur Verknüpfung affektiver und deskriptiver Sensorikdaten diskutiert.[24] Aufgrund des großen Umfangs der meisten Datensätze eignen sich hierfür besonders multivariate Analysemethoden, welche dazu in der Lage sind, die quantitativ fundierten Beziehungen zwischen den interessierenden Variablen (Testprodukte, sensorische Merkmale, Verwenderpräferenzen) in einer zwei- oder dreidimensionalen graphischen Darstellung zu visualisieren. Die Vorteile dieser "Mapping"-Techniken beruhen zum einen darauf, daß komplexe Datenstrukturen auf die wichtigsten Informationen reduziert werden können ("Informationen werden schneller"). Zum anderen gelingt eine Verbesserung der Kommunikation zwischen den Entscheidungsträgern aufgrund der Visualisierung der interessierenden Sachverhalte ("Schnittstellenprobleme werden reduziert").

Zur räumlichen Darstellung metrischer Wahrnehmungsdaten gelangt am häufigsten die **Principal Component Analysis (PCA)**, eine Variante der Faktorenanalyse, zur Anwendung.[25] Mit Hilfe regressionsanalytischer Verfahren versucht man anschließend, die Präferenzstrukturen von Testpersonen bzw. identifizierten Segmenten so genau wie möglich zu rekonstruieren.[26] Dieses weit verbreitete Vorgehen weist jedoch den Nachteil auf, daß die Beziehungen zwischen den deskriptiven und den affektiven Daten explizit nicht berücksichtigt werden.

Die PCA-Methode verfolgt nämlich das Ziel, die Anzahl der Dimensionen mehr oder weniger stark korrelierter Wahrnehmungsdaten zu verringern, indem die ursprünglichen Merkmale zu neuen ("künstlichen") Merkmalen, den sog. Hauptkomponenten, zusammengefaßt werden. Diese Hauptkomponenten sind untereinander nicht korreliert und werden so ausgewählt, daß die erste Hauptkomponente den größten Beitrag zur Erklärung der Varianz leistet, die zweite den zweitgrößten Beitrag usw. Welche in den Wahrnehmungsdaten vorhandenen Streuungsinformationen für die Erklärung der Präferenzurteile von Bedeutung sind, bleibt hierbei unberücksichtigt. Vielfach gelingt es deshalb nicht, diejenigen sensorischen Merkmale und deren Ausprägungen zu identifizieren, welche für die zwischen den Testprodukten ermittelten Präferenzunterschiede verantwortlich sind.

Demgegenüber analysieren die auf der Regressionsanalyse basierenden Verfahren der **multivariaten Kalibrierung** die zwischen zwei Datensätzen bestehenden Relationen.[27] Unter Kalibrierung versteht man ganz allgemein den Versuch, die Werte eines aus einer oder mehreren abhängigen Variablen bestehenden Datensatzes Y (hier: affektive Daten) aus den Werten eines aus mehreren unabhängigen Variablen bestehenden Datensatzes X (hier: deskriptive Daten) abzuleiten. Um die Y-Werte auf der Basis der gemessenen X-Werte bestimmen zu können, ist ein geeignetes mathematisches Modell erforderlich [allgemein: $Y = f(X)$], dessen unbekannte Parameter (Regressionskoeffizienten) geschätzt werden müssen.[28] Ein gängiges Verfahren zur Anpassung solcher Modelle an empirische Daten ist die Methode der kleinsten Quadrate ("least squares"), bei der der Durchschnitt der quadrierten Residuale minimiert wird. In einem zweiten Analyseschritt lassen sich dann mit Hilfe des Kalibrierungsmodells unbekannte Y-Werte auf der Basis der X-Werte vorhersagen.[29] Für das vorliegende Fallbeispiel ergibt sich demnach die Möglichkeit, segmentspezifische Präferenzränge für ein neues Testprodukt nur auf der Basis deskriptiver Urteile für dieses Produkt zu prognostizieren. Abbildung 11 veranschaulicht die Auswertung affektiver und deskriptiver Sensorikdaten mit Hilfe der multivariaten Kalibrierung.[30]

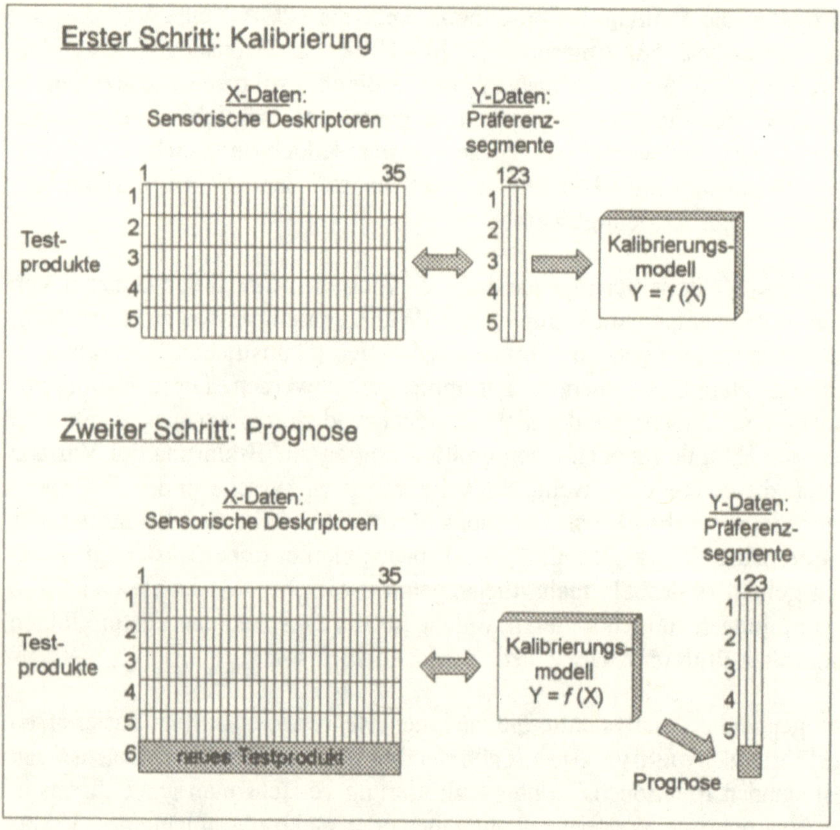

Abb. 11: Auswertung deskriptiver und affektiver Sensorikdaten mittels multivariater Kalibrierung

Die **Multiple Linear Regression (MLR)** kann als klassische Variante der multivariaten Kalibrierung bezeichnet werden. Das Ziel dieser Methode besteht darin, Linearkombinationen der erklärenden X-Variablen zu finden, so daß die im Modell geschätzten Y-Werte den bekannten Y-Werten so genau wie möglich entsprechen.[31] Als Kriterium dient die Minimierung der Quadratsummen der Abweichungen der vorhergesagten von den empirischen Y-Werten. Der gravierende Nachteil der MLR-Methode beruht vor allem darauf, daß alle X-Werte in das Kalibrierungsmodell einfließen, und zwar unabhängig davon, ob sie für die Erklärung der Y-Daten relevant sind oder nicht.[32] Folglich besteht die Gefahr, daß ein ungeeignetes Modell konstruiert wird, so daß etwa Prognosen bezüglich der Präferenzwirkung neuer Produkte nicht präzise genug sind.

Eine Verbesserung stellen Verfahren dar, bei denen vor der Kalibrierung eine Reduzierung der unabhängigen Variablen (X-Daten) vorgenommen wird. Diese sog. bilinearen Verfahren berücksichtigen folglich, daß im allgemeinen nicht alle in den X-Daten vorhandenen (Streuungs-) Informationen für die Vorhersage der Y-Daten gleichermaßen von Bedeutung sind. Deshalb sollen nur die relevanten X-Variablen extrahiert und für die Kalibrierung genutzt werden.[33] Zum Einsatz kommen vor allem die folgenden beiden Varianten:

Bei der **Principal Component Regression (PCR)** erfolgt zunächst eine Reduktion des X-Datensatzes mit Hilfe der oben skizzierten PCA-Methode. Anstelle der Originalvariablen dienen dann die Hauptkomponenten bzw. Faktoren zur Bestimmung der Y-Daten. Der Nachteil dieses Verfahrens beruht darauf, daß die Datenreduktion ohne Berücksichtigung der in den Y-Daten enthaltenen Informationen erfolgt. Sie fließen erst im Rahmen der anschließenden Kalibrierungsphase in die Analyse ein.[34] Folglich kann es zum Beispiel dazu kommen, daß kleine Variationen in den X-Daten bereits bei der Reduktion verlorengehen, obwohl sie einen Beitrag zur Erklärung der Y-Daten leisten.[35]

Die grundlegende Struktur der **Partial Least Squares Regression (PLSR)** wurde in den 60er Jahren von H. Wold entwickelt.[36] Seit Ende der 70er Jahre kommt dieses äußerst flexible und robuste Verfahren vor allem zur Auswertung chemischer Experimente zum Einsatz.[37] Der entscheidende Vorteil gegenüber der PCR-Methode besteht darin, daß die in beiden Datensätzen enthaltenen Informationen bei der Reduktion der X-Daten Berücksichtigung finden. Deshalb enthalten die extrahierten Faktoren tendenziell mehr Informationen zur Prognose der Y-Werte als bei Anwendung der PCR-Methode. Hilfreich ist ferner, daß sich für jeden Faktor die Bedeutung der Variablen ("loadings") sowie die Anpassungsgüte der Untersuchungsobjekte ("scores") ermitteln läßt.[38]

Die Verknüpfung der deskriptiven und affektiven Vanilleeis-Daten erfolgte auf der Basis des PLSR-Ansatzes unter Verwendung des Statistikprogramms *Unscrambler* (Version 5.5). Abbildung 12 gibt einen Überblick über die Güte des Kalibrierungsmodells unter Berücksichtigung der ersten drei Faktoren. Die Validierung des Modells erfolgte mittels "**cross validation**".[39] Eine Gegenüberstellung der empirischen und der mit Hilfe des Modells geschätzten segmentspezifischen Präferenzränge enthält die Abbildung 16.

Faktor	Calibration Variance		Validation Variance	
	% X (expl)	% Y (expl)	X (res)	Y (res)
0	0,0	0,0	0,2539	1,3993
1	50,6	42,0	0,1764	1,0850
2	65,7	77,1	0,1588	0,8895
3	67,3	88,7	0,1578	0,9967

Abb. 12.: Erklärte und residuale Varianzen der deskriptiven Daten (X) und der affektiven Daten (Y)

Die ersten beiden extrahierten Faktoren erklären zusammen 65,7% der in den deskriptiven Daten und 77,1% der in den affektiven Daten vorhandenen Streuungsinformationen. Die Einbeziehung des dritten Faktors in die weitere Betrachtung ist unter Abwägung zwischen geringfügigem Informationszuwachs (insbesondere bei den deskriptiven Daten) und erheblich geringerer Anschaulichkeit nicht sinnvoll. Mathematisch ist die optimale Anzahl der Faktoren so zu wählen, daß die residuale Varianz der Y-Variablen minimiert wird; für die vorliegenden Daten sind demnach auch gemäß dieses Kriteriums zwei Faktoren optimal.[40] Grundsätzlich gilt: je geringer die residuale Varianz der Y-Variablen, desto besser das Kalibrierungsmodell und damit die Validität prognostizierter Y-Werte.

Ein weiteres wichtiges Maß zur Beurteilung der Prognosevalidität ist der **Root Mean Square Error of Prediction (RMSEP)**.[41] Abbildung 13 enthält die segmentspezifischen Werte in Abhängigkeit von der Anzahl der im Kalibrierungsmodell berücksichtigten Faktoren. Für das dritte Präferenzsegment beträgt der Wert bei einem zweifaktoriellen Kalibrierungsmodell z.B. 0,7951, d.h., der für jedes neue Produkt geschätzte Präferenzwert weist einen Prognosefehler von ca. +/- 0,8 Präferenzrängen auf.

Faktor	Segment 1	Segment 2	Segment 3
0	1,10	0,91	1,47
1	1,19	1,16	0,70
2	1,00	1,02	0,79
3	0,99	1,10	0,90

Abb. 13: Segmentspezifischer RMSEP in Abhängigkeit von der Anzahl der im Kalibrierungsmodell berücksichtigten Faktoren

Die Faktorladungen der sensorischen Merkmale geben Auskunft über deren Wichtigkeit für die Bildung der Faktoren. Abbildung 14 zeigt, daß der erste Faktor vor allem durch die Geschmacksmerkmale "künstliche Vanille (1)" und "natürliche Vanille (2)" sowie durch die optischen Merkmale "(intensives) Gelb (25)" und "sichtbare Vanillestücke (27)" determiniert wird, der zweite Faktor durch den Mokkageschmack (14) sowie ebenfalls durch die intensive gelbe Farbe (25). Sensorische Deskriptoren, die bezüglich beider Faktoren geringe Ladungen aufweisen, sind für die Erklärung der Präferenzurteile von geringer Bedeutung. Hierzu zählen etwa die Geschmacksmerkmale "Milch (6)", "saure Sahne (7)" und "fruchtig (8)".

Die Faktorwerte der Testprodukte enthalten Informationen über die zwischen ihnen gemessenen Unterschiede (vgl. Abb. 15). Der erste Faktor trennt die Premiumprodukte von den preiswerteren Alternativen, wobei der Unterschied zwischen den beiden Langneseprodukten am größten ist. Der zweite Faktor deckt z.B. gewissene sensorische Übereinstimmungen zwischen Mövenpick und Mucci auf. Ein Vergleich der Faktorwerte mit den Faktorladungen der Merkmale zeigt, welche sensorischen Merkmale für die Unterschiede maßgeblich verantwortlich sind. Die Faktorwerte eines Testproduktes geben ferner Auskunft darüber, wie stark ein Produkt hinsichtlich seiner deskriptiven und affektiven Beurteilung vom Durchschnitt abweicht. Die niedrigen Faktorwerte der Käfer-Vanille-Eiscreme weisen darauf hin, daß es sich hier - im direkten Vergleich zu den anderen Testprodukten - eher um ein Erzeugnis mit durchschnittlichem sensorischen Profil handelt.

Im Rahmen der Entwicklung neuer bzw. der Verbesserung bestehender Produkte tritt häufig folgendes Problem auf: Die Produktentwicklung stellt eine Vielzahl von Prototypen her, von denen auf jeder Entwicklungsstufe aus Zeit- und Kostengründen nur einige auf ihre Präferenzwirkung überprüft werden können. Liegen jedoch keine verläßlichen Informationen über den Zusammenhang zwischen sensorischen Produktmerkmalen und Verwenderpräferenzen vor, dann erfolgt die Auswahl der Testprodukte eher intuitiv. Mit Hilfe einer Gruppe intensiv geschulter Konsumenten können die sensorischen Profile vieler Varianten hingegen schnell und kostengünstig erhoben werden. Auf der Basis deskriptiver Urteile für alle Varianten und affektiver Urteile für einige Varianten lassen sich die Präferenz- bzw. Akzeptanzwerte für die übrigen Varianten auf der Basis eines geeigneten Kalibrierungsmodells schätzen. Dieses Vorgehen eröffnet folglich die Möglichkeit einer quantitativ fundierten Selektion erfolgversprechender Produktvarianten, ohne umfangreichere affektive Tests durchführen zu müssen. Das abschließende hypothetische Beispiel soll diesen Ablauf verdeutlichen:

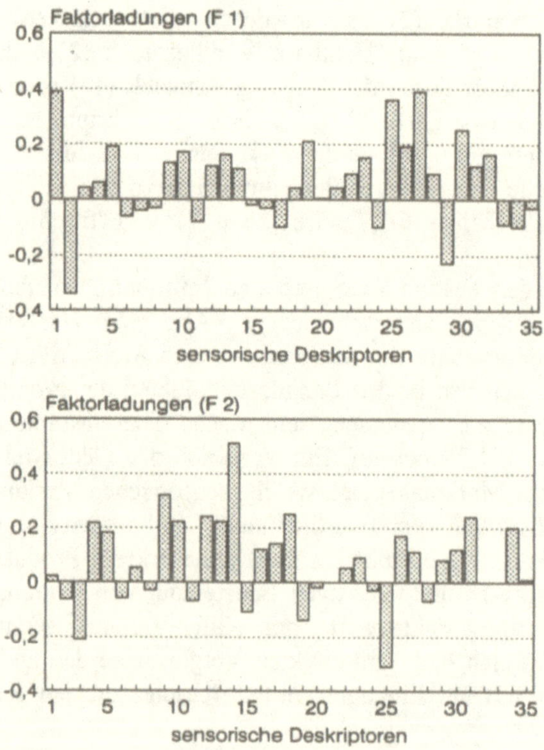

Abb. 14: Faktorladungen der sensorischen Dimensionen

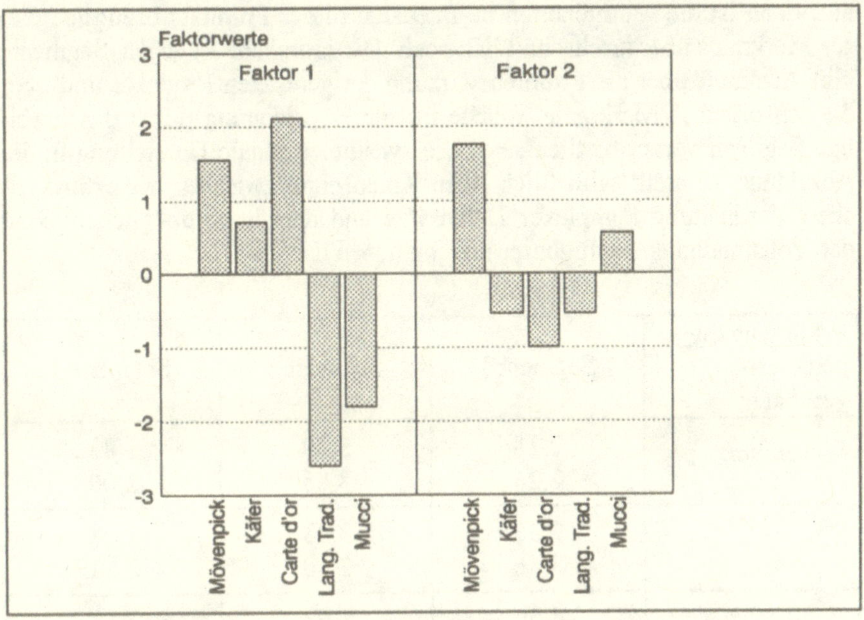

Abb. 15: Faktorwerte der Testprodukte

Die Produktentwicklung von Langnese-Iglo plant, die Rezeptur von Carte d'or dergestalt zu verändern, daß das sensorische Produktprofil der neuen Variante dem Mövenpick Vanilleeis möglichst nahe kommt. Die geschulten Testpersonen beurteilen die neue Variante bezüglich aller 35 Deskriptoren. Mit Hilfe des für die fünf Produkte entwickelten Kalibrierungsmodells lassen sich dann die segmentspezifischen Präferenzränge für die neue Variante auf der Basis der deskriptiven Daten schätzen. Abbildung 16 enthält einen Vergleich zwischen den gemessenen und den geschätzten Präferenzrängen der Testprodukte; die segmentspezifischen Präferenzwerte für die neue Carte d'or-Variante entsprechen am ehesten denen von Mövenpick.

Einen abschließenden anschaulichen Überblick über die komplexen Beziehungen zwischen deskriptiven und affektiven Vanilleeis-Daten liefert die Abbildung 17. Die neue Carte d'or Variante wurde auf der Basis der gemessenen deskriptiven Urteile sowie der geschätzten Präferenzurteile in die graphische Darstellung integriert. Eine ähnliche räumliche Orientierung zweier Merkmale bedeutet eine hohe positive Korrelation zwischen diesen Merkmalen. Je geringer die räumliche Distanz zwischen zwei Testprodukten ist, desto größer ist die Übereinstimmung ihrer sensorischen Profile. Weisen ein Merkmal und ein Produkt eine ähnliche räumliche Orientierung auf, dann ist die wahrgenommene Intensität dieses Produkts bezüglich dieses Merkmals überdurchschnittlich hoch. Die räumliche Lage der Segmente gibt Auskunft über die Präferenzwirkung der getesteten Produkte und über die sensorischen Merkmale, welche für die Bevorzugung durch das jeweilige Segment verantwortlich sind. Die zweidimensionale Darstellung in der Abbildung 17 stellt schließlich einen Kompromiß zwischen der erforderlichen Verdichtung komplexer Datensätze und dem höchstmöglichen Grad der Vollständigkeit verfügbarer Informationen dar.

Präferenzränge gemessen geschätzt	Segment 1	Segment 2	Segment 3
Mövenpick	2,18 2,26	3,79 3,85	1,87 2,00
Käfer	3,31 3,56	3,23 2,60	2,08 2,61
Carte d'or	4,59 4,40	1,68 2,04	2,18 1,79
Lang. Trad.	2,50 2,65	2,87 2,98	4,34 4,58
Mucci	2,43 2,15	3,44 3,53	4,53 4,01
Carte d'dor "neu"	---- 2,56	---- 3,57	---- 2,11

Abb. 16: Vergleich zwischen gemessenen und geschätzten segmentspezifischen Präferenzrängen der Testprodukte

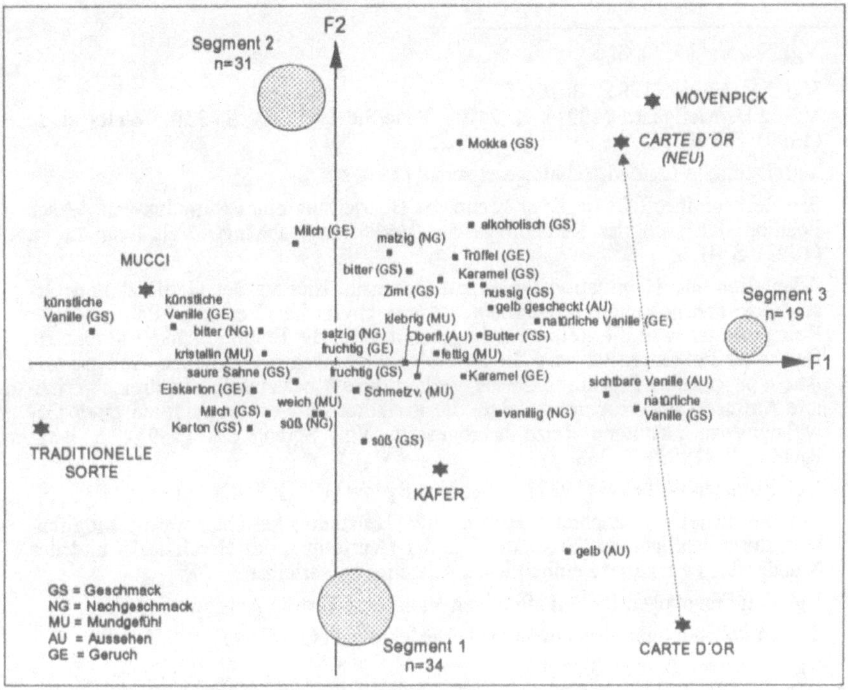

Abb. 17: Simultane zweifaktorielle Darstellung der sensorischen Merkmale, Testprodukte und Präferenzsegmente

1 Vgl. Scharf (1995): S. 5.

2 Vgl. Moskowitz (1985): S. 104ff.

3 Vgl. z.B. Meilgaard (1991): S. 24ff.; Stone/Sidel (1992): S. 33ff.; Watts et al. (1990): S. 16ff.

4 Vgl. Deutsche Landwirtschaftsgesellschaft (1992): S. 8.

5 Ein Reihenfolgeeffekt liegt vor, wenn die Beurteilung eines Stimulus von dessen Position, d.h. von der Reihenfolge der Verkostung, abhängt. Vgl. Lyon et al. (1992): S. 41.

6 Adaptation und Habituation führen zur Desensibilisierung der Geruchs- und Geschmackswahrnehmung. *Adaptation* ist ein physischer Vorgang. Bei niedriger Reizintensität wird die Reizschwelle gesenkt, d.h., die Empfindlichkeit nimmt zu. Bei hoher Reizintensität wird die Reizschwelle hingegen angehoben. *Habituation* ist ein psychischer Prozeß, in dessen Verlauf die auf bekannte Umweltreize gerichtete Aufmerksamkeit abnimmt, d.h., die Reaktionsstärke wird aufgrund einer Gewöhnung an monotone Reize herabgesetzt. Vgl. Spreng, M. (1993): S. 18f.; Richter, R. (1993): S. 838.

7 Vgl. Fliedner/Wilhelmi (1989): S. 68; Von Sydow (1971): S. 42.

8 In professionell eingerichteten sensorischen Teststudios besteht etwa die Möglichkeit, durch Rotlicht den Produkten bei der Beurteilung des Geschmacks und des Mundgefühls ein nahezu einheitliches Aussehen zu verleihen.

9 Vgl. den Fragebogen für den affektiven Vanilleeis-Test im Anhang.

10 Zu den vollständigen Ergebnissen vgl. Biedekarken et al. (1993).

11 Vgl. Wilcoxon (1946): S. 269-270.

12 Vgl. Moskowitz (1983): S. 20; Stone/Sidel (1992): S. 203.

13 Vgl. Stone et al. (1974): S. 24ff.

14 Vgl. hierzu Biedekarken et al. (1993): S. 4ff.

15 Vgl. Hendriks (1988): S. 229ff. Der von Hendriks beschriebene Geruchsidentifikationstest wird mit zweimal 18 Geruchsstoffen durchgeführt.

16 Vgl. hierzu die Liste der verwendeten Geruchsstoffe im Anhang.

17 Vgl. Hendriks (1988): S. 235.

18 Vgl. Norm DIN 10959 (1989): S. 4. Die Konzentration der für jede Grundgeschmacksart hergestellten Lösung lag geringfügig über der in der DIN-Norm angegebenen Wahrnehmungsschwelle. Für die Geschmacksart „sauer" wurde Citronensäure, für „bitter" Chininhydrochlorid, für „salzig" Natriumchlorid und für „süß" Saccharose benutzt.

19 In der Literatur werden 4 bis 6 Replikationen empfohlen. Vgl. z.B. Stone/Sidel (1993): Sensory Evaluation, S. 221ff.

20 Nachträglich wurden die in der letzten Sitzung gewonnenen Meßwerte einer unter Erkältung leidenden Testperson eliminiert.

21 Zur Bedeutung und Berechnung des F-Wertes vgl. z.B. Backhaus et al. (1994): S. 65f.; O'Mahony (1986): S. 136ff.

22 Vgl. Opp/Schmidt (1977): S. 43.

23 Vgl. Scharf (1995): S. 13ff.

24 Vgl. z.B. Moskowitz (1985): S. 227; Wilton (1993): S. 128ff.

25 Vgl. Gupta (1984): S. 319ff.; Huber/Hoolbrook (1979): S. 507ff.; Scharf (1991): S. 145ff.

26 Gängige Verfahren sind z.B. PREFMAP und LINMAP. Vgl. hierzu z.B. Huber J. (1978): S. 138ff.

[27] Vgl. Martens/Naes (1989): S. 2; Wienke/Danzer (1989): S. 248.

[28] Vgl. Geladi/Kowalski (1986): S. 2; Martens/Naes (1989): S. 63.

[29] Lukkari/Lindberg (1988): S. 2.

[30] Eine Visulisierung der unterschiedlichen Kalibrierungsmodelle findet man bei Martens/Naes (1989): S. 95ff.

[31] Vgl. Beebe/Kowalski (1987): S. 1008.

[32] Auch bei Kollinearität in den X-Daten ist die MLR-Methode ungeeignet. Zur Begründung vgl. Steward (1987): S. 68; Wold et al. (1984): S. 735.

[33] Vgl. Naes et al. (1986): S. 199; Martens/Naes (1989): S. 85ff.; Öhman et al. (1988): S. 2758.

[34] Vgl. Beebe/Kowalski (1987): S. 1015.

[35] Clementi et al. (1986): S. 152.

[36] Vgl. Wold (1966).

[37] Vgl. insbesondere Kowalski et al. (1982): S. 191ff.

[38] Geladi/Kowalski (1986): S. 15.

[39] Diese sehr reliable Methode empfiehlt sich vor allem, wenn Meßwerte nur für wenige Objekte vorliegen.

[40] Die residuale Varianz der Y-Variablen gibt die Größe des Prognosefehlers an, den es zu minimieren gilt. Der Prognosefehler hängt ab vom Modellfehler, der mit der Anzahl der extrahierten Faktoren kleiner wird, und vom Schätzfehler, der mit der Anzahl der extrahierten Faktoren ansteigt ("Überfütterung des Modells"). Vgl. Haaland/Thomas (1988): S. 1198.

[41] Der RMSEP ist definiert als Quadratwurzel der Mittelwerte der quadrierten Differenzen zwischen den vorhergesagten und den gemessenen Y-Variablen.

Literaturverzeichnis

Backhaus, K./Erichson, B./Plinke, W./Weiber, R.: Multivariate Analysemethoden, 7. Auflage, Berlin u.a. 1994.

Beebe, K.R./Kowalski, B.R.: An introduction to multivariate calibration and analysis; in: Analytical Chemistry 1987, S. 1007-1017.

Biedekarken, O. ???: Affektiver Test für konkurrierende Vanilleeis-Marken, unveröffentlichter Forschungsbericht des Instituts für Marketing und Handel der Georg-August Universität Göttingen, Göttingen 1993.

Clementi, S./Cruciani, G./Curti, G.: Some applications of the partial least squares regression method; in: Analytica Chimica Acta 1986, S. 149-160.

Deutsche Landwirtschaftsgesellschaft: DLG-Prüfbestimmungen für Speiseeis, 31. Auflage, Frankfurt/M. 1992.

DIN 10959: Bestimmungen der Geschmacksempfindlichkeit, Berlin 1989.

Fliedner, I./Wilhelmi, F.: Grundlagen und Prüfverfahren der Lebensmittelsensorik, Hamburg 1989.

Geladi, P./Kowalski, B.R.: Partial least squares regression: A tutorial; in: Analytica Chimica Acta, 1986, S. 1-17.

Gupta, D.: Some practical guidelines for selecting an appropriate perceptual mapping technique; in: EMAL/ESOMAR (Hrsg.): Methodological advances in marketing research in theory and practice, Kopenhagen 1984, S. 107-134.

Haaland, D.M./Thomas, E.V.: Partial least squares methods for spectral analysis. 2. Application to simulated and glass spectral data; in: Analytical Chemistry 1988, S. 1202-1208.

Hendriks, A. P. J.: Olfactory dysfunction; in: Rhinology 1988, S. 229-251.

Huber, J.: Ideal point models of preference; in: Proceedings of Advances in Consumer Research 1978, S. 138-147.

Kowalski, B.R./Gerlach, R./Wold, H.: Chemical systems under indirekt observation; in: *Jöreskog, K./Wold, H.(Ed.)*: Systems under indirekt observation, Amsterdam 1982.

Lukkari, I./Lindberg, W.: Multicomponent determinations in flow systems by partial least squares modeling; in: Analytica Chimica Acta 1988, S. 1-10.

Lyon, D.H./Francombe, M.A./Hasdell, T.A./Lawson, K.: Guidelines for sensory analysis in food product development and quality control, London u.a. 1992.

Martens, H./Naes, T.: Multivariate calibration, Chichester u.a. 1989.

Meilgaard, M./Civille, G.V./Carr, B.T.: Sensory evaluation techniques, 2. Ed., Boca Raton u.a. 1991.

Moskowitz, H.R.: Product testing and evalutaion of foods. Marketing and R&D approaches,Westport 1983.

Moskowitz, H.R.: New directions for product testing and sensory analysis of foods, Westport 1985.

Naes, T./Irgens, C./Martens, H.: Comparison of linear statistical methods for calibration of NIR instruments; in: Journal of the Royal Statistical Society, Series C: Applied Statistics 1986, S. 195-206.

Öhman, J./Lindberg, W./Wold, S.: Data reduction of bilinear matrices prior calibration; in: Analytical Chemistry 1988, S. 2756-2760.

O'Mahony, M.: Sensory evaluation of food - Statistical methods and procedures, New York 1986.

Opp, K.-H./Schmidt, P.: Einführung in die Mehrvariablenanalyse, Hamburg 1976.

Richter, R.: Habituation; in: *Arnold, W./Eysenck, H.J.: Meili, R. (Hrsg.)*: Lexikon der Psychologie, Bd. 1, 11. Auflage, Freiburg 1993, S. 838.

Scharf, A.: Konkurrierende Produkte aus Konsumentensicht. Erfassung und räumliche Darstellung unter besonderer Berücksichtigung der Korrespondenzanalyse, Frankfurt/M. 1991.

Scharf, A.: Positionierung neuer bzw. modifizierter Nahrungs- und Genußmittel durch integrierte Markt- und Sensorikforschung; in: Marketing Zeitschrift für Forschung und Praxis, 1/1995, S. 5-17.

Spreng, M.: Adaptation; in: *Arnold, W./Eysenck, H.J.: Meili, R. (Hrsg.)*: Lexikon der Psychologie, Bd. 1, 11. Auflage, Freiburg 1993, S. 18-19.

Steward, G.W.: Collinearity and least squares regression; in: Statistical Science 1987, S. 68-100.

Stone, H./Sidel, J.L./Oliver, S./Woolsey, A./Singleton, R.C.: Sensory evaluation by quantitative descriptive analysis; in: Food Technology 11/1974, S. 24-34.

Stone, H./Sidel, J.L.: Sensory evaluation practices, 2. Ed., San Diego u.a. 1992.

Von Sydow, E.: Flavor - A chemical or psychological concept?; in: Food Technology 1971, S. 40-44.

Watts, B.M./Ylimaki, G.L./Jeffery, L.E./Elias, L.G.: Basic sensory methods for food evaluation, Ottawa 1989.

Wienke, D./Danzer, K.: The integrated approach in material sciences; in: Analytica Chimica Acta 1989, S. 247-255.

Wilcoxon, F.: Individual comparisons of grouped data by ranking methods; in: Journal of Economic Entomology 1946, S. 269-270.

Wilton, V.S.: How research is used to bridge the gap between consumers and product developers in order to optimize products: in: Bericht zum ESOMAR-Seminar "Marketing and International Research", Brüssel 1993, S. 123-135.

Wold, H.: Estimation of principal components and related models by iterative least squares; in: *Krishnaiah, P.R.(Ed.):* Multivariate analysis, New York 1966.

Wold, S./Ruhe, A./Wold, H./Dunn, W.J.: The collinearity problem in linear regression. The partial least squares (PLS) approach in generalized inverses; in: SIAM Journal of Scientific and Statistical Computing 1984, S. 735-743.

Andreas Scharf / Bernd Schubert

Ermittlung und Vergleich hedonischer Produkterwartungen und Produkterlebnisse bei Nahrungs- und Genußmitteln

1. Einführung

Die hohe Wettbewerbsintensität auf den Märkten für Nahrungs- und Genußmittel hat den Innovationsdruck auf die Anbieter in den letzten Jahren dramatisch verstärkt. In den meisten Produktbereichen scheitert jedoch nach wie vor ein beträchtlicher Anteil aller neuen Produkte innerhalb des ersten Jahres nach der Einführung. Hieraus läßt sich schließen, daß die Produktinnovationsprozesse in vielen Unternehmen der Nahrungs- und Genußmittelindustrie gravierende Mängel aufweisen. Diese Mängel können insbesondere auf drei Phänomene zurückgeführt werden:

Erstens ist die Organisation von Produktinnovationsprozessen vielfach nicht optimal: Es bestehen Schnittstellenprobleme zwischen den am Innovationsprozeß beteiligten Personen und Instanzen, insbesondere zwischen den Funktionsbereichen F&E und Marketing.[1] Zweitens wird bisweilen unterschätzt, daß der Markterfolg eines Produktes in erster Linie dadurch bestimmt wird, wie es die Konsumenten wahrnehmen und beurteilen. Die Folge ist, daß in den verschiedenen Phasen des Produktinnovationsprozesses wichtige zielgruppenbezogene Informationen unberücksichtigt bleiben. Drittens tragen die zur Informationsgewinnung eingesetzten Methoden den spezifischen Untersuchungszielen im Rahmen des Innovationsprozesses häufig nicht genügend Rechnung. Die Wahrnehmung und Präferenzbildung der Konsumenten bei Nahrungs- und Genußmitteln weist Besonderheiten auf (z.B. geringe kognitive Steuerung und unzureichende Verbalisierungsfähigkeit der Geruchs- und Geschmackswahrnehmung),[2] die einen theoriegeleiteten integrierten Einsatz geeigneter Verfahren der Markt- und Sensorikforschung im Rahmen des Produktinnovationsprozesses erforderlich machen.

Ein erfolgreiches Produkt zeichnet sich vor allem dadurch aus, daß es aus Sicht der Konsumenten über mindestens einen spezifischen Vorteil gegenüber den Konkurrenzprodukten verfügt. Die am Innovationsprozeß mitwirkenden Entscheidungsträger müssen demnach alle nutzenstiftenden Elemente, die das neue Produkt aufweisen soll, festlegen, das Produkt psychologisch positionieren und die Erfüllung des Produktversprechens durch geeignete chemisch-physikalische Merkmale sicherstellen. Konsumentenbezogene Informationen spielen demnach in allen Phasen des Produktinnovationsprozesses eine herausragende Rolle, sie müssen mit Hilfe geeigneter Meßmethoden gewonnen und systematisch in die Entscheidungsfindung einbezogen werden.

2. "Consumer Dialog System" - Systematische Einbeziehung von Konsumentenurteilen in allen Phasen des Produktinnovationsprozesses

Die oben angeführten Überlegungen machen deutlich, daß Unternehmen der Nahrungs- und Genußmittelbranche mit ihren neuen Produkten im allgemeinen nur dann erfolgreich sein können, wenn sie über ein geeignetes System verfügen, welches die Beschaffung und Verarbeitung konsumentenbezogener Informationen in allen Phasen des Produktinnovationsprozesses effizient steuert. Ein solches System ist das **Consumer Dialog System** (CDS). Dieses Informationssystem zeichnet sich dadurch aus, daß in jeder Phase problemadäquate quantitative und qualitative Verfahren bereitstehen, um alle benötigten konsumentenbezogenen Informationen zu beschaffen.[3] Weitere Kennzeichen des CDS sind der kombinierte Einsatz moderner Techniken der Marktforschung und der sensorischen Produktforschung, die systematische Verknüpfung und Verdichtung der gewonnenen Informationen sowie deren konsequente Berücksichtigung bei der Entscheidungsfindung in allen Phasen des Produktinnovationsprozesses. Schließlich bedient sich das Modell neuerer Erkenntnisse der Erforschung des Konsumentenverhaltens, um Zielpersonen, die befragt oder beobachtet werden sollen, näher spezifizieren zu können.

Der Vorteil dieser "institutionalisierten" Einbeziehung von Konsumenten in den Produktinnovationsprozeß liegt zum einen in der Transparenz bezüglich der Beschaffung und Verarbeitung konsumentenbezogener Informationen. Dieser Aspekt gewinnt insbesondere vor dem Hintergrund der Zertifizierungsziele vieler Unternehmen aus der Nahrungs- und Genußmittelbranche an Bedeutung. Zum anderen trägt ein derartiges Informationssystem, sofern es an die spezifischen Bedingungen des innovierenden Unternehmens angepaßt ist, der Forderung nach kürzeren und effizienteren Produktinnovationsprozessen Rechnung.

Die Abb. 1 veranschaulicht die Struktur des CDS im Überblick, auf Details muß im Rahmen dieses Beitrags verzichtet werden. Die Ermittlung der Produkterwartungen von Konsumenten erfolgt in der zweiten Phase (Entwicklung und Überprüfung von Produktkonzepten), die Ermittlung der Produkterlebnisse ist Gegenstand der dritten Phase des Produktinnovationsprozesses (Entwicklung und Überprüfung von Prototypen). Bevor die Begriffe "Produkterwartung" und "Produkterlebnis" definiert und näher erläutert werden, erfolgt eine kurze Darstellung des CDS in diesen beiden Phasen.

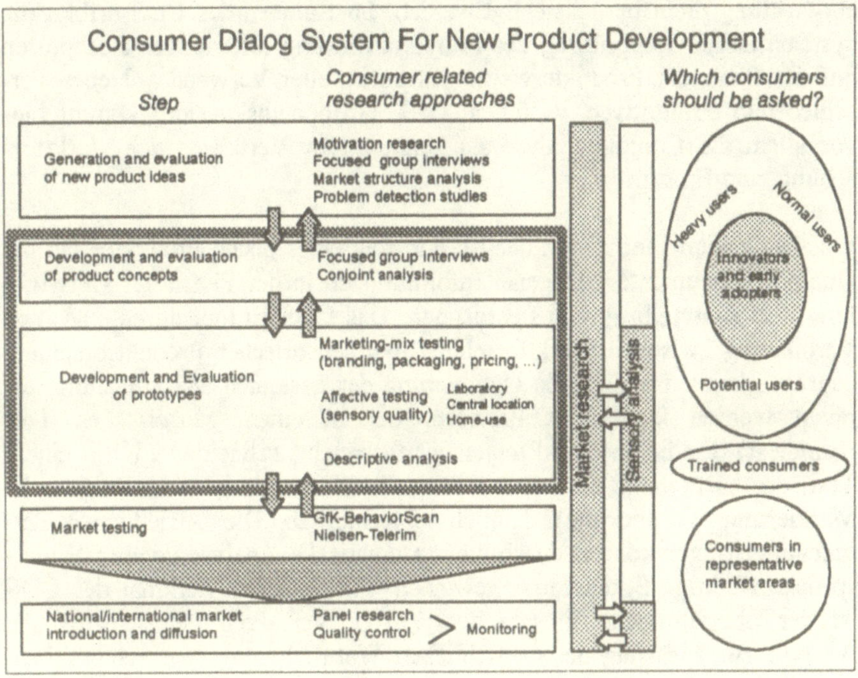

Abb. 1: "Consumer Dialog System" im Überblick[4]

Die zweite Phase beinhaltet die **Weiterentwicklung ausgewählter Ideen zu geeigneten Produktkonzepten**. Sie beschreiben das (zukünftige) Produkt im Hinblick auf die für die Zielgruppe relevanten Eigenschaften. Dazu gehören bei Nahrungs- und Genußmitteln neben extrinsischen Merkmalen wie dem Preis oder der Packungsgröße insbesondere nutzenstiftende Rezepturbestandteile ("mit Vitamin C", "ohne Konservierungsstoffe") sowie sensorische Eindrücke ("fruchtig", "knusprig"). Wichtig sind außerdem mögliche Verwendungsanlässe ("zum Frühstück", "für zwischendurch") sowie die psychologische Positionierung des Produkts.

In der Praxis werden insbesondere die Entscheidungsträger aus Marketing und F&E regelmäßig mit dem Problem konfrontiert, aus der Vielzahl möglicher Konzeptmerkmale und deren Ausprägungen die richtige Kombination auszuwählen. Bei vielen Innovationsvorhaben im Nahrungs- und Genußmittelbereich sind allein die in Frage kommenden sensorischen Gestaltungskomponenten so zahlreich, daß eine Vorauswahl für die weitere Konkretisierung des sensorischen Produktprofils getroffen werden muß (z.B. Zutaten für eine neue Fertigpizza). Die Ursache zahlreicher Flops beruht darauf, daß Konsumentenurteile in dieser frühen Phase der Konzeptentwicklung nicht berücksichtigt werden. Im Rahmen des CDS erfolgt die systematische Überprüfung der Präferenzwirkung alternativer Rezepturen auf der Basis der Produkterwartungen potentieller Verwender. Neben verschiedenen qualitativen Verfahren (z.B. Gruppendiskussion) kommt hier vor allem die Conjointanalyse als quantitatives Verfahren der Marktforschung zum Einsatz.

Entscheidenden Einfluß auf den Markterfolg eines neuen Produktes hat die Qualität konsumentenbezogener Informationen in der Phase der **Entwicklung und Beurteilung von Prototypen**. Das CDS ist hier durch eine enge Verbindung zwischen Marktforschung und sensorischer Produktforschung geprägt, damit das Ziel, die Optimierung der gesamten Marktleistung, erreicht werden kann. Ein Prototyp, der in einem sensorischen Test (Blindtest) den höchsten Akzeptanzwert erreicht, schneidet u.U. in einem Test, der zusätzliche nutzenbeeinflussende Merkmale berücksichtigt (z.B. Markierung, Verpackung), deutlich schlechter ab. Die betrieblichen Entscheidungsträger können durch die systematische Analyse solcher Widersprüche wichtige Erkenntnisse gewinnen. Ein weiteres Merkmal des CDS ist der obligatorische Einsatz deskriptiver Verfahren der sensorischen Analyse zur Messung der menschlichen Wahrnehmung sensorischer Produkteigenschaften. Eine kleine Gruppe von Konsumenten wird speziell für diese Aufgabe geschult. Informationen über die Ursachen für die sensorische Bevorzugung bzw. Ablehnung bestimmter Produkte lassen sich dann gewinnen, indem man die mittels deskriptiver Verfahren ermittelten Wahrnehmungsurteile mit den Ergebnissen affektiver Tests verknüpft. Die sensorische Analyse hält verschiedene Typen affektiver Tests bereit, um das sensorische Produkterlebnis der Konsumenten, d.h. Präferenz- bzw. Akzeptanzurteile, zuverlässig zu erfassen (zu diesen Aspekten vgl. die Beiträge von *Scharf* sowie *Scharf/Schubert*).

Neben der Frage, welche konsumentenbezogenen Meßverfahren in den verschiedenen Phasen des Produktinnovationsprozesses zum Einsatz kommen, hängt die Qualität der gewonnenen Informationen auch davon ab, ob die richtigen Personen befragt oder beobachtet werden. Bezogen auf eine bestimmte Produktart lassen sich drei grundlegende Gruppen von Konsumenten unterscheiden: Intensiv-, Normal- und Nichtverwender (vgl. Abb. 1). Welche Gruppe im Einzelfall am besten geeignet ist, hängt vom Untersuchungsziel und vom gewählten Forschungsansatz ab.

Der Markterfolg eines neuen Produktes hängt entscheidend von denjenigen Konsumenten ab, die dazu bereit sind, das Produkt in der Einführungsphase auszuprobieren. Aus der Diffusionstheorie[5] stammt deshalb eine weitergehende Unterscheidung der Konsumenten, und zwar nach dem Zeitpunkt, zu dem sie ein neues Produkt kaufen, wobei man idealtypisch fünf Gruppen von Adoptern bilden kann (vgl. Abb. 2).

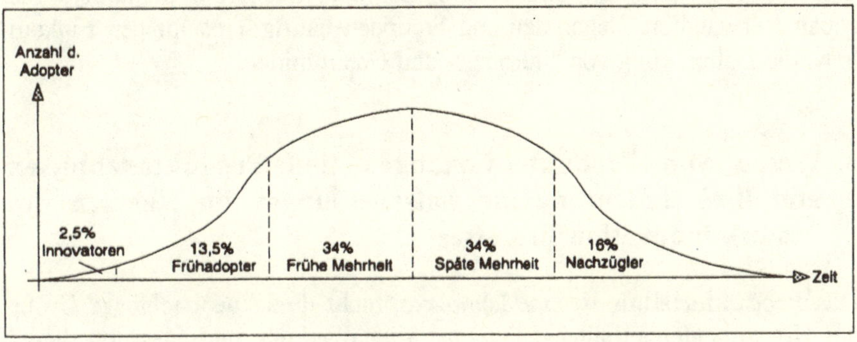

Abb. 2: Klassifizierung der Adopter einer Innovation anhand der typischen Diffusionskurve[6]

Vielfach lehnen für die Zielgruppe repräsentativ ausgewählte Testpersonen ein neues Produkt spontan ab, weil es ungewohnte sensorische Komponenten enthält.[7] Die Folge ist, daß innovative Rezepturen vorschnell verworfen werden. Realisiert werden vielmehr neue Produkte mit geringer sensorischer Innovationshöhe, die dem Durchschnittsgeschmack der Zielgruppe zwar entsprechen, durch die sich aber keine echten Wettbewerbsvorteile realisieren lassen. Zu ganz anderen Erkenntnissen und Entscheidungen gelangen die betrieblichen Entscheidungsträger unter Umständen, wenn sie denselben Test mit Konsumenten durchführen, die man - bezogen auf die betreffende Produktart - als sog. Innovatoren bzw. Frühadopter bezeichnet.

Bei der Ermittlung von Produkterwartungen und Produkterlebnissen sind demnach die Urteile dieser beiden Gruppen von besonderer Bedeutung. Sind Anzahl und Akzeptanz "innovationsfreudiger" Abnehmer groß genug, kann die Markteinführung erfolgreich sein, obwohl der Durchschnittsverwender das neue Produkt sensorisch zunächst nicht präferiert. Hinzu kommt, daß Innovatoren und Frühadopter im allgemeinen die Rolle von Meinungsführern übernehmen, so daß im Laufe der Zeit genügend andere Konsumenten dazu ermutigt werden, das neue Produkt ebenfalls zu probieren.

Die Ergebnisse empirischer Studien liefern eine Vielzahl allgemeiner Hinweise auf das spezifische (Kauf-)Verhalten von Innovatoren und Frühadoptern.[8] Einige Hinweise lassen sich direkt auf den Produktbereich der Nahrungs- und Genußmittel übertragen: Die beiden Gruppen kaufen überdurchschnittlich häufig neue und modifizierte Nahrungs- und Genußmittel, lesen regelmäßig "special-interest"-Titel (z.B: "Essen & Trinken") oder entsprechende Artikel in Publikumszeitschriften und Zeitungen, schenken der Werbung für Nahrungs- und Genußmittel mehr Beachtung als andere und geben Verwandten, Bekannten und Freunden häufig Tips für den Einkauf bzw. die Zubereitung von Nahrungs- und Genußmitteln.

3. Wesen von Produkterwartungen und Produkterlebnissen und ihre Bedeutung für Entscheidungen im Rahmen des Produktinnovationsprozesses

Das **Produkterlebnis** ist eine komplexe, nicht direkt beobachtbare Größe des Konsumentenverhaltens. Die Operationalisierung und Messung dieses hypothetischen Konstrukts erfolgt in der Marktforschung im allgemeinen über Präferenz- bzw. Akzeptanzurteile. Unter realen Bedingungen ist das Produkterlebnis bei Nahrungs- und Genußmitteln das Ergebnis einer Vielzahl von Faktoren, die sich zum Teil gegenseitig beeinflussen.[9] Entscheidend ist zunächst der Einfluß, der vom Produkt selbst ausgeht. Zu trennen ist hier zwischen den sensorischen Produktmerkmalen als chemisch-physikalischem Ergebnis aus Rezepturbestandteilen, Herstellungsverfahren und Lagerungsparametern einerseits und den übrigen Elementen der Marktleistung wie Verpackung, Werbung etc. andererseits. Der zweite Bereich exogener Stimuli betrifft die umfeldbezogenen Variablen (z.B. Jahreszeit).

Zu den nicht beobachtbaren Faktoren, die mit dem Individuum untrennbar verbunden sind, zählen kulturelle, soziale, persönliche und psychologische Variablen. Die letztgenannten beinhalten aktivierende Faktoren (z.B. physiologische Bedürfnisse wie Hunger oder Durst) und kognitive Faktoren (z.B. Produktwahrnehmung).[10] Produkterwartungen resultieren aus gespeicherten Erfahrungen und den damit verbundenen Beurteilungsmustern. Alle Faktoren determinieren durch ihr Zusammenwirken das Produkterlebnis, d.h. die Bevorzugung bzw. Ablehnung des betreffenden Produkts. Die Abbildung 3 enthält eine vereinfachte Darstellung der Faktoren, die das Produkterlebnis beeinflussen.[11]

Man unterscheidet zwei grundlegende Arten von Produkterwartungen bei Nahrungs- und Genußmitteln:[12] **Sensorische Produkterwartungen** betreffen die individuelle Vorstellung, welche sensorischen Eigenschaften das betreffende Produkt in welchen Intensitäten aufweist. So erzeugen etwa die in der Speisekarte eines Restaurants näher beschriebenen Gerichte beim Gast bestimmte sensorische Produkterwartungen, die - neben anderen Faktoren wie z.B. dem Preis - wiederum die Entscheidung für eines der Gerichte beeinflussen. Einen weiteren Beleg für den Einfluß sensorischer Produkterwartungen auf das Produkterlebnis liefern zahlreiche Experimente, in denen nachgewiesen wurde, daß die Identifikation bestimmter in Speisen und Getränken vorhandener Geschmacks- bzw. Geruchskomponenten schwieriger wird, wenn das Produkt eine "falsche" Farbe aufweist (z.B. "grüner Orangensaft").[13]

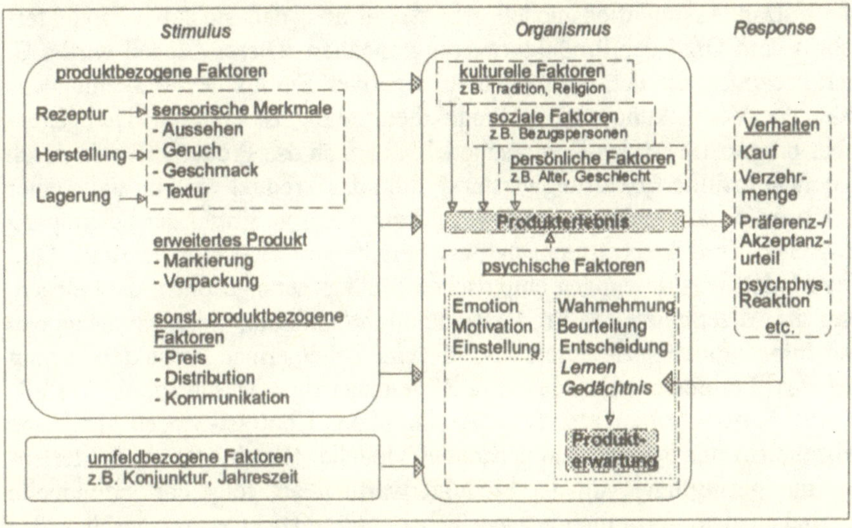

Abb. 3: Vereinfachtes Modell des Konsumentenverhaltens bei Nahrungs- und Genußmitteln

Hedonische Produkterwartungen betreffen hingegen die individuelle Vorstellung, in welchem Maße das Produkt von einem selbst bevorzugt bzw. abgelehnt wird. Beispiel hierfür ist die durch einen bekannten Markennamen,[14] eine aufwendige Verpackung oder eine vielversprechende Werbung hervorgerufene Erwartung an das Produkt.[15] Hedonische Produkterwartungen lassen sich messen, indem die Konsumenten den Grad der von ihnen erwarteten Akzeptanz bzw. Bevorzugung für einen zukünftigen Stimulus angeben.

Häufig stimmen die individuelle Erwartung bezüglich der sensorischen Produktmerkmale und ihre anschließende Wahrnehmung nicht überein, so daß das Individuum die Erfahrung einer sich nicht bestätigenden Erwartung macht. In dem Fall, daß sich die hedonische Erwartung nicht bestätigt, unterscheidet man zwischen einer positiven (Produkt ist besser als erwartet) und einer negativen Erfahrung (Produkt ist schlechter als erwartet).[16] Im

Mittelpunkt der folgenden Ausführungen steht die Beziehung zwischen der vom Produktkonzept ausgelösten hedonischen Produkterwartung einerseits und dem Produkterlebnis, d.h. der Präferenzwirkung des entsprechenden Prototyps, andererseits.

Zur Vorhersage der Konsequenzen sich nicht bestätigender hedonischer Produkterwartungen auf das Produkterlebnis sind verschiedene Modelle entwickelt worden, die sich auf folgende vier Grundtypen reduzieren lassen:[17] Das Assimilationsmodell geht davon aus, daß sich das Produkterlebnis dem Grad der Produkterwartung annähert. Dieses Modell wird z.B. herangezogen, um den positiven bzw. negativen Einfluß des Markennamens oder der Verpackung auf die Produktbeurteilung zu erklären. Demgegenüber prognostiziert das Kontrastmodell, daß sich das Produkterlebnis durch die nicht erfüllte Erwartung verstärkt, d.h., das Produkt wird im Falle einer positiven/negativen hedonischen Erfahrung allein aufgrund der Diskrepanz zwischen Produkterwartung und -erlebnis besser/schlechter beurteilt. Dieses Modell wird in einigen empirischen Studien herangezogen, die belegen, daß die Akzeptanz eines Produktes abnimmt/zunimmt, wenn es zusammen mit Informationen präsentiert wird, die eine hohe/geringe Produkterwartung bei den Testpersonen erzeugen (z.B. "einzigartiger Geschmack"/"Verfalldatum überschritten").[18] Das Assimilations-Kontrast-Modell ist eine Mischform der beiden oben genannten Modelle. Weicht das Produkterlebnis nur geringfügig von der Produkterwartung ab, folgt das individuelle Verhalten dem Assimilationsmodell, bei starker Diskrepanz zwischen den beiden Größen gilt hingegen das Kontrastmodell. Das generalisierte Negativmodell schließlich sagt voraus, daß die Akzeptanz bzw. Präferenzwirkung des Produktes in allen Fällen sich nicht bestätigender Erwartungen abnimmt.

Die Abbildung 4 veranschaulicht den funktionalen Zusammenhang zwischen den beiden hypothetischen Konstrukten "Produkterwartung" und "Produkterlebnis". Die horizontale Achse repräsentiert den Grad der hedonischen Produkterwartung, hier also die Präferenzwirkung des Produktkonzepts. Die vertikale Achse repräsentiert das Produkterlebnis, d.h. den für einen beliebigen Prototypen gemessenen Akzeptanz- bzw. Präferenzwert. Die Diagonale vereinigt alle Punkte, in denen Produkterwartung und Produkterlebnis übereinstimmen, wobei in der Nähe des Ursprungs liegende Kombinationen Produktkonzepte und Prototypen mit geringer Präferenzwirkung repräsentieren. Oberhalb der Linie befindet sich die Region positiver hedonischer Erfahrung, unterhalb der Linie die Region negativer hedonischer Erfahrung.

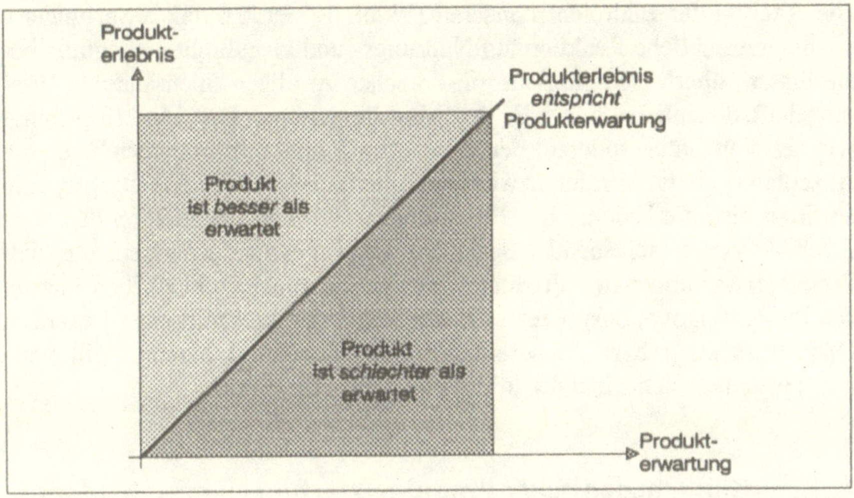

Abb. 4: Schematische Darstellung der Beziehung zwischen hedonischer Produkterwartung und Produkterlebnis

Für Marketing und F&E ist der funktionale Zusammenhang zwischen Produkterwartungen und Produkterlebnissen gleichermaßen relevant: Unterhalb der Diagonalen in der Abbildung 4 befinden sich Innovationen, für die zwar ein Konzept mit starker Präferenzwirkung entwickelt wurde (z.B. eine hohe Erwartung auslösende Beschreibung der sensorischen Produkteigenschaften auf der Verpackung oder in der Werbung), deren sensorisches Profil jedoch von den Konsumenten nicht akzeptiert wird. Derartige Innovationen wecken hohe Erwartungen und animieren die Konsumenten zum Erstkauf. Die Enttäuschung über das Produkt verhindert jedoch den Wiederkauf. Bei einer line extension besteht zudem die Gefahr negativer Ausstrahlungseffekte auf andere Produkte. Erforderlich ist in diesem Fall die Optimierung der sensorischen Produkteigenschaften oder - falls das nicht möglich ist - eine Anpassung der Konzeptelemente an die wahrgenommene Produktqualität. Bei Innovationen oberhalb der Linie besteht hingegen die Gefahr, daß die Zielgruppe das - sensorisch überzeugende - Produkt nicht einmal probiert, weil vom Marketing zu geringe bzw. die falschen Produkterwartungen erzeugt werden.

Das Anliegen der sensorischen Produktforschung ist die systematische Untersuchung des Zusammenhangs zwischen den sensorischen Eigenschaften eines Produkts und den durch sie ausgelösten Reaktionen des Menschen. In der Phase der Entwicklung und Optimierung von Prototypen beschafft die Sensorik detaillierte Informationen über sensorische Produkterlebnisse, d.h. darüber, wie die Konsumenten der Zielgruppe das neue Produkt beurteilen.

Die Analyse der zahlreichen anderen Faktoren (hier: Produkterwartungen), die die menschliche Reaktion auf Nahrungs- und Genußmittel ebenfalls beeinflussen, überlassen die Sensorik-Forscher im allgemeinen anderen Wissenschaftsdisziplinen wie z.B. der Marktforschung. Die Marktforschung widmet sich unter anderem der Beschaffung von Informationen über die Akzeptanz- bzw. Präferenzwirkung alternativer Produktkonzepte, sie ermittelt also die hedonischen Erwartungen von Konsumenten an das neue Produkt. Von entscheidender Bedeutung ist in diesem Zusammenhang, daß Produkterwartungen und Produkterlebnisse, die in unterschiedlichen Phasen des Produktinnovationsprozesses in der Regel von verschiedenen Instanzen (Marktforschung bzw. sensorische Produktforschung) bereitgestellt werden, systematisch zueinander in Beziehung gesetzt werden.

4. Ermittlung hedonischer Produkterwartungen mittels adaptiver Conjointanalyse

Man unterscheidet zwei grundlegende Gruppen von Ansätzen zur Messung der Konsumentenpräferenzen für neue Produktkonzepte. Verbreiteter sind die **kompositionellen Ansätze**, von denen das Adequacy-Importance-Modell die größte empirische Relevanz besitzt.[19] Hier ergibt sich die Präferenz für ein Produktkonzept aus der Verknüpfung zwischen der Wichtigkeit der Merkmale ("importance") und der Einstellung gegenüber den relevanten Merkmalsausprägungen ("belief"). Ein Beispiel für dieses Vorgehen enthält die Abbildung 5. Der wesentliche Vorteil kompositioneller Ansätze beruht auf der vergleichsweise einfachen Datenerhebung und Datenanalyse. Nachteilig ist die unrealistische Beurteilungsaufgabe, da Konsumenten einzelne Produktmerkmale normalerweise nicht isoliert, sondern das Produkt als Ganzes beurteilen. Hinzu kommt, daß die Befragten nicht, wie es in einer realen Kaufentscheidungssituation üblich ist, dazu gezwungen werden, die Vor- und Nachteile unterschiedlicher Alternativen gegeneinander abzuwägen.[20]

Dekompositionelle Ansätze zeichnen sich dadurch aus, daß die Befragten Produktkonzepte ganzheitlich beurteilen (vgl. Abb. 5). Erst anschließend wird durch geeignete Modelle versucht, den Beitrag einzelner Konzeptmerkmale und deren Ausprägungen zur Gesamtpräferenz zu ermitteln. Das empirisch bedeutsamste Verfahren zur dekompositionellen Präferenzmessung ist zweifellos die **Conjointanalyse**.[21] Hier werden Produktkonzepte durch die systematische Kombination aller Ausprägungen der vorab definierten Untersuchungsmerkmale gebildet. In der Regel reduziert man dieses vollständige faktorielle Design nach bestimmten Regeln auf eine geringere

Anzahl von Merkmalskombinationen. Die größte Bedeutung für eine Verringerung der zu beurteilenden Objekte haben sog. unvollständige faktorielle Designs, auf deren Basis sämtliche Haupteffekte geschätzt werden können.[22]

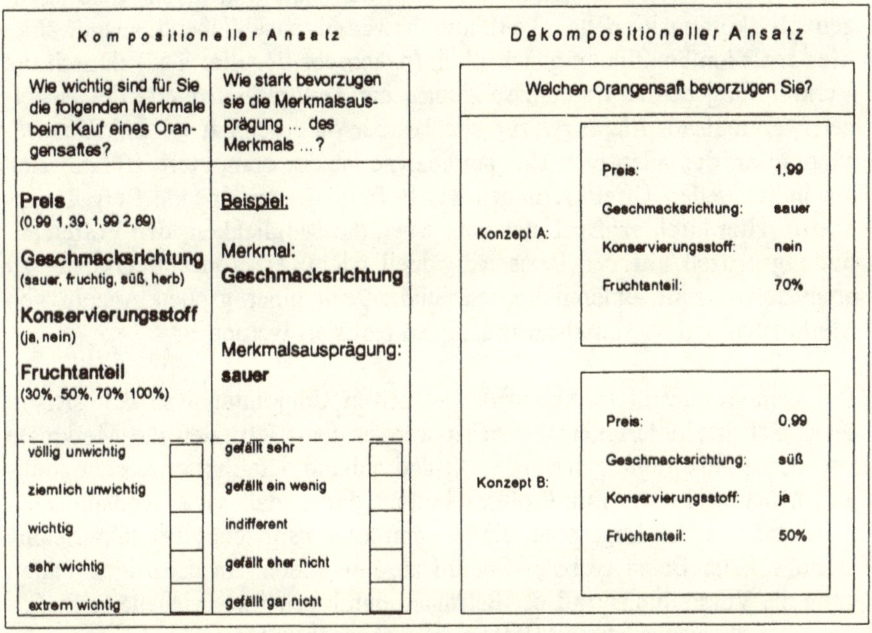

Abb. 5: Vergleich zwischen kompositioneller und dekompositioneller Präferenzmessung

Jede Testperson gibt dann Präferenz- bzw. Akzeptanzurteile für eine bestimmte - vom gewählten Untersuchungsansatz abhängende - Anzahl von Produktkonzepten ab. Aus diesen Informationen lassen sich dann metrische Teilpräferenzwerte für jede Merkmalsausprägung ableiten. Durch Zusammenfassung (im allgemeinen Addition) der errechneten Teilpräferenzwerte wird dann die individuelle Gesamtpräferenz für jede Merkmalskombination, d.h. für jedes Produktkonzept, bestimmt, so daß auch Aussagen über die Präferenzwirkung von Produktkonzepten möglich sind, die nicht beurteilt wurden.

Ein Anwendungsproblem dieser traditionellen Conjointanalyse besteht jedoch darin, daß die Beurteilungsaufgabe für die Auskunftspersonen mit wachsender Anzahl von Konzeptmerkmalen und deren Ausprägungen zu komplex wird. Deshalb sind neuere Untersuchungsansätze entwickelt worden, von denen die **adaptive Conjointanalyse** (ACA), ein computergestütztes, interaktives Verfahren, die größte praktische Bedeutung erlangt hat.[23] Bei der adaptiven Conjointanalyse handelt es sich um ein sog. hybrides Modell, welches die Vorteile kompositioneller und dekompositioneller Ansätze der Präferenzmessung miteinander verbindet.[24] Die Testpersonen geben zunächst direkte Urteile über alle Merkmale und deren Ausprägungen ab (kompositioneller Teil) und bewerten anschließend ausgewählte Merkmalskombinationen ganzheitlich (dekompositioneller Teil). Durch die Verknüpfung beider Ergebnisse können die Teilpräferenzwerte der einzelnen Merkmalsausprägungen für jede Testperson geschätzt werden. Das Besondere an der adaptiven Conjointanalyse ist der computergestützte, sich am individuellen Urteilsverhalten des Befragten ausrichtende Befragungsablauf. Hierdurch eröffnet sich zum einen die Möglichkeit, den Präferenzbildungsprozeß auf der Basis individuell wichtiger Konzeptmerkmale zu analysieren, zum anderen können Studien mit einer großen Anzahl von Merkmalen und Merkmalsausprägungen realisiert werden.[25]

Der computergestützte Ablauf der adaptiven Conjointanalyse läßt sich in sechs Schritte unterteilen: Zunächst werden dem Befragten die Merkmale und deren Ausprägungen vorgestellt und anhand detaillierter Beschreibungen näher erläutert. Ein Problem besteht darin, daß viele Konsumenten nicht dazu in der Lage sind, ein bestimmtes sensorisches Produkterlebnis allein auf der Basis verbaler Stimuli zu antizipieren. In derartigen Fällen kann die Vorstellungskraft der Befragten durch geeignete visuelle (z.B. Fotos) oder physische Stimuli (Referenzreize) erhöht werden.

Die Schritte zwei bis vier beinhalten den kompositionellen Teil der Präferenzmessung. Im zweiten Schritt gibt der Befragte an, welche Merkmalsausprägungen er unter keinen Umständen akzeptiert. Als "inakzeptabel" eingestufte Ausprägungen werden in den folgenden Erhebungsschritten nicht mehr berücksichtigt. Dieser Schritt ist bei Konzepttests für Nahrungs- und Genußmittel von besonderer Bedeutung, da Bevorzugungen bzw. Abneigungen gegenüber bestimmten Rezepturbestandteilen sehr stark individuell geprägt sind. Außerdem führt die sensorische Aversion gegenüber speziellen Zutaten (z.B. Knoblauch) in den meisten Fällen zur Ablehnung des gesamten Produktkonzepts (konjunktive Entscheidungsregel). Im dritten Schritt muß der Befragte die Ausprägungen jedes Merkmals in eine Präferenzrangfolge bringen. Im vierten Schritt gibt er für jedes Merkmal an, wie wichtig es für seine Kaufentscheidung ist. Zu diesem Zweck werden jeweils die von ihm am stärksten bevorzugte und die am wenigsten bevorzugte Merkmalsausprägung gegenübergestellt. Der Vorteil dieses Vorgehens beruht darauf, daß der Befragte die Merkmalswichtigkeit nicht isoliert, sondern unter Berücksichtigung der "Präferenz-Spannweite" der Merkmalsausprägungen beurteilt. Nach Abschluß des kompositionellen Befragungsteils schätzt das Programm für jede Mermalsausprägung einen vorläufigen metrischen Präferenzwert. Anhand dieser Werte werden die individuell relevanten Produktkonzepte für den folgenden dekompositionellen Befragungsteil ausgewählt.

Im fünften Schritt stellt das Programm dem Befragten in mehreren Paarvergleichen jeweils zwei Produktkonzepte vor, und zwar in der Weise, daß jedes der beiden Konzepte sowohl stark als auch gering präferierte Merkmalsausprägungen enthält. Der Befragte wird durch dieses Vorgehen dazu "gezwungen", Kompromisse zwischen erwünschten und weniger erwünschten Eigenschaften zu machen. Nach jedem Paarvergleich werden die bis dahin errechneten Teilpräferenzwerte durch das Programm überprüft und gegebenenfalls modifiziert. Die aktuellen Werte dienen dann als Basis für die Konstruktion des nächsten Paarvergleichs. Abschließend muß der Befragte nacheinander für mehrere Produktkonzepte seine Kaufbereitschaft angeben. Diese Produktkonzepte sind aufgrund der vorherigen Antworten so ausgewählt, daß das erste Produktkonzept am wenigsten und das zweite am stärksten präferiert werden sollte. Die übrigen zu beurteilenden Konzepte liegen hinsichtlich ihrer prognostizierten Präferenzwirkung zwischen den beiden ersten. Diese Kalibrierungsphase dient dazu, die errechneten Teilpräferenzwerte im Hinblick auf Kaufwahrscheinlichkeiten zu "eichen" und die Konsistenz der vorangegangenen Antworten zu überprüfen. Die Abbildung 7 im folgenden Abschnitt enthält einige ausgewählte Bildschirmseiten zur Veranschaulichung der sechs skizzierten Untersuchungsschritte.

Als Ergebnis der adaptiven Conjointanalyse liegen - unmittelbar nach Abschluß der computergestützten Datenerhebung - für jede Testperson die geschätzten Teilpräferenzwerte für alle Ausprägungen der Konzeptelemente vor. Diese Teilpräferenzwerte besitzen metrisches Meßniveau und sind direkt miteinander vergleichbar. Sie können als Bedeutungsgewichte aufgefaßt werden, d.h., ihre Höhe drückt den Einfluß auf das Zustandekommen der Gesamtpräferenz aus.[26]

Neben den skizzierten Vorteilen weist die adaptive Conjointanalyse den - für Konzepttests bei Nahrungs- und Genußmitteln gravierenden - Nachteil auf, daß ausschließlich Haupteffekte gemessen werden können. Deshalb muß im Vorfeld der Untersuchung geklärt werden, ob die verschiedenen Merkmalsausprägungen hinsichtlich ihres Einflusses auf den Gesamtpräferenzwert für ein Konzept unabhängig voneinander sind oder nicht. Interaktionseffekte liegen vor, wenn durch das gemeinsame Auftreten von zwei (oder mehr) Ausprägungen zusätzliche Effekte auf das Gesamturteil ausgehen.[27] Eine Möglichkeit zur Entschärfung dieses Problems besteht darin, in einem Pretest zu ermitteln, zwischen welchen Merkmalsausprägungen Interaktionseffekte bestehen. Bei der Durchführung der adaptiven Conjointanalyse können diese Kombinationen dann ausgeschlossen oder zu einer einzigen Merkmalsausprägung zusammengefaßt werden.[28]

Einen neuen, erfolgversprechenden Weg zur Überprüfung der Präferenzwirkung von Produktkonzepten bei Nahrungs- und Genußmitteln weist die Verbindung zwischen adaptiver Conjointanalyse und der sog. **"choice-based"-Conjointanalyse** auf.[29] Auf individuellem Niveau werden im ersten Schritt mittels adaptiver Conjointanalyse aus einer Vielzahl möglicher Rezepturkomponenten und deren Ausprägungen die relevanten Aspekte herausgefiltert. Die ebenfalls computergestützte "choice-based"-Conjointanalyse zwingt die Testperson in einem zweiten Schritt dann zu (diskreten) Wahlentscheidungen auf der Basis von Produktkonzepten, die nur noch aus den individuell relevanten Merkmalen und Ausprägungen zusammengesetzt sind. Es werden ca. sechs bis zwölf "Wahlsituationen" konstruiert, in denen jeweils eine bestimmte Anzahl von Produktkonzepten gleichzeitig auf dem Bildschirm erscheint. Die Testperson erhält die vergleichsweise einfache Aufgabe, sich für eines der Konzepte zu entscheiden, wobei zusätzlich die Option besteht, keine der Alternativen zu akzeptieren. Dadurch, daß die Auswertung der Daten bei der "choice-based"-Conjointanalyse typischerweise auf aggregiertem Niveau erfolgt, ist es auch ohne unverhältnismäßig großen Erhebungaufwand möglich, Interaktionseffekte zwischen den Merkmalsausprägungen zu messen.

5. Messung hedonischer Produkterwartungen und Produkterlebnisse für ein neues Walnußeis-Konzept

5.1. Zielsetzung und Aufbau der Untersuchung

Im Jahr 1993 wurde am Institut für Marketing und Handel der Universität Göttingen in Zusammenarbeit mit der Langnese Iglo GmbH, Hamburg, eine Pilotstudie mit dem Ziel durchgeführt, präferenzwirksame Rezepturen für ein neues Walnußeis zu ermitteln. Um dieses Ziel zu erreichen, wurden in einem ersten Schritt mit Hilfe der adaptiven Conjointanalyse die hedonischen Produkterwartungen der Konsumenten an Konzepte für innovative Rezepturen gemessen. In einem zweiten Schritt wurde dann das hedonische Produkterlebnis für diese Rezepturen anhand eines affektiven Geschmackstests ermittelt.

Im Vorfeld der Untersuchung mußten zunächst geeignete Rezepturkomponenten und deren Ausprägungen generiert werden. In dieser frühen Phase des Produktinnovationsprozesses ist bereits darauf zu achten, daß die ausgewählten Konzeptmerkmale möglichst realistisch sind und von der Zielgruppe mit Nutzenerwartungen verknüpft werden. Ein weiteres Kriterium besteht in der technischen Realisierbarkeit der Merkmale. Schließlich sollten die Merkmale möglichst unabhängig voneinander sein.[30]

Gruppendiskussionen mit innovationsfreudigen Intensivverwendern von Eiscreme sowie Erkenntnisse der Experten aus F&E und Marketing führten im vorliegenden Fall zur Auswahl von drei erfolgversprechenden Komponenten, durch die sich die Präferenzwirkung eines Walnußeises möglicherweise erhöhen läßt: eine zusätzliche Eissorte, eine Dessertsoße und Stückchen. Für jede Komponente wurden wiederum drei Ausprägungen gewählt, deren Akzeptanz zusammen mit einem Walnußeis vorher überprüft worden war. Um die Wahlentscheidung möglichst realistisch zu gestalten, kam die Option "ohne ... " als vierte Ausprägung jeder Komponente hinzu (vgl. Abb. 6).

Zusätzliche Eissorte	**Dessertsoße**	**Stückchen**
(1) Vanilleeis	(1) Cognacsoße	(1) Borkenschokoladestückchen
(2) Cognaceis	(2) Karamelsoße	(2) Trüffelstückchen
(3) Pflaumeneis	(3) Cassissoße	(3) Pflaumenstücke in Armagnac
(4) ohne zusätzliche Eissorte	(4) ohne Dessertsoße	(4) ohne Stückchen

Abb. 6: Merkmale und Merkmalsausprägungen für den Konzepttest

Die Pilotstudie wurde im Teststudio des Instituts für Marketing und Handel in Göttingen durchgeführt. Der Ablauf der gesamten Untersuchung erfolgte computergestützt.[31] Die Befragten konnten alle Fragen direkt vom Bildschirm ablesen, der neben ihnen sitzende Interviewer erfaßte die jeweiligen Antworten dann sofort über die Tastatur. Befragt wurden insgesamt 109 haushaltsführende Personen zwischen 18 und 49 Jahren. Alle 82 Frauen und 27 Männer hatten bei der Vorauswahl angegeben, gern und regelmäßig Eis (auch Walnußeis) zu essen sowie häufiger einmal eine neue Eissorte auszuprobieren.

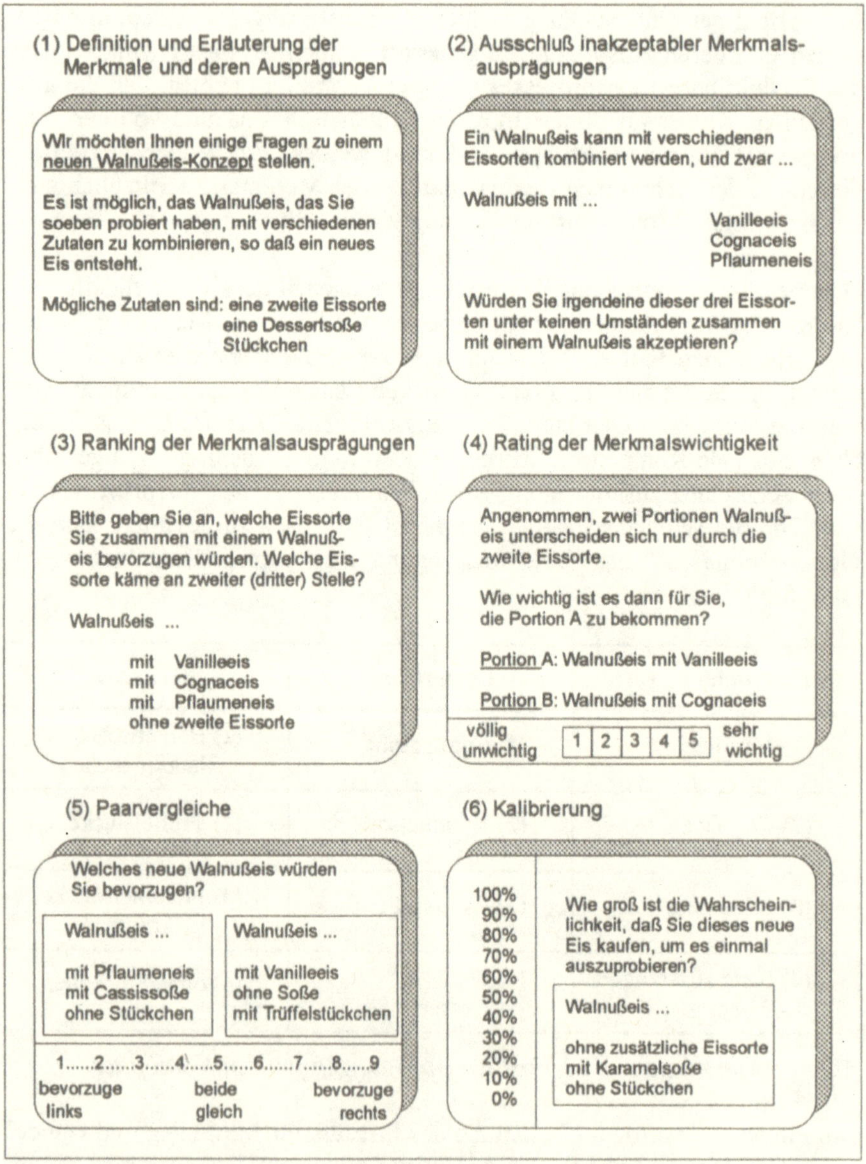

Abb. 7: Überblick über die sechs Schritte der adaptiven Conjointanalyse, dargestellt am Beispiel

Als Einstieg mußten die Testpersonen einige Fragen zu ihrem Verwendungsverhalten beantworten (Markenpräferenzen, Verwendungsanlässe etc.). Um die Validität und Reliabilität des sich anschließenden Konzepttests zu erhöhen, wurden die Probanden im zweiten Schritt darum gebeten, das Walnußeis, welches als Basis für ein neues Eiskonzept dienen sollte, zu probieren und sensorisch zu beurteilen. Die Befragten wurden dann (am Bildschirm) durch detaillierte verbale Erklärungen und Fotos mit den neuen Eis-Komponenten und deren Ausprägungen vertraut gemacht. Anschließend mußten sie den oben skizzierten Befragungsablauf der adaptiven Conjointanalyse durchlaufen. Die Abbildung 7 enthält einige ausgewählte Bildschirmseiten dieses der Ermittlung von Produktvorstellungen dienenden Untersuchungsabschnitts. Anschließend wurden einige soziodemographische Daten erhoben, während im Nebenraum die Vorbereitung der Proben für die Verkostung erfolgte. Auf die abschließende Ermittlung der Produkterlebnisse durch einen affektiven Geschmackstest soll an dieser Stelle etwas näher eingegangen werden.

Die Grundlage des Konzepttests bildeten die drei innovativen Komponenten mit jeweils 4 Merkmalsausprägungen (vgl. Abb. 6). Durch die systematische Kombination aller Ausprägungen erhält man 64 neue Eiskonzepte (vollständiges faktorielles Design). Die Anzahl läßt sich jedoch auf 16 Konzepte reduzieren (unvollständiges faktorielles Design), die zur Messung sämtlicher Haupteffekte ausreichen, d.h., die Orthogonalität bleibt gewahrt. Diese 16 neuen Konzepte wurden als Prototypen von der Langnese Iglo GmbH realisiert und für die vorliegende Pilotstudie zur Verfügung gestellt.

Für den affektiven Geschmackstest mußte die Anzahl der zu verkostenden Proben jedoch weiter reduziert werden. Ein Vorteil der adaptiven Conjointanalyse wurde zur Lösung dieses Problems genutzt. Für alle Konzepte des vollständigen faktoriellen Designs (hier 64) sind die individuellen Präferenzurteile unmittelbar nach Abschluß des computergestützten Konzepttests verfügbar. Folglich konnten die 16 als Prototypen vorliegenden Produktkonzepte auf der Basis dieser individuellen Informationen in eine Rangreihe gebracht werden. Jede Testperson mußte dann die 4 Prototypen sensorisch beurteilen, die gemäß ihrer hedonischen Produkterwartungen auf dem ersten, fünften, zehnten und letzten Rang plaziert waren. Ein Nachteil dieses Vorgehens besteht zwar darin, daß nicht alle Prototypen gleich häufig getestet werden. Vorteilhaft ist jedoch, daß jede Testperson vier Prototypen beurteilt, die bei ihr im Konzepttest sehr unterschiedliche hedonische Produkterwartungen hervorgerufen haben.

Die Beurteilung der 16 Prototypen erfolgte anhand einer 10 cm langen Linienskala mit verbal verankerten Polen (sehr gut/sehr schlecht). Die Testpersonen mußten zunächst das sensorische Gesamtprofil und anschließend die einzelnen Dimensionen "Aussehen", "Geruch", "Textur" und "Geschmack" bewerten. Die Abbildung 8 gibt einen abschließenden Überblick über den Ablauf der computergestützten Untersuchung.

(1) Verwendungsverhalten
(2) Sensorische Beurteilung der Basissorte (Walnuß)
(3) Adaptive Conjointanalyse ⇒ hedonische Produkterwartungen
(4) Soziodemographie
(5) Affektiver Geschmackstest ⇒ hedonische Produkterlebnisse

Abb. 8: Ablauf der computergestützten Befragung zur Ermittlung von Produkterwartungen und Produkterlebnissen für ein neues Eiskonzept

5.2. Darstellung und Interpretation der Ergebnisse

Die folgenden Ausführungen beschränken sich auf die wichtigsten Ergebnisse bezüglich der hedonischen Produkterwartungen und Produkterlebnisse der Testpersonen. In diesem Zusammenhang interessiert zunächst, welche Bedeutung die verschiedenen Ausprägungen der innovativen Komponenten für die Gesamtbeurteilung eines neuen Eiskonzeptes haben. Hierzu werden die individuellen Teilpräferenzwerte zusammengefaßt. Die Abbildung 9 enthält die Mittelwerte der aggregierten Teilpräferenzwerte für alle 12 Merkmalsausprägungen. Die Befragten bevorzugen Vanille als zweite Eissorte, während sie Pflaumeneis ablehnen. Als Dessertsoße erzeugt die Geschmacksrichtung Cognac die höchsten hedonischen Produkterwartungen, aber auch die Option, auf eine Dessertsoße zu verzichten, wird präferiert. Bei den Stückchen schneidet Borkenschokolade am besten ab.

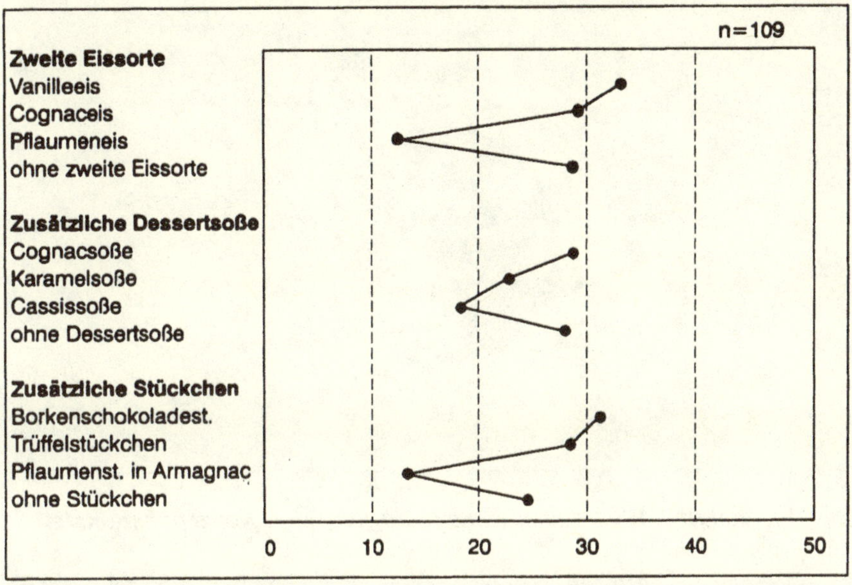

Abb. 9: Gemittelte aggregierte Teilpräferenzwerte für die Merkmalsausprägungen

Um die Wichtigkeit der drei Merkmale für die Beurteilung eines neuen Eiskonzeptes zu ermitteln, wird die Streuung der Teilpräferenzwerte herangezogen. Für jedes Merkmal ergibt sich die Spannweite als deskriptives Streuungsmaß aus der Differenz zwischen der Ausprägung mit dem höchsten und der Ausprägung mit dem niedrigsten Teilpräferenzwert. Die relative Merkmalswichtigkeit (Sensitivität) ist der Anteil dieser Spannweite an der Summe der Spannweiten aller Merkmale. Die Abbildung 10 gibt die Sensitivität der drei Konzeptmerkmale "zweite Eissorte", "Dessertsoße" und "Stückchen" an. Der Einfluß der zweiten Eissorte auf die Gesamtpräferenz eines neuen Eiskonzeptes ist etwas größer als der Einfluß der Stückchen. Demgegenüber ist die Präferenzwirkung der Dessertsoße am geringsten.

Die hedonische Produkterwartung für jedes neue Eiskonzept kann ermittelt werden, indem man auf der Basis der Teilpräferenzwerte der entsprechenden Ausprägungen den Gesamtpräferenzwert des Konzepts ermittelt. Die adaptive Conjointanalyse geht von einer additiven Verknüpfung der Werte aus, d.h., die entsprechenden Teilpräferenzwerte für jedes neue Eiskonzept werden addiert. Auf diese Weise lassen sich aus den 64 Konzepten "Testsieger" und "Testverlierer" ermitteln, ohne daß alle möglichen Merkmalskombinationen von jedem Befragten beurteilt worden sind.

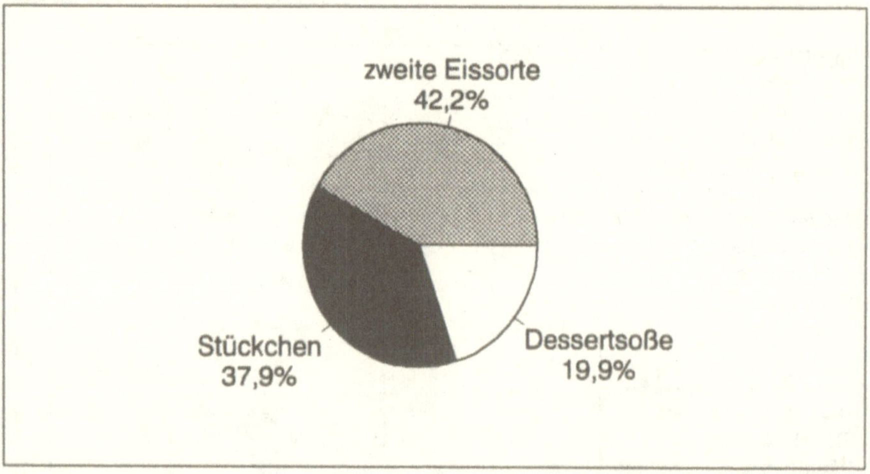

Abb. 10: Relative Wichtigkeit (Sensitivität) der drei Konzeptmerkmale

Im allgemeinen bestehen bei Nahrungs- und Genußmitteln sehr große interindividuelle Unterschiede bezüglich der sensorischen Präferenzen. Deshalb birgt eine Aggregation der Teilpräferenzwerte die Gefahr, daß durch die Mittelwertbildung über alle Testpersonen wichtige Informationen über segementspezifische Präferenzstrukturen verlorengehen. Aus diesem Grund wurden die Testpersonen auf der Basis ihrer individuellen Teilpräferenzwerte (aktive Variablen) mit Hilfe der Clusteranalyse in fünf bezüglich ihrer hedonischen Produkterwartung relativ homogene Gruppen unterteilt (a-posteriori-Segmentierung). Die Abbildung 11 enthält die segmentspezifischen Teilpräferenzwerte für alle Merkmalsausprägungen, Abbildung 12 die segmentspezifischen Sensitivitäten der drei Merkmale.

Auf der Basis der segmentspezifischen Teilpräferenzwerte kann für jede Gruppe ein Strategieprofil erstellt werden, welches den Einfluß jeder einzelnen Merkmalsausprägung auf die Gesamtpräferenz veranschaulicht. Als Beispiel ist in der Abbildung 13 das Strategieprofil für das Segment der "Süßen" dargestellt. Der Präferenzwert für das "Basiseis", d.h. für das Walnußeis ohne zweite Eissorte, ohne Dessertsoße und ohne Stückchen beträgt in dieser Gruppe 79,7 (vgl. Abb. 11). Fügt man etwa Vanilleeis als zweite Eissorte hinzu, erhöht sich der Gesamtpräferenzwert um 8,3 Punkte, bei Pflaumeneis verringert er sich hingegen um 18,7 Punkte. Die stärkste positive Präferenzwirkung wird für dieses Segment durch eine Karamelsoße erreicht, während der Gesamtpräferenzwert durch Pflaumenstückchen in Armagnac die stärkste negative Beeinflussung erfährt. Das beste neue Eiskonzept ist für das Segment der "Süßen" ein Walnußeis kombiniert mit Vanilleeis, Karamelsoße und Trüffelstückchen (Gesamtpräferenz: 113,1).

Merkmals-ausprägung	Klassiker (n=35)	Süße (n=41)	Frucht-kombinie-rer (n=10)	Cognac-fans (n=12)	Cognac-ablehner (n=11)	Aggre-giert (n=109)
Vanilleeis	37,9	35,0	2,6	22,0	52,5	33,3
Cognaceis	29,0	26,8	40,8	55,9	1,4	29,5
Pflaumeneis	2,6	8,0	47,5	10,8	35,7	13,0
ohne 2. Eis	37,6	26,7	20,3	10,4	39,2	29,1
Cognacsoße	33,2	23,2	29,1	57,4	0,4	28,4
Karamelsoße	2,6	38,7	14,6	29,5	34,6	23,5
Cassissoße	26,6	7,1	38,2	4,4	35,3	18,8
ohne Soße	40,2	21,6	7,7	18,7	33,7	27,2
Borkenschok.	28,6	36,5	26,6	36,5	22,8	31,6
Trüffelst.	18,0	39,4	12,8	35,2	14,9	27,2
Pflaumenst.	11,6	5,5	50,9	9,9	18,3	13,4
ohne St.	31,9	31,6	8,9	9,4	11,1	25,1

Abb. 11: Segmentspezifische Teilpräferenzwerte

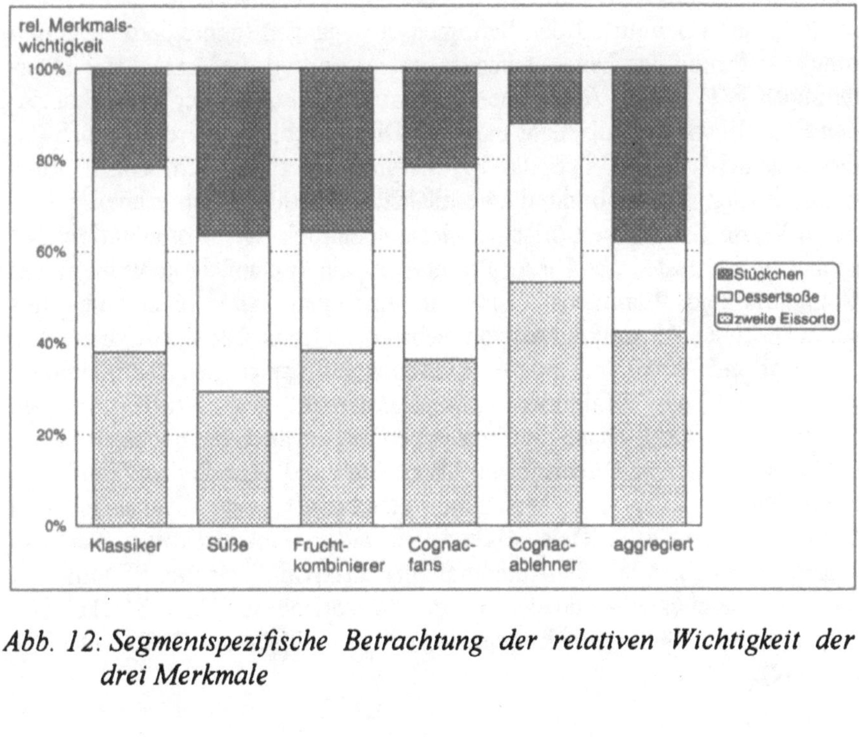

Abb. 12: Segmentspezifische Betrachtung der relativen Wichtigkeit der drei Merkmale

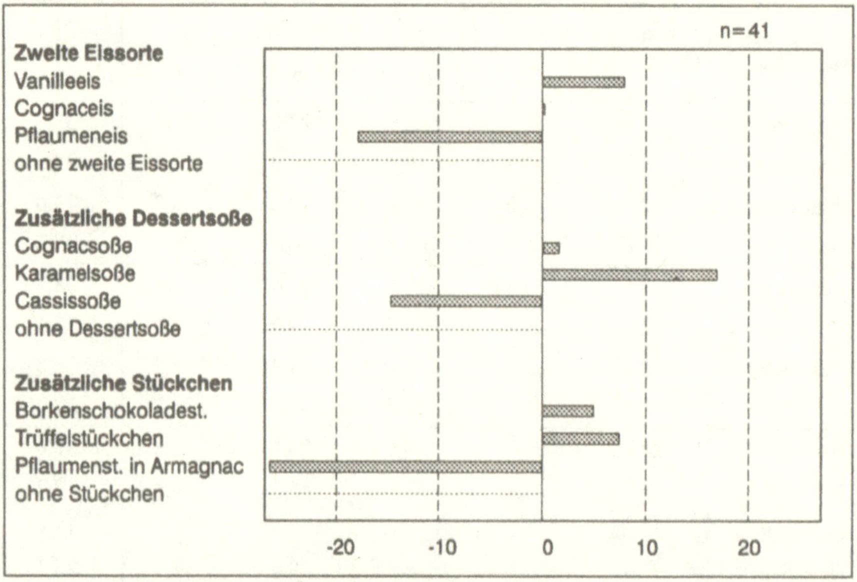

Abb. 13: Strategieprofil für das Segment der "Süßen"

Von den Ergebnissen des affektiven Geschmackstests wird hier nur auf das sensorische Gesamturteil der Befragten eingegangen (aggregierte Betrachtung). Aufgrund des Untersuchungsansatzes variiert die Anzahl der Beurteilungen je Prototyp. Auch eine systematische Rotation der zu verkostenden Stimuli war deshalb nicht möglich. Diese Probleme werden jedoch dadurch entschärft, daß sich die 16 Testprodukte sensorisch sehr deutlich unterscheiden. Die Abbildung 14 enthält die über alle Testpersonen gemittelten Werte für den sensorischen Gesamteindruck. Die Kombination 243 schneidet am besten ab. Dieser Prototyp ist ein Walnußeis kombiniert mit Cognaceis und Pflaumenstückchen in Armagnac, aber ohne eine Dessertsoße. Einen Akzeptanzwert von mehr als 60 (max. Wert: 100) erreichen nur noch ein Walnußeis mit Borkenschokoladenstückchen (Kombination 441) sowie ein Walnußeis mit Cassissoße und Trüffelstückchen (Kombination 432). Diese drei Prototypen weisen auch die höchsten Werte in den sensorischen Dimensionen "Aussehen" und "Geschmack" auf. Die Kombination 212, ein Walnußeis kombiniert mit Cognaceis und Cognacsoße sowie Trüffelstückchen, schneidet beim affektiven Test am schlechtesten ab. Auch alle Kombinationen aus Walnußeis und Pflaumeneis erhalten - unabhängig von der Art der Dessertsoße und der Stückchen - vergleichsweise geringe Akzeptanzwerte (Kombinationen 313, 324, 331 und 342).

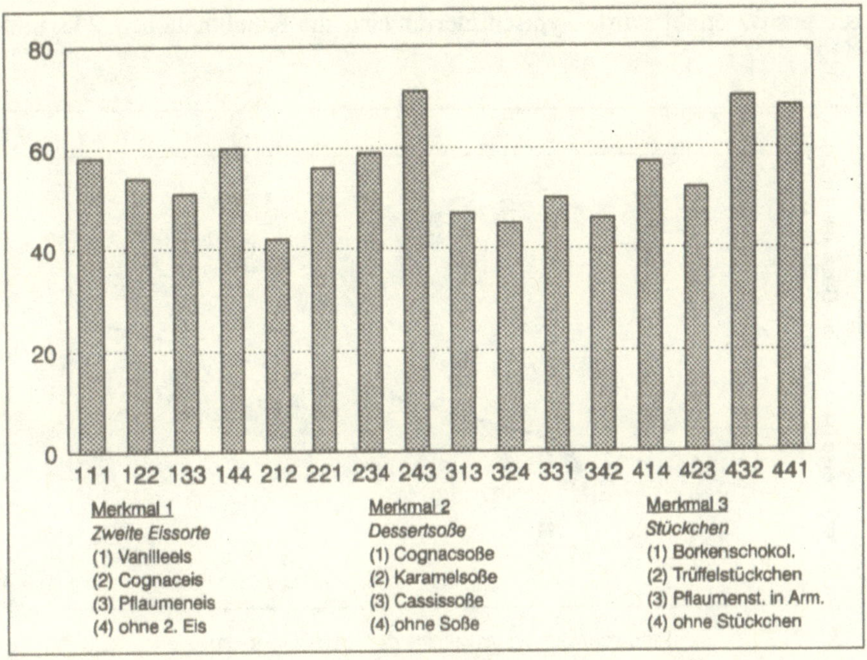

Abb. 14: Sensorischer Gesamteindruck der 16 Prototypen (über alle Testpersonen gemittelte Werte)

Abschließend können nun die hedonischen Produkterwartungen und die Produkterlebnisse für die 16 Prototypen verglichen werden. Die über alle Testpersonen gemittelten Werte wurden standardisiert und anschließend in einer zweidimensionalen Graphik gegenübergestellt (vgl. Abb. 15). Die Steigung der Diagonalen (0,376) veranschaulicht die Korrelation zwischen den beiden Variablen. Links unten befinden sich Produkte, bei denen weder Produktkonzept noch sensorisches Produktprofil überzeugen (z.B. Kombination 313). Interessant sind vor allem die rechts oben liegenden Kombinationen, bei denen sowohl das Konzept als auch das physische Produkt gut beurteilt wird (z.B. Kombination 144).

Unterhalb der Linie befinden sich neue Walnußeiskonzepte, die zwar überdurchschnittlich hohe hedonische Produkterwartungen hervorrufen, bei denen das Produkterlebnis jedoch vergleichsweise schlecht ausfällt. Typisch ist hier das Konzept 212. Durch eine Reduzierung des intensiven, von der zweiten Eissorte und der Dessertsoße hervorgerufenen Cognacgeschmacks ließe sich das Produkterlebnis vermutlich verbessern. Oberhalb der Trennlinie liegen Produkte mit vergleichsweise geringen hedonischen Produkterwartungen, deren sensorisches Profil von den Befragten jedoch als positiv erlebt wird. Typisch hierfür sind die Kombinationen 243 und 432.

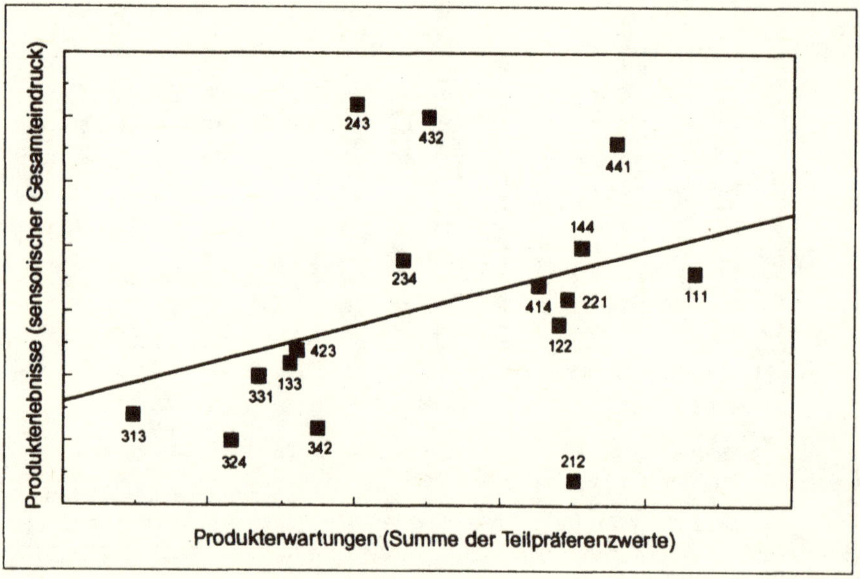

Abb. 15: Vergleich zwischen hedonischen Produkterwartungen und Produkterlebnissen

1 Vgl. z.B. Souder (1988): S. 6ff.

2 Vgl. z.B. Scharf (1995a): S. 6f.

3 Zu den theoretischen und empirischen Ansätzen zur Beteiligung von Verbrauchern an unternehmerischen Produktinnovationen vgl. z.B. Raabe (1993): S. 131ff.

4 Scharf (1995b): S. 4.

5 Zur Diffusionstheorie vgl. z.B. Böcker/Gierl (1988): S. 32ff.; Kaas (1973).

6 Vereinfacht nach Rogers, E.M. (1962): S. 162.

7 Vgl. hierzu auch Salcher (1993): S. 65.

8 Vgl. z.B. Koeppler (o.J.).

9 Vgl. hierzu die Diskussion bei Shepherd (1989): S. 3ff. und Shepherd/Sparks (1994): S. 202ff.

10 Vgl. Kroeber-Riel (1992): S. 45ff.

11 Zu anderen Modellen vgl. z.B. Khan (1981): S. 129ff.; Randall/Sanjur (1981): S. 151ff.

12 Vgl. Cardello/Sawyer (1992): S. 253ff.; Cardello (1994): S. 277.

13 Christensen (1983): S. 787ff.; Dubose et al. (1980): 1393ff.; Roth et al. (1988): S. 1116ff.

14 Vgl. hierzu die Studien von Allison/Uhl (1964): S. 36ff.; Gacula et al. (1986): S. 175ff.; Martin (1990): S. 44ff.

15 Als Beispiel kann ein von Makens durchgeführtes Experiment herangezogen werden: Die Testpersonen mußten jeweils zwei Stücke Putenfleisch von exakt gleicher sensorischer Qualität verkosten und anschließend den Geschmack anhand einer 5-Punkte-Skala beurteilen. Sie erhielten zusätzlich die falsche Information, daß die eine Fleischprobe von der Marke A und die andere von der Marke B stamme, wobei aufgrund von Paneldaten bekannt war, daß die Testpersonen Marke A kannten und üblicherweise kauften, während ihnen Marke B hingegen unbekannt war. Als Ergebnis dieses Experiments zeigte sich ein signifikanter Präferenzunterschied zwischen den beiden sensorisch identischen Fleischproben. Marke A wurde von 56%, Marke B nur von 34% der Testpersonen bevorzugt (10% waren indifferent). Vgl. Makens (1965): S. 261ff. Vgl. ferner die Studien von Lundgren (1981): S. 27ff.; Köster et al. (1987): S. 391ff.; Levin/Gaeth (1988): S. 374ff.

16 Vgl. Cardello (1994): S. 277.

17 Einen Überblick über die verschiedenen Theorien liefern Oliver/DeSarbo (1988): S. 495ff. Zum folgenden vgl. Cardello (1994): S. 277ff. und Cardello/Sawyer (1992): S. 253ff.

18 Vgl. z.B. McBride (1985): S. 125ff.

19 Zur Darstellung des Modells vgl. Bass/Talarzyk (1972): S. 93ff.; zu den Vorteilen vgl. Mazis et al. (1975): S. 38ff.

20 Vgl. Thomas (1983): S. 252ff.; Böcker (1986): S. 560f.

21 Unter dem Begriff der Conjointanalyse wird eine Reihe von multivariaten Untersuchungsansätzen zusammengefaßt, die auf unterschiedliche Art und Weise versuchen, den Zusammenhang zwischen der Gesamtbeurteilung von Objekten und den sie definierenden Objektmerkmalen zu bestimmen. Vgl. Green/Srinivasan 1978, S. 103.

[22] Zur Erstellung experimenteller Versuchspläne im Rahmen der Conjointanalyse vgl. z.B. Addelmann (1962): S. 21ff.; Holland/Cravens (1973): S. 270ff.

[23] Fast die Hälfte aller zur Zeit durchgeführten kommerziellen Conjointanalysen beruhen auf dem ACA-Ansatz. Vgl. Wittink et al. (1994): S. 41.

[24] Vgl. Johnson (1987): S. 253ff.

[25] Vgl. Schubert (1995): S. 380.

[26] Vgl. Schubert (1995): S. 384.

[27] Zum Problem von Interaktionseffekten bei Conjointanalysen vgl. z.B. Green (1973): S. 410ff.; Green/Devita (1975): S. 203ff.

[28] Vgl. hierzu Finkbeiner/Lim (1991): S. 271ff.

[29] Zu einem Vergleich zwischen "choice-based"- und traditioneller Conjointanalyse vgl. Huber et al. (1992): S. 275ff.

[30] Zu den Anforderungen an geeignete Konzeptmerkmale vgl. Schubert (1991): S. 177ff.

[31] Zum Einsatz kam hier das Programm CI3 der Sawtooth Software, Inc., Idaho.

Literaturverzeichnis

Addelman; S.: Orthogonal main effect plans for asymmetrical factorial experiments; in: Technometrics 1962, S. 21-46.

Allison, R.I./Uhl, K.P.: Influence of beer brand identification on taste perception; in: Journal of Marketing Research 1964, S. 36-39.

Bass, F.M./Talarzyk, W.W: An attitude model for the study of brand preferences; in: Journal of Marketing Research 1972, S. 93-96.

Böcker, F.: Präferenzforschung als Mittel marktorientierter Unternehmensführung; in: Zeitschrift für betriebswirtschaftliche Forschung 1986, S. 543-574.

Böcker, F./Gierl, H.: Die Diffusion neuer Produkte - Eine kritische Bestandsaufnahme; in: Schmalenbachs Zeitschrift für betriebswirtschaftliche Forschung 1988, S. 32-48.

Cardello, A.V.: Consumer expectation and their role in food acceptance; in: *McFee, H.J.H./Thomson, D.M.H.:* Measurement of food preferences, London u.a. 1994, S. 253-297.

Cardello, A.V./Sawyer, F.M.: Effects of disconfirmed consumer expectations on food acceptability; in: Journal of Sensory Studies 1992, S. 253-277.

Christensen, C.M.: Effects of color on aroma, flavor and texture judgements on food; in: Journal of Food Science 1983, S. 787-790.

Dubose, C.N./Cardello, A.V./ Maller, O.: Effects of colorants and flavorants on identification, perceived flavor intensity, and hedonic quality of fruit-flavored beverages and cake; in: Journal of Food Science 1980, S. 1393-1399.

Finkbeiner, C.T./Lim, P.C.: Including interactions in conjoint models; in: Sawtooth Conference Proceedings 1991, S. 271-301.

Gacula, M.C./Rutenbeck, S.K./Campbell, J.F./Giovanni, M.E./Gardze, C.A./ Washam, R.W.: Some sources of bias in consumer testing; in: Journal of Sensory Studies 1986, S. 175-182.

Green, P.E.: On the analysis of interactions in marketing research data; in: Journal of Marketing Research 1973, S. 410-420.

Green, P.E./Devita, M.T.: An interaction model of consumer utility; in: Journal of Consumer Research 1975, S. 203-213.

Green, P.E./Srinivasan, V.: Conjoint analysis in consumer research: issues and outlook; in: Journal of Consumer Research 1978, S. 103-123.

Holland, C.W./Craven; D.W.: Fractional factorial experimental designs in marketing research; in: Journal of Marketing Research 1973, S. 270-276.

Huber, J./Wittink, D.R./Johnson, R./Miller, R.: Learning effects in preference tasks: choice-based vs. standard conjoint; in: Sawtooth Conference Proceedings 1992, S. 275-284.

Johnson, R.M.: Adaptive conjoint analysis; in: Sawtooth Software Proceedings 1987, S. 253-265.

Kaas, K.P.: Diffusion und Marketing. Das Konsumentenverhalten bei der Einführung neuer Produkte, Stuttgart 1973.

Kahn, M.A.: Evaluation of food selection patterns and preferences; in: Critical Review of Food Science and Nutrition 1981, S. 129-153.

Koeppler, K.: Opinion Leaders, Merkmale und Wirkung, Hamburg o.J.

Köster, E.P./Beckers, A.W.J.M./Houben, J.H.: The influence of health information on the acceptance of a snack in a canteen test; in: *Martens, M./Dalen, G.A./Russwurm, H. (ed.)*: Flavour Science in Technology, Chichester 1987, S. 391-398.

Kroeber-Riel, W.: Konsumentenverhalten, 5. Auflage, München 1992.

Levin, I.P./Gaeth, G.J.: How consumers are affected by the framing of attribute information before and after consuming the product; in: Journal of Consumer Research 1988, S. 374-378.

Lundgren, B.: Effect of nutritional information on consumer responses; in: *Solms, J./Hall, R.L. (ed.):* Criteria of Food Acceptance, Zürich 1981, S. 27-33.

Makens, J.C.: Effects of brand preference upon consumers' perceived taste of turkey meat; in: Journal of Applied Psychology 1965, S. 261-263.

Martin, D.: The impact of branding and marketing on perception of sensory qualities; in: Food Science and Technology Today 1990, S. 44-49.

Mazis, M.B./Ahtola, O.T./Klippel, R.E.: A comparison of four multi-attribute-models; in: Journal of Consumer Research 1975, S. 38-51.

McBride, R.L.: Stimulus range influences intensity and hedonic ratings of flavor; in: Appetite 1985, S. 125-131.

Oliver, R.L./DeSarbo, W.S.: Response determinants in satisfaction judgements; in: Journal of Consumer Research 1988, S. 495-507.

Raabe, T.: Konsumentenbeteiligung an der Produktinnovation, Frankfurt - New York 1993.

Randall, E./Sanjur, D.: Food preferences - Their conceptualization and relationship to consumption; in: Ecology of Food and Nutrition 1981, S. 151-161.

Rogers, E.M.: Diffusion of Innovations, New York 1962.

Roth, H.A./Radle, L./Gifford, S.R./Clydesdale, F.M.: Psychophysical relationships between perceived sweetness and color in lemon and lime flavored beverages, in: Journal of Food Sciences 1988, S. 1116-11169.

Salcher, E.F.: Innovative Marktforschung; in: Planung und Analyse 1993, S. 62-65.

Scharf, A.: Positionierung neuer bzw. modifizierter Nahrungs- und Genußmittel durch integrierte Markt- und Sensorikforschung; in: Marketing ZFP 1995(a), S. 5-17.

Scharf, A.: Market research with food products - possibilities and limitations; unveröffentlichtes Vortragsmanuskript; Success: a matter of taste, European Sensory Network Seminar, Norordwijkerhout (Netherlands) 1995(b).

Scharf, A./Schubert, B.: Marketing, Stuttgart 1995.

Schubert, B.: Entwicklung von Produktkonzepten für Produktinnovationen mittels Conjointanalyse; Stuttgart 1991.

Schubert, B.: Conjoint-Analyse; in: *Tietz, B./Köhler, R./Zentes, J. (Hrsg.)*: Handwörterbuch des Marketing, S. 376-389.

Shepherd, R./Sparks, P.: Modelling food choice; in: *MacFie, H.J.H./Thomson, D.M.H. (ed.)*: Measurement of Food Preferences, London u.a. 1994, S. 202-226.

Shepherd, R.: Factors influencing food preferences and choice; in: *Shepherd, R. (ed.):* Handbook of the Psychophysiology of Human Eating, Wiley, Chichester 1989, S. 3-24.

Souder, W.: Managing relations between R&D and Marketing in new product development projects; in: Journal of Product Innovation Management 1988, S. 6-19.

Thomas, L.: Der Einfluß von Kindern auf die Produktpräferenzen der Mütter, Berlin 1983.

Wittink, D.R./Vriens, M./Burhenne, W.: Commercial use of conjoint analysis in Europe; in: Journal of Marketing Research 1994, S. 41-52.

www.ingramcontent.com/pod-product-compliance
Lightning Source LLC
LaVergne TN
LVHW042235300926
849161LV00003B/361